建筑自身存在的形体是可耻的。我想让建筑的轮廓暧昧化，
也就是说，让建筑物消失。

—— 日本著名建筑大师 **隈研吾**

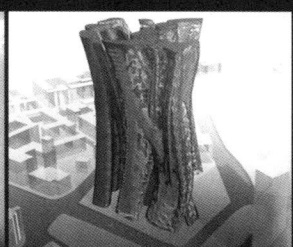

Jian Zhu Kong Jian
Yu Ren Ti Biao Xian

建筑空间
与人体表现

魏泽松/著

天津出版传媒集团
百花文艺出版社

图书在版编目（ＣＩＰ）数据

建筑空间与人体表现 / 魏泽松著. -- 天津：百花
文艺出版社，2014.1
ISBN 978-7-5306-6420-9

Ⅰ.①建… Ⅱ.①魏… Ⅲ.①空间–建筑理论 Ⅳ.
①TU-024

中国版本图书馆 CIP 数据核字(2013)第 311114 号

选题策划：董令生　　　装帧设计：张振洪
责任编辑：韩铁梅　　　责任校对：曾玺静

出版人：李华敏
出版发行：百花文艺出版社
地址：天津市和平区西康路 35 号　　邮编：300051
电话传真：+86-22-23332651（发行部）
　　　　　+86-22-23332656（总编室）
　　　　　+86-22-23332478（邮购部）
主页：http://www.bhpubl.com.cn
印刷：唐山天意印刷有限责任公司
开本：787×1092 毫米　1/16
字数：150 千字　　图数：218 幅　　插页：2
印张：15
版次：2014 年 1 月第 1 版
印次：2014 年 1 月第 1 次印刷
定价：31.00 元

序

    自古以来,建筑形式与人体一直有着密切的联系,但却渐渐地被人们淡忘了。

    建筑的主要目的,从一开始就是为了维护人的安全,确切说是为了维护人体与心灵的安全。原始时代最早出现的圆形棚屋,以最贴近人体、最经济简约的形式,为人体撑起一个原初的庇护所。可以说,人体是心灵的外壳,而建筑又是人体和心灵的外壳。后来方形建筑(包括规则的圆形建筑)出现,与人体的轴向性和地理的方位发生联系,是人类对空间、时间,乃至数学认识的一个飞跃,也促生了天文学和测量学的发展。

    本书中所讲的,主要是建筑中的人体的象征或隐喻问题。人以自己的身体"体验建筑",在仅以眼睛看建筑的当下早已司空见惯,完全忽视了知觉现象的身体特征。人的视知觉是以身体碰撞周遭的环境和环境中的形态或空间的。当周遭环境和环境中的形态或空间与人体相似、吻合、贴切时,人自然地会感到安适、舒缓和温馨;反之,人便会感到不安适、不舒服,或被压迫,或被刺痛,或顿感紧张,或心绪激奋。所以,司古特在《人文主义建筑学》中才说"建筑是人体的改写"。人将自己的身体投射到建筑上,不同的建筑形式就成了各种各样的人体姿势——各式各样人的情感的摹写。人体的隐喻和象征这才有了用场。

    聪明智慧的古代先民,或许出于拟人化或万物有灵的"互渗思维"，把建筑造得像自己的身体；还以自己的身体为中心，把周遭环境也想象成自己身体的延伸，从装饰构件、建筑单体到群体，从聚落、城市到大地，乃至宇宙，圈层式的"泛化"，使层层的环境都变得温馨、安适，就像人的温馨、安适而详熟的层层外套或衬衣。建筑变得亲切，环境不再陌生，万事万物都成了知己，成了与己和谐相处的友人。这才有了非洲原住民住宅象征人体各部位的微妙布局，这才有了中国风水前朝朱雀，背靠玄武，左辅右弼的宏观巨制……其象征、隐喻手法睿智高妙，恢弘隽永，值得今人借鉴。

由此可见，维特鲁维人体，勒·科布西埃人体，以及后来的所谓"电子人体"，莫不是对前人的追随和发扬罢了。

作者能静下心来，不知费力几时，终撰成书，甚感欣慰。她是想把这个在国内尚无系统研究，尚未得以普遍关注的重要问题摆出来，以期得到学界的重视，并在当今的建筑设计中加以思量，用心良苦，致力学问，值得夸赞。她的书虽非大家所著，亦非拨云见日之作，但其意义亦非我所能尽言。

天津大学建筑学院教授、博士生导师
张玉坤
2013 年 11 月 22 日于北洋园

目 录

第一章 建筑空间中的人体象征性思想渊源

　　人类通过建筑创造出了一个世界的表象,而这个世界正是人类自身的缩影。在人们的头脑中,往往把原始建筑与低下的技术或荒谬的神话联系在一起,认为原始建筑不过是一种偶然,特殊而非本质的现象,对于以后建筑的发展几乎没有多大意义,其实不然,纵观整个人类建筑的发生发展史,可以看出它是一个统一而不可分割的整体,而人类早期建筑所具有的合理性内涵,也早已在后来的建筑发展史中得以证实。

　　以物态形式存在的建筑,首先应该满足的是人类基本的生理与物理需求,基于此人们常热衷于从生物学意义上去寻求原始建筑的本质。而实际上,动物巢穴仅仅是一种生存空间,而人类的住宅却已升华为感知空间,产生了唯人类才具有的精神价值,它所容纳的不只是人们的躯体,更容纳着人们的情感精神。作为强烈促进人类发展的伟大天赋之一——想象力,在人类野蛮时期的低级阶段就早已发展起来,并且给予人类强大的影响。在原始社会,人们善于运用自己的生命去想象去理解整个自然,依据自身的形象来创造生活空间,将人体结构及器官直接或间接运用于居住区域,聚落布局,建筑群体或建筑单体当中,采用具有直观,形象或象征,隐喻等表现手法,从多方面多角度体现着原始建筑中人体的象征性。

　　作为文明人,无论意识形态如何进展,其心灵深处都仍然保留着初民之特征。正如人体与哺乳动物间所具有的关联性,以及许多都来自早期进化阶段所遗留下来的残余特征一样,人类的心灵亦是进化的产物,倘若追溯其来源的话, 我们一定会发现它仍然表现出无数的原初特征。 原始艺术家曾利用神话的语言进行“自我表现”,在旧石器时期的洞穴绘画中几乎包含着一切的动物意向,它们动作自然,而且以伟大的艺术手法被描述出来。究其根本的心理事实可以看出:生物与其意向间存在着一个强有力的趋同合一,该意向被认为是生物的灵魂。在原始居民和他的图腾动物或丛林灵魂之间具有密切关系或同一性,动物的意念通常被作为人类原始和本能意识的象征。由于人是唯一能以自己的意志,能力控制本能的生灵,因此接受动物灵魂是获得整体意识并充实人生的条件。

这种人类心理经验中反复出现的“原始意象”被哲学家定义为原型 primordial image,更深一层讲,这种原始意向有时也被人们称为“集体无意识”collective unconscious,它具有着一种不受个人好恶的自主性和一种神秘的难以言说的形象或思想力量。这种原始意向即原型——无论是神怪还是人,都是在历史过程中反复出现的一个形象,在创造性幻想得到自由表现的地方也会出现这种形象,因此它基本上是神话的形象。如果我们进一步仔细审视,就会发现这类意向赋予我们祖先的无数典型经验以形式,可以说它们是许多同类经验在心理上留下的痕迹。

原始思维中的“万物有灵”观和“互渗思维”

法国资产阶级社会学家列维·布留尔曾在《原始思维》中指出:在人类原始祖先的思维中首先能够想象到的是那些神秘力量的连续不间断的生命本原,它们在将自己视为一个有生命有意识而实际存在着的个人的同时,还认为在自身与现象中,就如同在自己与动物身上一样,存在着“灵魂”与“精灵”。这就是早期英国人类学派所研究的“万物有灵”论。此外,在原始人思维中,客体、存在物、现象的关系之间全都以不同形式和不同程度包含着那个作为集体表象之一部分的人与物之间的“互渗”。作为原始思维所特有的支配这些表象的关联与前因的原则被称为“互渗律”。

词语可以指代现象间的类似程度,这便使得真正的抽象成为可能。据研究表明:儿童在约六个月后就已掌握了足够的语言,但由于他们尚不能把精神与物质相区分,因此在成年人看来无生命的东西,在儿童眼中大部分是活的和有意识的,这与原始人的思维方式十分相似。众所周知,一切符号的根本意图是存储人们所归纳的东西,是人类抽象与概括能力的必要补充。人类智力从最初掌握整体性质而获得的散乱感知,逐步发展到理解整体内各部分及其相互关系的更清晰的经验。而实际上,儿童和原始人的感知与表述正是在于努力让行为或主体同环境间的相互关系具体化。

　　原始社会是一个以相对未分化为特征的动态整体,因而与真实性的单一领域相关联,原始人对事物的理解最初始于动物性的本能感知,自然看上去无处不在,所有的事物都被理解成处于运动状态,并融会渗透于与神话相关联的范畴之中。他们相信图画所表现的过程是真实存在的再现,会在现实存在中产生同样的效果,并赋予现实存在事物以灵性,但即使这样,真实存在的再现也同样包含着概括的成分。朱尼人就是如此,他们与一般的原始民族一样,将人制作的物品,无论是房屋,还是家庭用品等等都想象成有生命的东西。对于原始人来说,他们赖以栖身的房屋,不仅是一个可看,可嗅,可触摸的世界,更是一个可以用心灵去想象与感受,并与之对话的活的世界。在这种浪漫主义的建筑观念中,有原始人唯心主义世界论——"万物有灵"论,但也有人类的激情,热情,这是更为实质的。激情与热情是人类强烈追求自身对象的本质力量。在原始时代,面对冷酷无情的自然界的挑战,人类的激情与想象力代表着社会的进步;人类的激情与想象力具有无比丰富的情感内涵和浪漫主义色彩,既是原始人精神世界自然而纯真的流露,也成为原始人和原始建筑的本质魅力之所在。

　　这种原始建筑的情感内涵和浪漫主义的神话特征,已经成为后来建筑延绵不断的传统。据拉普卜特在《住屋形式与文化》中的记载:对罗马、新英格兰、缅甸、越南和中国的许多民族而言,住屋是他们唯一的庙堂。在古代中国,住屋不仅仅是日常宗教仪式的殿宇,它的屋顶、墙、门灶……到处都有神灵护卫。如缅甸等一些地方,将让陌生人进入屋子看作是一种亵渎。在非洲,住屋的意义常常是精神上的——即人、人类祖先和土地间的联系。许多房子的居主实际上是不可见不可知的超自然的神灵。游牧人也常视帐篷为神的住屋,这也正是他们会对住屋有一种恐惧心理的原因。

　　在生命中可能存在着某种我们不能清晰地意识到或不能及时注意到的

能量,对于它的作用,我们称之为生命感应。这种使我们同自己的灵魂联结起来或是使我们的灵魂与身体结合为一体的生命感应,我们自己是不能直接意识到的,我们所能意识到的只是它产生的效果。另外,在人类心灵中还有一种我们对它不可能自始至终都能意识到的更加内在的造型力量。而欧洲十九世纪八十年代所揭示的"无意识"思想正是支配人类的这种"内在造型力量"。

依据荣格的理论,人类的心理结构可分为三个层次:自觉的意识、个体无意识和集体无意识图1-1。其中集体无意识是最深层的无意识。之所以用"集体的"这个字眼来称呼它,是因为这部分"无意识"并不是属于个体的,而是普遍的,它无论在任何地方,也无论在任何人身上,都有着相同的内容和活动方式,这一点与个体无意识是不同的,它构成了心理的基础,在本质上是超个人的,它出现于我们每个人的内心之中。真正的无意识概念是源于史前的产物,包含着各个时代所累积的无数特殊或同类经验,通过血缘纽带的遗传系统延传下来,淀入人类深层心理结构之中,成为人类对外界事物的普遍反映倾向与模式。荣格认为呈现于幻想世界中的人类思想是种"集体无意识",是由遗传而造成的一种心理倾向,属于一个时代、民族甚至全人类。这一"集体无意

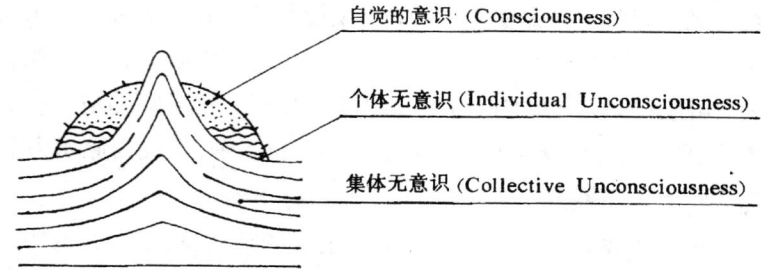

代表**集体无意识**的最下层溪流,正以极大的冲力撞击着人类意识之冰岛。

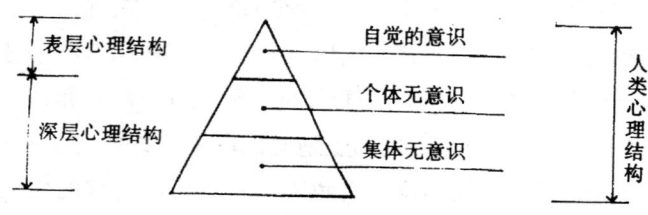

图1-1 荣格心理图示分析

识"内容可以从建筑中的拜物教、空间定位等多方面加以体会,它们使建筑渗透且充满了人类的情感与心理意义。因此原始建筑不仅是社会需求的产物,更是象征性与宇宙性人类心灵诠释的产物,甚至包括"前科学时代"的传统建筑也明显带有这种遗风。

原始社会的图腾崇拜与"万物有灵"论

原始社会的图腾崇拜

"图腾"一词来源于印第安语"totem",意思为"它的亲属","它的标记"。图腾的产生大约在旧石器晚期。那时,由于自然界对原始人存在着神秘性,我们的祖先相信,在人与某种动物或植物间,人与无生命的物体甚至是自然现象间,必然存在着一种特殊的联系。对于原始人来说,一切动植物甚至星辰、河流都充满了神秘的精灵,于是他们选取动植物或自然现象作为自己崇拜的对象,相继而来的便是原始拜物教,即图腾崇拜和自然崇拜。在原始人信仰中,认为本氏族人都是源于某种特定的人形化物种,这些物种与其说是对动植物的崇拜,倒不如说是对祖先的形象的崇拜。人类幻想思想的成熟形态便是原始社会的巫术仪式,亦即远古的图腾活动。由此滋生出的各种观念、情感和象征,构成了原始人类的特殊经验。"totem"另外的意思是"标志",就是说它还要起到某种标志作用。图腾标志在原始社会中起着重要的作用,人们从中寻求慰藉,借助力量,寄托希望,它是最早的社会组织标志和象征。

由原始巫术所产生的图腾包含着古代人类深刻的情感与幻想色彩,它们常常复杂多义而不易于用理智与逻辑诠释,因此作为无意识内容的积淀,富有着难以用概念解说和意识明察的神秘色彩。伴随着时代的变迁,图腾这一源于人类深层心理结构的原型意象已逐渐跨越了时空的界限,外化为不同建筑或装饰形式,并打上了深深的时代烙印。

"万物有灵"论与"互渗律"的提出

在几乎所有人类社会中都曾发现过一些以图腾崇拜为基础的神话和集体表象,例如在图腾崇拜的母系氏族社会,人们总是把本氏族与某种动植物结合起来,将人和物混为一体,形成一种特象。实际上这是与原始社会中的

"万物有灵"论观念密不可分的，被认为是"人类思维"本身结构的必然结果。"在原始社会中，一切存在的事物都被人们赋予某种神秘的属性，并且这些神秘属性就其本性而言要比我们依靠感觉认识的那些属性更为重要。因此，原始人的思维并不像我们那样感兴趣于存在物与客体的区别，甚至常常会忽略这样的区别。今天我们再来回顾原始时代传承下来的建筑形式，已无法运用原始人的思维方式，而只能在理解他们思维方式的基础之上去认识他们的建筑，因此我们的分析也必然是合乎逻辑的。

人类学的研究表明：一切民族在其原始时代都存在着"万物有灵"甚至整体有灵的观念。并且这种观念可以一直延续到神教和阶级社会产生之后。原始人通过他们神秘的充满情感体验的"集体表象"，形成在"互渗律"支配下的思维，即不同的或对立的事物、性质以及其灵性之间神秘的相互混合、渗透、感应和变幻的超自然联系与混同。从人类开始具有幻想力时起，他们往往依据互渗律将两件没有因果关系的事物彼此联系在一起。从大体上看，原始巫术所依据的思想原则可分解为两种：一种是所谓的同类相生，或曰结果可以影响原因，被称之为相似律；另一种则是凡接触过的物体在相互脱离后仍然可以继续发生作用，这被称之为接触律或感染律。前者是通过模仿产生巫术施行者所希望达到的任何效果，而后者是巫术实施者可利用与某人接触过的任何一种东西来对其施加影响，这些东西可以是他身体的某一个组成部分，也可以不是他身体的一个组成部分。"按照这一规律，在一个还没有逻辑化与被认识的世界里，对象只能靠它给人的印象才能进行理解，由此原始人将整个自然视为一个巨大的生物，群山、树木和石头等一切事物都是具有像他一样，并能够影响和左右他的生灵主体。通过直感积累，交流，形成了共同以表象为基础的"原逻辑"或"神秘"思维。这种思维作为心理主体所具有的直感思维起点，是指主体的即思维者自己的生命。而且当他们用这个生命感受外界事物时，这些事物也都变为具有生命的东西，从而逐步形成了泛生论和"万物有灵"等观念。

从根本上讲，万物有灵的观念是一种由内在与外在双重因素决定的原始思维方式。从内在方面出发，原始思维凭借自体直感而直解对象，必然要反诸于主体来认识客体。由于"自体"首先是一个活生生的灵性存在，便自然会以泛灵论的形式来把握客体；从外在方面出发，原始思维就其主要的存在阶段，作用阶段而言,都是在"万物有灵"观念影响下产生,存在与发展的。这一文化传统观念,支配着其覆盖下的每一个体思维沿着泛灵的方式去理解,思索和把握世界,在此基础上建立起一种以灵为本,灵实结合,互相对应的二元世界,灵性充满人的整个生存环境和全部事物,相信灵实感应是这个世界的"本质",成为原始思维"本质自身的规定性"。

　　法国社会学家,哲学家,人类学列维－布留尔 Lvy-Bruhl,Lucien 在《原始思维》一书中曾将这种人借助自身之灵作用于其他事物,使其按人的意愿行事的表达方式概括为 "人和物之间的互渗",并定义为原始思维的基本规律——互渗律。提出原始思维的互渗律是布留尔的一大理论功绩。他的这一原理具体解释为:在原始思维的集体表象中,客体、存在物、现象能以我们不可思议的,同时是它们自身又是其他什么东西的方式被认知。它们也以差不多同样不可思议的方式发出和接受那些在它们之外被感觉的继续留在它们里面的神秘力量、能力、性质与作用。这个为原始思维所特有的,支配这些表象关联与前关联的原则被称之为互渗律。所谓互渗,就是在信仰中两个事物或两种行为以及事物与人的行为之间,由于潜在的灵的作用而相互关联相互混一,从而二者能够相互影响相互改变。它以灵的存在为前提,进一步涉及事物之间,行为之间,行为与事物之间甚至人的行为与神灵意志之间的相互作用,影响与改变的规律。思维主体依其观念理解和把握对象时,在灵实相关的基础上,进一步以事物或行为之间的灵实相关的信仰效应对事物进行直感确认,关联与整合。在原始人所信仰的两个或多个事物之间通过灵神作用而发生超自然的相互影响。例如:一个人与其图腾之间的感应关系等。原始人类习惯于把物看成自己,同时也把自己看成物。他们用自己的情形去认识并理解万物,将周围的一切都赋予人性化。相反既然周围的事物都具有人性,人类自己也就融于这些事物的一体之中。这种人、灵、物间互渗,主、灵、客间的互渗,形成原始人对待世界的基本方式,建立了他们与世界的基本关系及其实现形式。与其他理论相比,它对事物的理解更为深入具体,因而在原始思维中也显得更为有力。

"原始建筑"的界定与研究方法论

　　我们所经常使用的术语"原始的"、"地方性的"和"大众的"代表着不同的

007 / 第一章 建筑空间中的人体象征性思想渊源

概念,但是在那些被限定为"原始文化"建筑以及其他"大众的"文化之间并不存在清晰的客观界限。"原始的"是指在文化和文化产品上不同于我们,在技术上也不如西方国家和伟大东方文化先进;"地方性的"常常包含着作为不带有意识形态,与我们所认为的官方建筑无关的"未开化的",在它宗教变化范围之内的建筑思想;"大众的"是运用于高级分层系统最低社会阶层的建筑。

原始建筑可以被视为拥有一个具体领域的,早期社会的空间行为,并且在尊重它所关联的其他社会中保持着高度经济与政治独立性。不仅是组成原始社会的主要因素,在历史上被纳入一个起源的与相对自我满足的前后文脉关系中,而且这种关联在它的整体意义中是可以察觉到的——因为它如果不是"再发明",至少是不断"再生的"。从历史的观点来看,社会和建筑是同时代的,在相互直接接触中发展并经历变化。相反,在大众建筑中所表达的是一个社会相对于另一个社会的独立性,这就是为什么一个人会发现在大众建筑中不仅仅是常常采用不变的技术的原始类型的建筑,而且还包含着其他或多或少任意类型的引入,还有一些外来的装饰细节与技术,在任意比率上,它已经被强行加入了控制其文化的特殊联系。

实际上,在广泛的万物有灵信仰与原始建筑之间存在着清晰的关系。换句话来讲,大众化的建筑,在信仰万物有灵的群体与它所隶属的更大政治与宗教组织间的分界与重叠区域中发展起来。这样当发现了建筑与社会的精确联系之后,我们对大众建筑中材料与独创性的使用就不再感兴趣了。现在很清楚,从历史的观点来看,大众建筑是被定位于在更好的历史引证以及其他通过《圣经》外部所了解的语言的传统和考古学研究的文化之间的联系之中。它是一个区域在政治与经济上对于更大区域顺服的结果,伴随这种结果就丧失了固定于一种潜在状态中的真正意义上本土的原始特点。

因此我们的探讨不再仅仅集中于建筑的外部,而是代之以制造它的经济与政治结构,我们的定义具有排除根本上存在于术语"原始主义"古老模糊性的优点即被理解作为一种条件落后于先进社会的低劣文化的应用,取而代之,我们可以作为历史形态的存在来看待原始社会,具有复杂性与自我满足性,从实际上缺乏明显统一的迹象,例如领土的状态、作品艺术、商业与工业发展,以及城市等等;即使这些特征存在,也是来自于外部的强加事物,但是,它应作为一种原始社会本身相对自治发展方面来看待。

对于原始建筑的进一步研究，可以通过两个不可避免不可缺少的指导原则为基础而展开：一个是依附于全球的历史观点，它必须注意权衡方法和争论，不要退回到决定主义或理想主义途径，也不能失去建筑与社会和政治之间前后关联的整体观点。其次还包括领域中详细与广泛的分析，每一个地方组织的建筑在普遍意义上都可以被认为拥有着一种特定的信仰与技术。进一步说，这种研究必须通过一个极端系统化的整体建筑概念而展开，在选择和体现最有意义的历史与文脉前后关系中，将目标锁定于我们所掌握的有效方法之上，运用方法论，对于所有面对的问题：无论是普遍的还是特殊的地区的建筑；在土地所有权与建筑之间的关系，以及传统通过团体组织对它的保护与更新被应用于艺术与象征等各个方面展开探讨。

原始思维对人类生存环境的影响

由于在原始社会的哲学中，集体表象给一切客体平添上神秘的力量，人的生命好像成为了理解整个大自然的一把钥匙。印第安人倾向于把一切存在物和客体，一切现象都看成是浸透了不间断的，并与他们自身意志力相同的生命，并认为一切东西彼此之间以及它们同人类之间都是靠这个力量来维系的……古希腊的天文学是比较发达的，但由于人们信仰圆形是最完美的图形，就以此为思维理据，认定天体都是沿着圆形轨道运动。在欧洲中世纪，人们从人有五官，人是宇宙的中心这一信念出发，推断太阳系也有五大行星。而从东方古代文化发展来看，即使在中国文化成形之后，其"天人合一"的观念仍然得以延续和发展。

原始人的思维首先想象到的是神秘力量的连续，不间断的生命本原，到处都有的灵性。万物有灵的观念之所以长盛不衰，不仅处于信仰，更重要的在于人本身作为精神存在物，必然要在精神上有所崇有所依。因此，原始社会的建筑也是充满神的力量或者说是富于生命的。在原始建筑中人们总是希望能够基于历史不同根源的现象去分析解释它们相互间深层关联。虽然不能够被完全证明，但原始建筑中的每个事物的确都并非由静止系统构成，而具有自身的意义与关联性。原始建筑语言从本质上来讲是集体的，即使当个人与家庭表现出首创性，如果它不能被集体中的每个人所理解，即不能在意识自身之外的更大文脉中作为一个更有价值的因素存在，其结果便是毫无意义的。

实际在最广义上,缺少建构和解释的不受侵犯的规则建筑是不存在的。这种规则通过历史过程中人们或多或少具有复杂性的集中与重复而形成。由此,在不同因素之间的联系构成了集体与个人表达领域中的相似之处,允许我们产生一种对世界所有事物解释的态度。

泰勒在《原始文化》中曾明确了这一点:野蛮人的世界论给一切现象平空加上到处散播着人格化神灵的任性作用,这不是一种自发的想象,而是一种源于理性归纳的结果,这种结果导致了古时野蛮人以此幻想来塞满自己的住宅,自己周围的环境,广大的地球和天空。神灵简直就是人格化了的原因。这种认识方式的根源在于,原始社会的建筑和环境观念必须回应于社会需求,同时也受支配于原始人对宇宙的解释,因此建筑活动总是反映出一种由精神或祖先所掌控的建筑模型体的神圣形式,这是一种自然环境与整个社会组织间有序联系的核心。从语义学的角度来讲,在建筑与社会间最主要的联系是"历史"与神话伪装的"科学"。神话解释了人与世界的起源,并为现实生活,人们与邻里和自然环境间的关系,氏族间的关系等提供了一个历史与现实的判断标准,它对于在一定区域内存在的群体稳定性显得尤为重要。然而所有这些将地域形象化的拟人性尝试除了神秘性之外,也确实具有现实功能:道路、水源、猎场需要被限定,这样它们就能够被重复性地使用并阻止外部势力的侵入。由此神话获得了一个明显的记忆价值,它不仅作用于那些以正确形式重构世界的氏族部落,同时也激发了生存于其中的人们内心的活力。

人体——揭开宇宙之谜的钥匙

人体与宇宙万物的类比

人类文化史上最古老和最新鲜的主题是刻在阿波罗神庙上的神谕:"认识你自己"。在这方面,董仲舒的"以天喻人,以人附天",可谓达到了极致。有史以来几千年来,在所有象征中最古老,最深奥,最普遍的也正是人体。希腊、波斯、埃及和印度都将人的三位一体哲学分析看作道德和宗教必要的组成部分。每个国家的法律基础和宇宙秘密的力量也都可以被视为人类构成的缩影,可以说存在于人类外部世界的每一件事都是对人内部构成的模拟。虽然它们的起源有些部分是难以被解释的,但是被赋予了神性热情的人们,能够超越这种局限,以自身创造性来看待这些神圣的部分。早期的哲学家认识到企图以理性处理超越理智能力的无效性,就将他们的注意力从不可想象的神学转向人本身,并且在自身狭小的范围内他们发现了显示外部区域的所有秘密。伴随着这种实践的自然发展,构成了一个神秘的理论系统。在此,上帝被视为是伟大的人,相反人被视作小的神;继续这种类比,宇宙被作为一个人,而人被作为一个小宇宙。控制着伟大世界的神圣生命或精神实体被称为大的人类学,而个体的宇宙或人体被称为小的人类学。因此,宏观宇宙人与微观宇宙人的器官和功能,共同构成了早期人类社会启蒙中最重要的财富。

在原始神话爱色斯中揭示了:人是一个小世界——一个在大宇宙中的小宇宙,就像胎儿,存在于宏观宇宙的子宫中,而他在陆地上的身体不断与祖先的土地间产生共鸣。他身处其中,并以他自身的元素充满了所有空间。在几乎所有神学书中都可以追踪到人体解剖的类比,这在它们的创造秘密中是最显著的。古代哲学家将人本身视为解开生命之谜的钥匙,并且在以后的各个时代中,人类的正确研究在于人本身。在引入宗教崇拜之前,早期的传教士曾将一个人体塑像放置于庙宇的神殿中,这个人像在所有的复杂表现中象征着神的力量。这表明古代传教士接受人作为他们的启蒙,将神秘的图示占据了原始神坛,通过对自身的研究来理解其神圣计划更大更深的部分。这个塑像可以是开放的,表现出相对的器官、骨骼、肌肉、神经和其他部分的位置。在经历了几个时代的研究之后,这种人体解剖变成了更加复杂的象形图形组团,每部分都有着它特定的神秘意义。这种测量方式形成了一个基本的标准,借此可以去衡量表现宇宙所有的部分,那是一种由哲人所提供的所有知识的绝妙组合象征。

由于哲学家宣布了所有事物在构造上的类似性,将人的身体作为衡量宇宙的尺度,因此人按照自己的形象创造了神,也依此创造出自己的生活空间。实际上,人类居住空间中人体图示表现最初就是源自于这种原始时代神秘的"万物有灵"观和"互渗思维"。如希腊人曾宣称希腊古都特尔斐是地球的肚脐;物质的宇宙则被视为将巨大的人体扭曲为球形。而罗马人和伊朗人则相信他们自己坐落的世界处在大地的肚脐眼上,信奉萨满教的科济人则把与庙宇、宅院密切相关的坟墓称为"宇宙之母的子宫"……在他们看来不仅地球,而且所有星座都是拥有独特个人智慧的创造物,甚至将自然界的领域看作是具有个人实体的本质。以同样方式，种族、国家、部落、宗教、领土、城市和建筑等也均可以被视为人的实体组合，每一部分都由不同数量的个体单位构成，每一个群落都具有自身个性，综合反映着居民个体状态，人的生命由此成为了所有事物评定判断的永恒标准。

人体解剖结构的神圣象征作用

在原始社会认为人体的每个器官均具有自己特定的神秘意义，这从墨西哥等地的祭祀仪式中便可以得到充分表明。人体的器脏、眼睛、脂肪、骨骼、空窍、排泄物、毛发、胎盘、血液以及身体其他组成部分等客体都被集体地表象为平空赋予了这样或那样的神秘力量。从人体结构来看，它具有三个明确中心：心脏象征着人类最崇高和神秘的器官，是生命资源的象征；脑代表着人类肉体最伟大的尊严，通过理性的智慧将生命与形式统一起来；而生殖系统则体现着物质的重要性，通过肉体组织成为制造力量的源泉，这三者共同构成了在表现范围和行动中占主导地位的中心力量。

图像常常是人们主观思想的客观表现而非现实，它可以被设计为崇拜目标、神秘力量与规则表达。同样，人体不仅仅被考虑为个人，更可以被视作个人的房屋：寺庙是上帝的房屋；粗劣或变态的人体形态是墓穴或监狱；而展开或再生的状态则可以成为具有创造力量的造物主的神庙……古代神秘事物的三个阶段通过代表着人类与宇宙体三个伟大中心的建筑空间形式被表达出来。寺庙本身被以人体的形式建成，进入庙宇就仿佛置身于两脚之间并达到相应于脑的最高点。第一阶段代表着物质的神秘性，它是生殖系统的象征并通过各种具体设计被建造。第二阶段是相应于心的房间，它代表着以精神连接的中间力量，在此人被创造为抽象思想的神秘象征并提升到心所能洞察的高度；最后再穿越到类比于人脑的第三阶段，它占据了寺庙中的最高位置。这一建筑空间首创了具有综合性的不朽思想即作为一个人内心所想的正是他自己。

因为人的肉体有五个明显的重要端点：即双腿、双臂和头，头控制着其他因素，它们被共同作为人的象征。在古埃及金字塔中四角象征着人的四肢，它的顶点为头，这样就表现了一个理性的力量控制着四个无理性的角点。手与脚常被用于表现四个要素：其中两只脚是泥土和水；两只手是火和空气。作为神圣的第五元素,人脑控制和连接着其他四个元素。如果人双脚合拢而双臂张开,并与头和上肢组合,便成为十字形的象征图1-2。

采用上述象征性手法,那种原始社会内部和夫妇本身间的等级制度便可以通过人体给定的元素得以表达: 头——代表着对于其他家庭成员的尊重,

图1-2 埃及吉萨金字塔

这同样应用于房屋、村庄平面和区域组织。这种象征性的等级总是反映和证明着一种经济和政治的等级。"头"就是家庭首领,控制着其他房屋,这是任何权力都将被承认和接受的位置。从中不难看出,被赋予人形的神话有益于社会秩序,保持由一个特殊家庭或阶层获得特权。在皇家宫殿的基础上,这种方式被用于解释国王周围显贵的排列位次。

中国古代哲学中"象天法地"的宇宙观

中国古代哲学以天、地、人为一个宇宙大系统,追求宇宙万物的和谐统一,以天人合一作为最高的理想和追求。为了达到这一理想境界,《老子》提出了"人法地,地法天,天法道,道法自然"的准则。《易·系辞》也提出:"在天成

象,在地成形;仰则观象于天,俯则观法于地;与天地相似,故不违。"等等。这些作为中国古代"象天法地"的思想精髓,对中国古代文化、艺术、哲学等各个领域都具有深刻而广泛的影响。

"象天法地"的哲学观在中国传统文化中可以被具体演绎为以古代中国生命崇拜为基础的仿生象物营造意匠,最早表现为生殖崇拜:鱼纹、蛙纹成为母系氏族社会女阴崇拜的象征;而鸟纹、龙蛇等成为父系氏族社会男性崇拜的象征。其表现手法大致可概括为三类:一是法人的意匠:在《吕氏春秋·有始》中提到:"天地万物,一人之身也,此谓之大同。"中国古代极为重视人的价值,认为天地之间的生物以人最为宝贵。根据古代天地人同构的思想,天地是宏观的大宇宙,人是微观的小宇宙,因此在中国古代城市、建筑及园林规划中都有许多仿效人体的例子。二是仿生法物的意匠:即对许多动、植物的模仿,有模仿鲸鱼、乌龟、蛇、凤凰、鹿、牛、马、龙、鹊等动物形态的;也有模仿梅花、葫芦等植物造型的。三是象物的意匠:即对非生物的器物、工具的仿效,如笔砚、琵琶、船、盘和盂形等等。

中国古人以经验、感觉和玄想来附会外界。阴阳、五行、八卦反映了人们对于自然界构成元素的直观认识与把握。这三者相互配合最终共同形成了一种以阴阳五行为骨架,以中庸思想为内容,以伦理道德为特色的文化,构成一个人、社会、自然同源同构互感互动的宇宙图示体系。无论遇到什么新事物新现象,都可以方便地在这一框架中找到相对应的位置。虚无中生元气,元气化为阴阳,经交合而成新人。人与天地结构是一体化的。天有九野,地有九州,人就有九窍;宇宙间有金、木、水、火、土五行,人就有心、肺、肝、脾、肾五脏,自然中就有五岳、五方、五音、五色、五味、五臭,社会上就有五个帝王、五方神祇、五种祭祀……这些构成一个庞大而完整的结构图式,而这个庞大无比的宇宙模式与以"象天法地"为象征表达基础的严密思维框架,帮助人们成功地解释了自然、社会与人类的一切奥秘。

由己及物——原始社会推衍观念

原始时代这种人类的自我中心主义,由己及物,由内及外的认识事物的方法和观念主旨实际上是将人的身体作为人们认识物的框架,如同《易传·系辞》中所提到的:"古者庖牺氏之王天下也,仰则观象于天,俯则观法于地,观鸟兽之文与地之宜,近取诸身,远取诸物,于是始作八卦,以通神明之德,以类万物之情"。《易经》的这段话,为我们仿生象物,法人法自然的意匠,作了很好的阐释。圣人正是通过观象于天,观法于地,观鸟兽之文与地之宜,近取诸身——即法人,远取诸物——即象物,才创造了八卦。这就是由身及物,人体象征的方法。在中国古代文化中,极为重视人的价值,如《孝经》所提及的"天地之性,人为贵",它认为天地之间的生物以人为最宝贵。按照古代天地人同构的思想,天地是个大宇宙,人本身是个小宇宙。天地万物,好似一人之身,这也就是我们所经常说到的"大同"。

这种以自我为中心的身体框架,被原始人抽象演绎为人体形式的加以描绘,运用于现实之中,象征着宇宙与人类个体的完满整合。

以自我为中心——人类实现整合的焦点

几乎在每一民族传统中,都倾向于"以自我为主体"来感知外部的宇宙世界,即将自我所处地域作为宇宙世界之中心。我们众所周知的儿童以"家"为中心又何尝不是人类"以自我表现为主体"来感知宇宙世界的历史缩影呢?总之,这种"以自我为主体"来感知宇宙世界的思维,无论是思辨的,还是唯心的,都流露出同样的集体无意识——即把某种绝对"中心"的神圣元素注入到世界中生活中。中国人认为这是天时、地利、人和三方面均有利的位置。因此,人类自古以来就倾向于将宇宙世界视为中心化的存在状态,这种"以自我为主体"的心理倾向采用蕴涵人类精神与气韵的圆形、方形、三角形、十字形和曼陀罗等母题形态体现于诸多建筑中。

圆形的象征——生命的终极整体

宇宙和谐的象征 "天似穹庐,笼盖四野",典型地表明了几千年前人类倾向于以圆来感知宇宙的直觉。

圆的象征性在世界历史相关记述中是非常强烈的,无论是在原始的太阳崇拜中,还是出现在世界伟大宗教创始者的描述或神话中,抑或出现在西藏僧侣的蔓陀罗图形中;也无论是在城市的地图中,抑或是在早期天文学家的天体概念中,它都表现了无意识自我和心灵总体的一切方面,其中包括人与大自然之间的关系,并始终指向至关重要的生命终极整体,代表着澄明,象征着人类的完美之境。它是由人内部向外部投射出的原始意向具体化形式。城市、城堡或神殿等建筑变成了心灵整体的象征,并且由此对于进入或生活在其中的人们产生出独特的影响。例如,在日本最高的佛陀,头和身体被两个光圈所环绕。与之类似,在基督教耶稣的描述中,基督耶稣像的头也常常被光圈所环绕;在印度和远东的视觉艺术中,四度或八度光芒的圆圈是宗教意向的普遍模式,作为冥想工具代表着宇宙和神圣力量的关系,并由此衍生出人类的神圣建筑。

世界各民族在自己的早期文明中都经历过这一"以自我表现为主体"来感知宇宙世界的阶段,即以自我所处地域作为宇宙世界之中心。在中国创世纪传说中,亦曾将天视为一圆形半球体,这反映出长期盘踞在中国人心理中的"天圆地方"观念,根据古人想象,天地原为太初混沌世界的一部分。战国时讲天体,流行着比"天圆地方"更进一步的"盖天论",认为天像一个圆盆覆盖在上面,地像一个圆盘覆盖在下面。这里所谓"天",通常是指地球以外的宇宙空间。但古人总是倾向赋予其圆的形态,继而注入自己的无意识内容。在他们看来,这一圆形穹隆是维系他们和谐生存的更大的天然遮蔽所。由于天宇对原始人来说,具有更广泛意义上的保护感,因此暗含了唯一的绝对中心的圆自然被赋予宇宙般和谐完满的象征,这种心理倾向至今依然存在。

个体的象征与安全性保证 圆形象征着自我。在所有层面里它都表示心灵的全体,包括人类和整个自然间的关系。在禅的宗派里,圆圈代表启发,象征着人类的完美和谐,抽象的圆圈也经常出现在禅画里。带着这种心境,我们就不难理解各种宗教建筑中的圆形入口,因为宗教的目标就是将人的精神导向与天国终极相整合的完满境界,从而达到灵魂的至善至美。

两三岁的幼儿喜欢在随意涂抹中画出一些不规则的圆圈,而到了四五岁左右便由封闭的圆圈而发展为向心的圆圈。心理学家指出:儿童所画的圆圈是知觉回应环境刺激的反映,是一个"保护性容器",因而被称为"原始圆圈"。作为一种蔽护情感的表达方式,它不仅仅存在于儿童画中,在遇到外界刺激时,人类为寻求安全感,随时都有重新启用这种圆圈的可能性。更进一步说,在现代土著人的窝棚以及儿童画的房屋中,最基本最简陋的房屋差不多都是对称,模糊不定的,平面基本为圆形,并且空间亦多为圆形,半球形体,圆锥形体,圆台形体等,这种被称为"子宫式世界"或"子宫式宇宙"Womb-Like World 的圆形房屋,对于原始初民来说,在很大程度上亦衍生自在母亲"子宫"内所体验的完美与整合的意象表现。正如苏姗·朗格所言:再也没有什么东西比一个没有被符号化了的概念更捉摸不定了,它就像一些模糊的星光那样在闪动和消失,它只是一种感悟而不是一种固定化了的表现。这样,人类首先赋予圆以原始的内在整合与完满的象征,并将其运演为三维空间体,来限定自己的生存领域,并成为宇宙和谐的象征。

从形态上分析,圆是由无数质点组成的,其中每个质点都处于向心力与离心力的共同牵制之中,当二力相等时,质点处于动态平衡,圆就能维系其饱满与整合状态。人类由于追求完满与整合而创造出了圆。对于时时受到外在险境侵袭的原始初民,比任何时代的人都更为思恋那失去的具有整合感的"伊甸园"。由于原始人想重新返回那里的欲望得不到满足,不得不潜入到无意识的强烈欲望中,因此凭借记忆力,在他们的感悟中使得这个原型意象愈加明晰,从而出现了模糊的圆。作为一个原始的初发的图形,它的圆满饱和状态正象征着母亲的"子宫",和谐整合,也象征着"自我"的灵魂不受侵蚀。这一原型,深刻反射出原始人内心中的无意识内容。 如果我们再仔细审视一下原始人的天然遮蔽所,就会发现它们有着惊人的类似之处,那就是入口大抵都呈圆形,并得到了精美的"装饰",这正是基于在母亲"子宫"内所感悟的体验,因为只要踏进"入口",人就如同重新返回母体内,再度享受圆满与整合的体验,但这时已升华为一种基于较高层次幻想性的心理体验。原始人在这种天然洞穴中已经体验到了某种和谐与保护感,创造出了意象中的圆形洞口。在此基础上借助于人所特有的创造才能,建立起原始的圆形房屋,将他们的冲动与幻想铸造成一个崭新的现实。这样,亦就使自己能隐约地追溯起生命起源时那种最深奥的体验,从中获得精神再生,并且将在母体内所体验的胜利情感转变为一种对心理情感的满足,借此达到本能冲动的"升华"。

从力学角度分析,长期的经验告诉人们,如自然环境中空气的温度和湿度等,力的作用是全方位均匀分布的,它们共同在人的周围形成一种"场"的感觉,人体则以相应的内力与之对应。由于人们在心理上强烈需求一种围合感,因此当与周围环境的内外力量达到均衡时,就会形成一个以人体为中心的圆,好似一个"无形的罩子"与人体形影不离。

个体与宇宙的完满整合 圆或球体通常是自我完满和宇宙和谐的象征,表现了灵魂各个方面的整合,包括人和宇宙之间的关系,它永远都表明着人类生活中最重要的方面——精神生活的终极完满与整合。人们对圆形或圆锥形的描绘最初总是呈现为放射状,象征着太阳的光芒。也正是因为有了太阳,宇宙才获得了圆满与和谐,由此原始人自然产生了膜拜心理,他们忠实地模拟了太阳的形象,并将这种形象施之于岩刻中,器物与建筑之上。通过大量的心理和行为观察,专家认为对于圆形来说,其产生和人所赋予的内在的原型意象,首先来自母体子宫内所体验到的整合感。这是一种原始的低级的内在的整合。出于人心理中早已具有的,追求和谐与保护的无意识本能,也由于体味到这种整合感,而使"自我"的人性亦在成形。

对原始人来说,他们最初的思维大多建立在直觉和幻想基础上。正如荣格所说:"曾有那么一段时间人类的意识尚不是在思考,而是在感悟"。在这段时间中,人首先以圆来创造一个象征母体的空间意象;同时反射出其内心的宇宙。虽然物质的肉体无法逾越尘世,但精神上获得了一种理解宇宙的新视野,为实现在空间生成中更为紧密地与宇宙取得高度整合的欲望,他们使自己周围筑起圆形空间, 而这个空间又成为宏观宇宙中心的一个微观宇宙,从这一意义上讲,"子宫房屋"升华为纯粹的"圆形房屋",通过外在世界最终达到的更高层次——与宇宙相整合。人类将蕴涵于心中的原型意向得以外化成形,创造的圆形房屋反映出整合就在内心之中,使人感悟到自身存在,并似乎从中获得精神上的再生,生成了宇宙原型。通过建造环绕包围着他们的房屋,人类表达了与宇宙的关联,从这个角度上说,圆形房屋就是一个庙宇,为了将这一领域从世间隔离出来,他们垒起了高于自己的圆形墙体,在其上开凿入口,借此清晰地划分出天国和尘世的内外之别。我们也时常发现以圆来象征个体,这里人的躯体被描绘成圆形,大抵是由于人类用原始整合的意向来表达他们自己,以寻求心理慰藉。

由于与宇宙的整合,使圆获得了丰满而永恒的含义。这一原型意向淀入到人类心理结构的最底蕴,在任何时代任何场合都有其潜伏在时间、空间中的影子。荣格把飞碟解释为在各个时代都象征为圆的一种无意识内容或圆满之投射。它泄露了一种集体无意识,并尝试通过圆的象征来治愈世界动乱与分裂。今天,虽然圆的象征亦具有可观的作用,但其传统含义却经历了一次具有特色的转变——其中心失去了绝对的地位,因此圆常常不再是包容整个宇宙且具有绝对中心的有意味之单一形体,人们有时候会将其从统治地位中抽取出来,取而代之的是一组松散的或不规则的椭圆。

方形——人类个体的体验

如果说圆象征着人类生命的起源,那么方则代表着人类个体本身。我们不是常将人类的躯体比作建筑吗?在一些较为成熟的儿童画中,往往于方形建筑基体上描绘自己的五官, 似乎欲将其变成一幅自己的肖像——“人面房屋”。由于人类潜在地意识到他已脱胎于原始的整合,需要达到一个更新更高层次上的整合,但是他毕竟与宇宙相异,因此便直觉地萌发了以“方”来象征其自身的意向,这在大量的史前绘画和雕刻中均有所体现。这种集体无意识从原始开始就得到了广泛传延,至今还遗留在人类的深层心理结构之中。

原始的尘世间的“伊甸园”为唤起对母体追忆总是被描绘为圆形,然而圣地耶路撒冷的“伊甸园”则被表现成金色的立方体,它是人性达到成熟而未返回到那失去的圆形尘世“伊甸园”的象征。方形的出现,意味着人成其为人。在中国创世纪的传说中,自开天辟地以来,圆和方就一直处于矛盾的对立与统一之中,圆与方分别象征着自我和生活的两个方面,当然也代表着自然界整体的两个方面。圆是自我中精神灵魂的象征,甚至柏拉图曾把心灵描绘成一个圆球,方是物质肉体的象征;圆是精神世界中天国与宇宙的象征,方则是现实世界中世俗与大地的象征。神话是人类深层心理结构中无意识内容的外化,关于方是人所归属的尘世象征在中国古老神话“大禹治水”中可以找到它的痕迹。在祖先意象中的大地也取自方正,有典可据的古代“井田制”和中国九州的整齐划分便是最好的明证。

方形母题随继着圆形母题一同开启着建筑历史,尽管此二原型意象截然不同。对原始人类来说,居住在圆形房屋里,乃是基于对母体的追忆,或是对宇宙的认同,充满了整合的意象;而对于那些居住在方形或矩形房屋里的人,个体观念则得到了高度发扬。通过将自我与代表其起源的原始的圆区别开来而获得了个体特征。在世界各民族史前遗址或现代原始部落中,我们常会发现村落布局大抵为圆形,而位于中央位置的部落聚焦点——首领的房屋为较大方形房屋,以其方形体积象征着尘世与宇宙的联系,建立起首领在世俗间的统治秩序,使部落社会组织结构得以维系。

其他形态中的人体象征

三角形 圆形既是人类生命起源原始整合的象征,又是体现着灵魂的完满与宇宙最高整合的象征;方形是"完整"存在的人类自身现实境况反映。此外,人类还需要用附加的象征来描述其脱离原始整合后,意欲再次达到完满的潜在意识,于是就在介于圆与方之间出现了三角形这一动态意向,提示人类超越自身物质肉体的存在,以摆脱尘世,在天宇中达到更高境界层次的整合。

十字形 不仅人类的身躯体现为十字形结构,而且人类的灵魂似乎亦是沿着内在的十字形得以组织。无论是希腊正十字还是拉丁长十字都预示着人类的再生,体现着个体灵魂的自我表现与神圣宇宙的潜在关系,象征着人类达到完满的途径,每个人都可以看到根据各自的十字所标记的通往自我完满的道路。世界许多古代城市如古罗马城等布局都体现了这一原型意象,由于庙宇主要是通过展示其内部道路来完成对人类灵魂的精神引导,因此十字形平面成为许多传统庙宇、教堂的显著特征。在基督时代,罗马的长方形巴西利卡两侧扩展时,就生成了拜占庭教堂平面。在罗马风和哥特教堂平面中,十字中心上移,成为拉丁十字形。东正教教堂,则纯粹地保持着原型的与规则的正十字形。

曼陀罗——人类内在秩序的意向原型

曼陀罗译音为"坛场",典型式样是一个包含有正方形的圆,它涵纳了中心、圆形、方形、三角形及十字形等宇宙奥秘的五个原型母题,它们都是具有绝对中心而又最简约的图形。几何母题高度统一的曼陀罗是人类深层心理结构中某种普遍的内在无意识秩序的原型意向,反应着所有人力求"自我"完满与整合的象征,并通常在其对于神力的关系上代表着宇宙。在西藏喇嘛教中,常以形象丰富显示四极倾向而又具有严格向心性的曼陀罗图案来概括出包括人在内的广袤宇宙的各个侧面图 1-3。

事实上,真正的曼陀罗永远只是一个内在的意向,它是当人类灵魂的平衡受到干扰时,或者当一种必须去寻找的思想不能在圣典中被发现时,人类通过积极的想象而逐渐建立起来的。可见曼陀罗是人类在集体无意识中力求表达完满与整合的原型意象,也是作为深层心理结构中普遍的内在无意识秩序的一种反响。从历史发展来看,曼陀罗的"文法"规则和语言自古以来就潜伏在人类心理之中,并且当人类力求"自我"完整时,它总是瞬间出现,直至今天仍引起我们极大的兴趣,但此时它已不单是喇嘛教义中的曼陀罗,而是成为了各种古老文明、宗教中关于宇宙的象征和记录。因为在所有这些传统中,人不能将自我表现与宇宙截然分开,而是共存于统一的轨道之中。由于宗教的目标就是将人的灵魂引向完满与整合,所以在各种宗教图像志中更充满着

图 1-3 藏传佛教大日曼陀罗

曼陀罗语言,只有与宇宙取得高度整合,人方能获得终极完满。同样,我们亦可把佛和菩萨头顶上的圆光视为曼陀罗,它是作为佛智"广大圆满之觉"的象征。总之,曼陀罗暗含于由古至今的一切文化体系中,这种普遍的和反复出现的原型,说明了某种无意识内容的确然存在,它虽然沉积于个体无意识之下的深层心理结构中,但又属于一切人和一切时代,成为人类所共有思维模式的主宰。

作为人类天性力求完满与整合的外化显现,曼陀罗深刻而又简洁地表达了人类的无意识内容。其原型母题,不仅以各种变体的形式出现于神话、艺术、梦境乃至中世纪炼金术上的方程式中,而且几乎出现于全部人类文明领域,包括宗教建筑和世俗建筑的历史演进过程,这一象征性内涵已淀入到人类最深层的心理结构之中。

原始社会建筑空间的人体象征性体现是多方位多角度的。通过挖掘其思想根源及其与建筑中"人体改写"的深刻关联,总体可以主要概括为以下方面:

标志群体:部落、种族的特征 这一特点在远古的神话传说以及原始聚落的人形象征方面都有充分体现,其作用在某种意义上可以看作是图腾崇拜。在原始人信仰中,认为本氏族人都源于某种特定的人形化物种,这些物种与其说是对动植物的崇拜,还不如说是对祖先形象的崇拜。它具有团结群体,密切血缘关系,维系社会组织和互相区别的职能。同时通过图腾标志,得到图腾的认同与保护。

宗教和巫术的反映 恩格斯曾经说过一句非常深刻的话:如果鸟有上帝的话,鸟的上帝一定是有羽毛的。宗教所信奉的上帝或神也是如此,国外各民族的人形神都是该民族人的样子。因此,原始人类在进行宗教活动中,其神明或者偶像的形象多数是人形或者人形化的物。

性与繁殖——原始需求的影响 我们不难看出生殖崇拜曾一直贯穿于母系与父系氏族社会。在原始人眼里,异性的身体具有巨大的象征性,它象征着生育繁殖后代和神圣,而体现生殖崇拜就必然对人体进行充分的表现。这反映了当时人们对于社会和自然界认识水平的低下，也反映了人们的精神寄托。

多样化再现心理空间的图示　在原始社会的人类对方位和方向有了充分的认识之后，人体象征的心理意义得以更充分展现，在各种建筑群体和聚落布局当中，人体的形象不再仅仅是祖先或神灵的标志，人体的器官也依照不同的地位和作用在其中表现出来，甚至上升为圆形、方形、三角形、十字形、曼陀罗等五种抽象母体。这些都反映着外部环境在不同方位对人们心理感受产生的微妙差别。更进一步，他们将这些差别带入到其社会结构中去。五种原型母题的高度统一，涵盖了宇宙的奥秘，也表明了人类具有一种将二维平面的几何母题运演为新的三维空间，按照自身意象限定生存领域的心理能力。它涉及人类最深层的情感，表现了人类在自我表现与宇宙和谐方面力求达到完满与整合的理想追求。

以人体形态象征建筑，虽然是原始社会人们感知和诠释所见事物的一种自然方式，但他们那种通过潜在意识把世界人性化，并以人体及自身意志去了解它的天真的神人同形论的方法，对于以后其他时代乃至现在的美学及建筑学，特别是人文主义建筑学等都具有着非常积极和深远的影响。

第二章 人体象征的"圈层式泛化"

　　象征是人类生存的基本需要,前科学时代各文化的象征都是以其特有的方式来表现的,这一行为是人类物种生存与进化的需要。原始时代这种人类的以自我为中心的、由己及物,由内及外认识事物的方法与观念主旨实际上是将人的身体作为人们认识物象的框架,正如《易传·系辞》中所提到的:"近取诸身,远取诸物"即是由身及物,人体象征的方法。这种以自我为中心的身体框架,在人类居住空间中可以推及住房,推及聚落乃至推及大地,推及宇宙,在此,人体呈圈层式的扩大化,或曰以人体为中心的圈层式泛化。这种人体的泛化在表现方法中又可分为抽象和具象两种,本文中所述皆为具象泛化的例子;抽象泛化的问题将在今后的文章中进一步探讨。

　　从总体上分析,这种现象在居住空间的许多层次中普遍存在着:小的层次如住房,其次如聚落,再其次如地域,在不同的地域:中国、非洲、美洲等地区的住房都存在这种现象。在聚落中不仅有人体象征的现象,而且还有其他动物的象征,或器物、工具的象征,有象征鲸鱼的,象征乌龟的,或象征笔砚的,例如波利尼西亚和麦克罗尼西亚人的领域岛屿南端代表着头,东海岬东端和西海角是两个大的侧鳍,北奥克兰狭长半岛是尾部……爱图塔克 Aitutaki 的岛屿领土,虽然没有在轮廓上象征着鱼,但是被划分为同样的器官:头、身体、尾巴和鳍……根据当地的神话,社会的岛屿从海洋深处浮现出来,就像一个背部有很多凸起的巨大的鱼。在中南部非洲,那些原始居民所创造的城市反映了家族和官僚的力量由统治家族强加于附属家族。从这个角度来看,城市代表着一种统治力量概念的极端扩张。一个非常清楚的例子可以在中非兰德Lunda帝国的古代首都平面中被发现,在那里,君主宫廷建筑根据放大的乌龟模型被组建起来图2-1。在这一组织和特殊的公开形式中,将神圣动物的分解作为空间划分和根据主要方向划分领土的基础。在此君主的权力利用文化的基础去表现他自身永恒统治的合法性。实际上,在非洲地区,乌龟给人们提供了住居模式:在它的保护之下,第一对夫妇修建了最初的原始房屋,它的结构和装饰细部一直被确立起来,并且在菲利Fali的住宅中必须被忠实地效仿。

这样的表达方式不一而足,但人体象征是一种更为普遍的现象。如人们认为最安全的环境是一种被包围的状态,这种人类本能意识源于幼儿在母体子宫里所受到的保护。因此,在择居筑屋时,往往深受这种观念的影响,采用封闭的空间处理手法。其中中国的风水格局是非常典型的例子:人居中,后有靠山,前有朝、案,左辅右弼,住宅、聚落、城市、园林以及设防的楼堡村寨和传统建筑甚至京城、地区、大地及其上的自然物作为中国文化的特殊产物也都讲究这种格局图2-2。这里仿生象物,法人,法自然的意匠,主要是在追求天、地、人和谐统一的哲学思想体

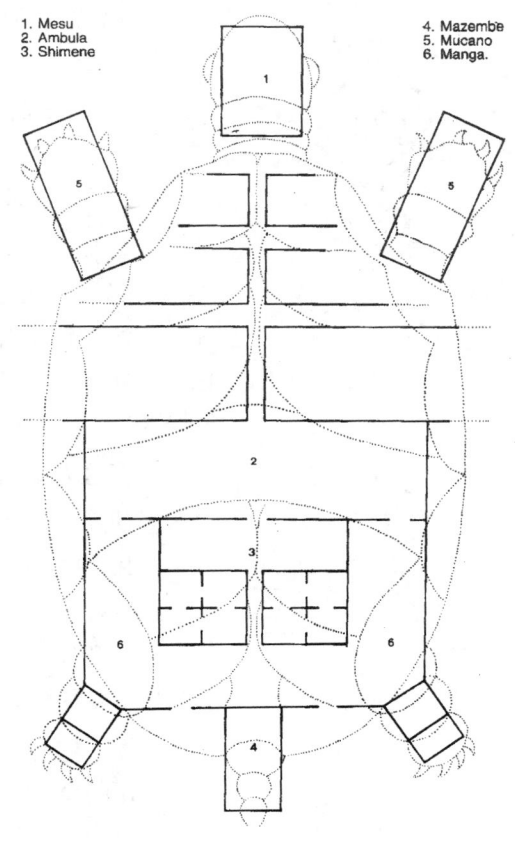

1. Mesu
2. Ambula
3. Shimene
4. Mazembe
5. Mucano
6. Manga.

图2-1 中非兰德帝国的古代首都建筑平面
图式,表明了安哥拉主要部落的位置

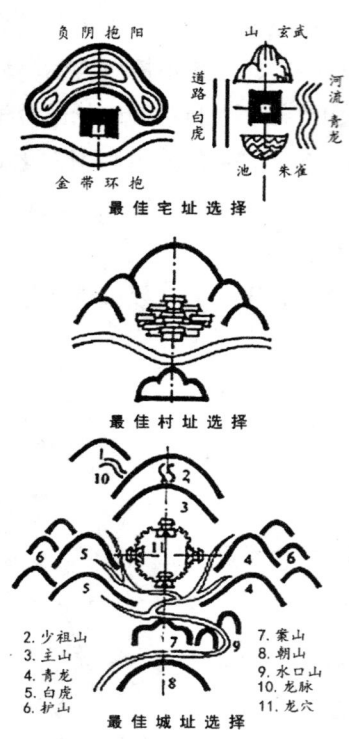

图 2-2 风水观念中室、村、城的最佳选址

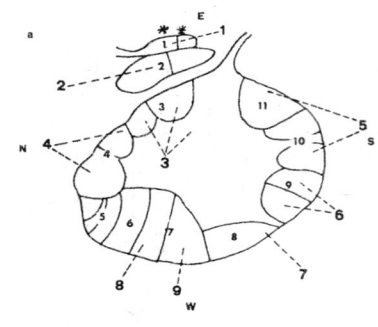

1. head / 2. chest / 3. belly / 4. right hand / 5. left hand / 6. right thigh /
7. left thigh / 8. right leg / 9. left leg.

图 2-3 以女性身体划分突尼斯格弗沙城
1.头 2.胸 3. 腹部 4.右手 5.左手
6.右腿骨 7.左腿骨 8.右腿 9.左腿

系指导下产生的。至于这种现象是否在每个地区每个国家都存在，现在还没有确凿的证据，但从理论上来讲，应该是一种普遍现象。因为人们认识居住空间的甚至是其他事物的最有力直接原始而可信的方法就是将它们比拟成人体。

在此，住宅、土地和村庄被看作形成的实体对象，通过持久的振动，参与到宇宙的生命之中。具体到社会生活、神圣教化、谷仓和住宅中的每个细节，又都具有一个特定的象征与作用，因此对它的理解不能仅仅局限于其本身的意义。

环境或大地的拟人化

大地与居住领域的人体形象化在原始时代是普遍存在的，无论是在神话中还是在原始阶段的部落中，无论是在亚洲、美洲还是在非洲，我们都可以看到许多这方面的生动例证。在原始社会，人们往往倾向于将领域或者其中一部分形象化，塑造为宇宙创造者或者祖先的形象图2-3。有时候正是宇宙创始者本人连接了天和地，并且他身体的部分被识别为带有特征的景观——山冈、河流、岩石等等，其中，人体的每一个器官都有自己神秘的意义，于是这些景观被原始头脑想象为相互作用的，并形成一个可以识别和可以使人得到安慰的形式。这样一种拟人的方式成为一种最广义的建筑，这种象征性的构造受到部落、群体、种族的影响，一个社会整体常常被祖先或文明的英雄的身体所代表。这些解释的经济与政治动机也可以在权威者的形态当中被发现。设计者将环境或大地采用"部落人"或帝王的形式，而这种图形也必然将会被人们顺理成章地视作承担主要集体工作显赫人物的整体象征。

大地与居住领域人体形象化的释义

在处理建筑与地区相互介入与转化过程中，大地景观再造通过神话调和作用概括了一个包括物质现实所有方面和全部建筑体系的行为模式。在原始社会里，它在各种程度上都能够有效地控制一个所属区域并对该地区产生积极作用。作为结果，任何行为都倾向于以一个系统的形式发生，并且每一种都包含着区域转化的调和，由此每个部分必然隶属于一个有意义的整体系统。这样神话模式的作用就被以一种普遍人类的历史表达所理解。而另一方面，它们具有源于详细历史文化象征的复杂性，并且能够不断满足变化的功能。虽然在心理上认为在这个范围里并没有固定的间隔，但各种层次的神话模式均反映出了从狩猎与聚居社会领土到农业社会被建构住宅的一般化秩序。

由于空间巨大变化及区域中狩猎与聚居人口的经历差异，空间的建造和组织方式与手段，被畜牧业和农业人口不断地去重新诠释和调整。这无疑不仅包含着建筑类型，而且还有关系系统的转变，在生产系统、社会结构和物资环境间进行调和。虽然经历了生产系统的深刻变化，但我们仍然能够从中感受到人们最早的空间与领土概念的痕迹。在大多数情况下，存在着古代的不同生产系统的多层化，且每个层次都是一种精确空间、神话学与建筑的表达。

在其他地区，我们曾经试图确立以尊重神人同形同性论动物模型及它们的社会用途作为在建筑象征性解释中的显著特征。在采集、狩猎和农业社会，涉及地域、村庄或者居住的象征性程度不仅依赖于一般历史层次过程中个体的发展，同时也依靠特定强化的主题，并且在其他文脉中显现，正是这些构成了建筑语言历史差异性的基础。换句话说，如果那些源自于人体更简单和更普遍的本质元素构成了一种广泛传播和作为以后发展基础而存在的复合形式，那么它联系着的更近更有限范围内流通文化的具体解释则可以揭示出任何事物的存在形式，最终令运用于特殊社会关系内具体目的的基础母体逐渐趋于一致化。

通过领土的人体形象化释义，在神灵、宗族部落或人类形成的领域之间，形成一种相互关联的整体关系，虽然它们出现在大量不同的文化中，但以一种历史文化的而非地理意义的方式使各种建筑传统意义构成了一种有效的分类。当然这种象征并不是严格的，原始社会中人们只是模糊感觉到自己的身体和周围自然环境有着某种对应关系，这种关系在文明的早期是不稳定和多变的，更多的在聚落平面布局中体现出来。这样一种拟人的版图是最广义的建筑：一种象征性的结构被部落、群体或宗族所影响。在此，一个社会的整体以祖先或文化英雄的躯体所代表。一个群岛可以被解释为伟人不同身体部分的总和，以致一种明显的偶然的边界关系常能够被转换为一个确信拥有高度象征性的有机统一体图 2-4。同样，部落的地域也就经常被等同于人类身体的形式。这样的概念作为文化基础存在于农业社会，并部分成为遥远过去永恒存在的经济与社会模式。它以象征性的术语，为任何社会能够修筑的各种建筑组成既提供了农耕、居住的人类空间与自然空间关系的和谐解释，同时也使它们紧密地联系起来。

由此部落的领土亦可以被等同于部落的房屋——"长屋"图 2-5，其图像反过来常常等同于人的身体：一个虚构的人造身体，但由于恰当的理由，更像是一个社会与环境的综合图像。虽然人体的形状为解释领土、房屋和谷仓提出了参考，但它却并不是一个固定不变的标准。这个标准更确切地，是我们所称作的所谓功能性的：人体的不同部分可以在它们的相互关系中被因地制宜地重新考虑，并且通过各部分之间的相互关联而形成一个有机统一的整体。

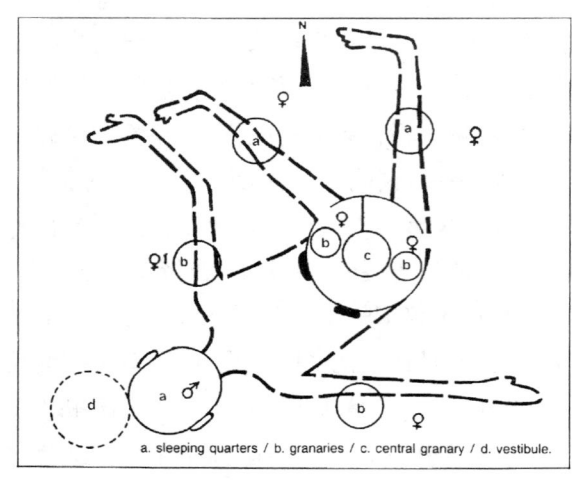

a. sleeping quarters / b. granaries / c. central granary / d. vestibule.

a. 住宅区　b. 谷仓地带　c. 中心谷仓　d. 门厅、走廊

图 2-4 菲利(Fali)的场地平面 a.住宅区
b.谷仓地带　c.中心谷仓　d.门厅、走廊

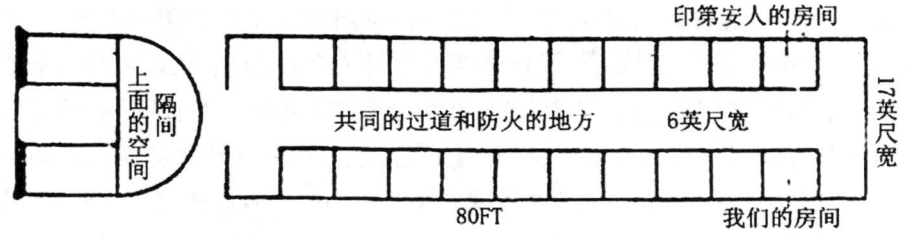

图 2-5 北美印第安温嫩多加人的长屋平剖面

狩猎经济文化中领域的象征性分化方式

一般来说,猎人与聚居者临时性建筑的结构,或私人、家庭或公共、氏族、部落,在时代与社会意义上,甚至作为建筑类型来讲,都先于对农业人口的启发。在后者中,虽然建筑仅仅是为特殊仪式而修建,创始仪式的建筑也必然被认为是一个建筑行为的完整部分。实际上,它们是神话与社会结构根据聚居建筑的转变,在领土与住宅,人们的行为与自然之间进行调和。即使它们仅仅包含转换神圣人体图像为土地或是一定区域内某些类型的建筑物,它们还是确立了在区域空间与社会之间的联系,并且在随后发展中并没有被消除而是转换为农业人口以后的经验,采用自然的方式去颂扬赞美过去发生与所做的事情。

狩猎经济文化不会完全保留下来,更不用说那些被社会在很久以前就放弃的行为和象征权力的图腾,作为首领,其权力超越了动物物种和其他的人。猎人和采集者倾向于将领土或者其中一部分形象化,来作为英雄的创造者或第一位祖先形象,以确保它具有某种可识别的人类的意义,而后被原始思维作为可识别与可靠的人类相互作用去思考。

实际上这种关联方式起源于在狩猎会上参与者之间对猎物进行分配的方式,并曾经历过一种意义深刻的改变,使这种行为由简单的食物分配转变成通过仪式来分配权利,而后再持续被运用于高度有组织的农业人口不断计划和再分配他们的住宅、耕地以及领土的方式。没有什么行为比我们根据精确规则肢解动物的分割方式而建立起的有机器官联系所表达隐喻的狩猎群体或团队中等级与调和关系划分更为成功,这也正是被建筑上运用的象征性行为图 2-6、7。这种创始方法具体体现为:首领通过权力占据了领土中最重要的部分——头部;而其他人则根据他们的关系与参与程度,分别获得了其他相应的部分。这种领土划分方式在澳大利亚的土著人中以袋鼠形态展开；在侏儒人中用大象；而阿拉斯加爱斯基摩人中用鲸鱼来象征。当以划分一个神圣动物的替代物来进行猎场划分时，在社会系统与动物的身体间，成员与成员之间，首领与动物的头之间都存在着同样关联性，并在许多原始人类和农业与畜牧业社会力量联系的奠基仪式中留下它们的记号。在这一过程里，以农业环境为前提，狩猎与聚居环境领土的结合与象征性解释，使得所有的社区成员平等地获得领土。

亚马松纳区域狩猎农民组织的居住也以同样方式完美地表现了部落与领土之间的关系。丹色纳 Desana 将领土视作一种附属于各种生物物种的"房屋"整体构成方式，其工作纲领和计划与宇宙空间和现世结构相关联，在这个范围里部落有它的位置，并且确保了生命的延续和自然的多产。领域中每一种事物都源于太阳和宇宙的力量，男性的原则与要求再生的力量。在此，山被构想为伟大的森林动物再生地；河水急流是鱼的水下再生地；部落的再生地是人的住宅；而人类的子宫是他自身的永恒与再生。地下的住宅与这些人间的"住宅"是相一致的，好似一个母体的天堂。采用象征和具体物质的表达方式，人类的房屋被联系于这种使得部落领土成

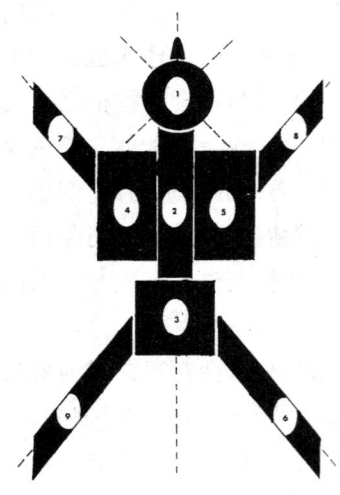

图 2-7 依据犀牛划分的村庄基地

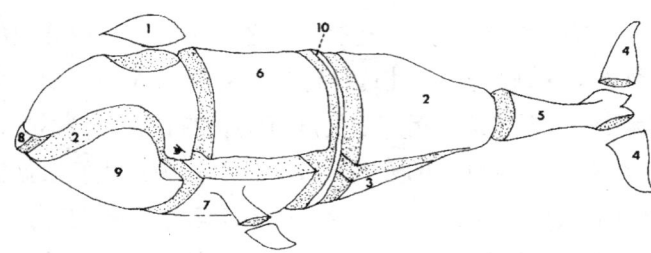

图 2-6 爱斯基摩根据以鲸鱼划分狩猎参与者的图式

Portions set aside for:
1. the entire village / 2. the captain of the first boat / 3. the shaman of the captain of the first boat / 4. the springtime feasts celebrating the whale hunt / 5. the spring and autumn feasts / 6. the crew of the first boat / 7. the second and third boats / 8. the fourth and fifth boats / 9. the sixth and seventh boats / 10. the eighth boat.

为一个完满与自足宇宙的神圣所在。

麦洛克 Malaco 是一种提供给所有已婚部落成员的房屋,围绕着这些房屋有一系列可见与不可见的保护性围栏,被介于内部与外部空间之间,并以一种隐匿的方式像个胎盘一样覆盖着它。这个环形的土地被一座柱墙所环绕,由丹色纳 Desana 连接起来好似围绕着太阳的光环,它划定了一个神圣的区域——这样就形成了一个真实的宇宙边界图 2-8、9。在这个神圣的圆形光环之外,道路被扩展为连接诞生地与神圣区域的领土;最为重要的是,用"港口"作为人世间与神秘世界的重要联系,这也是在当地组织和狩猎神圣区域之间的密切联系。一种以道路结合定居点和水域的连接方式再一次地被确立,以漩涡代表着进入神秘世界的通道和神话事件被集中之地。"港口"是鱼君主的位置,受到神的保护,体现着神圣生命的神性;同时它也是个体中心

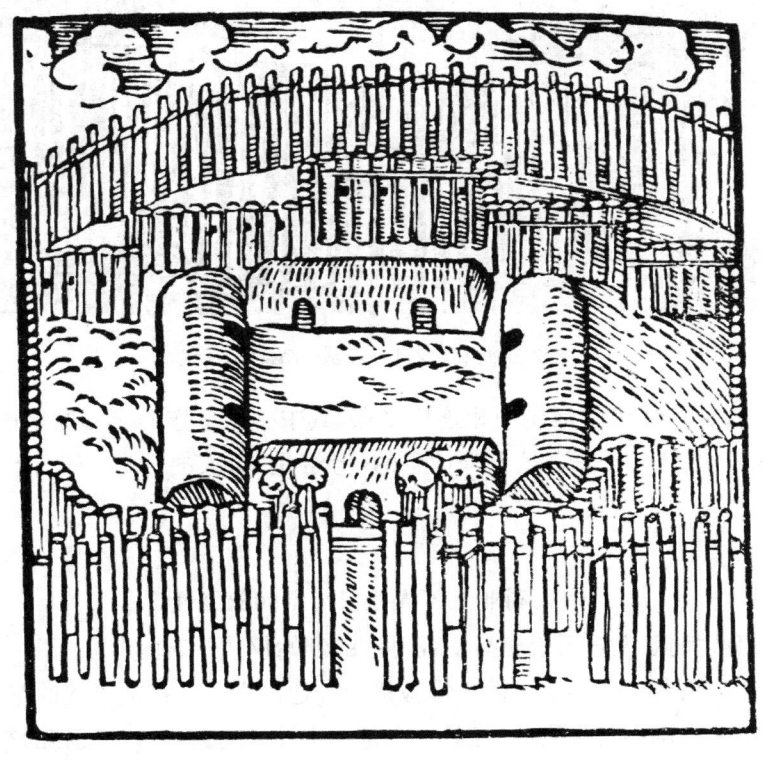

图 2-8 美洲印第安人 Pomeiok 的木屋设防聚落

图 2-9 北卡罗来纳 Pomeiok 防备性的村庄

地带与神秘母体天堂诞生地相连接之点,其中心地带作为二者联结的地方,对于布道者的仪式来讲是十分神圣的;上游是"男人的港口",而下游是"女人的港口"。

澳大利亚土著人礼仪与空间象征性

在澳大利亚土著人历史与景观再造的创始仪式中,他们建立了一个带有明显宇宙特征的神圣区域。两个圆被描绘于地面之上并且被指定的路径所连接。其中一个圆的直径为二十码,中心是一个神圣的大约八英尺高的竿子,顶端赋予一簇食火鸟的羽毛。在小一些的圆中设置了两棵根植于户外的灌木。

与之相关的路径上也被设置了一系列代表物,它们或者被描绘或者被作为土地上的模型。其中包括最重要的人物,神话中的祖先夫妇,十二个与他们共同定居在原始营地的同伴,以及各种动物和巢穴。这是对第一次野营仪式的重复,创造者——上帝创始了割礼的仪式,这里再一次地将最初的模式建造出来,参与者被以梦幻时代神话中的角色来识别。仪式地形安排中无以计数的其他例子都使用了自然现象风格化的表征。一堆沙子代表着岩石和山,地面上的洞被认为是水洞,在这一仪式里几乎是不可缺少的神圣的柱子,是在地球与地下世界和天空之间关联的象征,同时也是男性的象征。

在该地区"飞行蚁风俗仪式"进行中,一根大约三英尺高的柱子被竖立起来,其目的是为了聚集蚂蚁群。首先挖一个洞并且将水泼在地面上,潮湿的地面以血而使其神圣化。同心圆以一簇簇浸泡红褐色代表着血的泥土围绕着洞布置,然后将竿子放置于洞中,它象征着蚁丘,即"人群密集的地方",而圆和洞代表着蚂蚁的营地。跳舞者模仿昆虫爬行,逐渐进入到中心,最后象征性地进入洞中。这是舞蹈的目的与结果,它更多的表现出每一种"进入"神圣中心的生殖性行为。

在跳图腾舞的神圣广场中,神圣的洞与路径象征,引发了对大量与之相一致和关联事物的联想:领土代表着与向往时代联系的点;同心圆是原始的营地,在梦想时代的地表是母体的象征;引导至它的路表明了现在的时光,下降与上升的方向,代表着人类的性行为,以及男性的器官。由于领土与部落群体的紧密关联,这种互补的模式包含着柱子与路径、基本经济结构与自然环境间关系的力量图 2-10。

复杂几何图形的象征主义建立在圆和直线两个基本因素的联系与并列基础之上。运用这些元素,在设计中象征着神话英雄的旅行指南,同时给予地区一个概括性的图片,后者包含着景观的特色,动物与人体的比喻,甚至是他们留在地面上的足迹。直接指向象征性水洞或营地的放射线表明了到达神圣中心和参与并达到梦想的时代。作为环境语义的结果,几乎所有的澳大利亚部落都曾发展了一种表现区域的特殊方式。这样像我们所看到的,主要结果形成了每个部落领土特殊神圣中心与路径系统几何化的综合,并且添加了与它们相关的人体神秘与特殊因素的象征图 2-11。

此外,极端具有启发性的,体现在神话、自然结构与邻里部落关系间联系

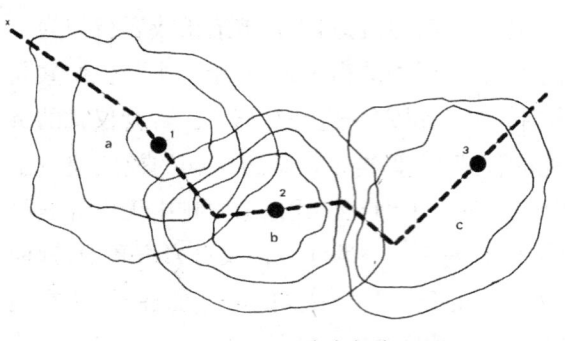

图 2-10 a、b、c,为澳大利亚土著人
确立于梦想时代的神圣中心

的例子出现于澳大利亚西南地区部落所描绘的几何图形中。在此,蛇作为水道的象征。河流起源的解释是当伟大的蛇之父从海里出现爬行绕过干地,将它蜿蜒的足迹永远地留在那里。这样,水道方向的改变被解释为"水域的创造者"——蛇身体的蜿蜒曲线,用于辨别区域的元素和表现沿河各个部落的相对位置图 2-12。

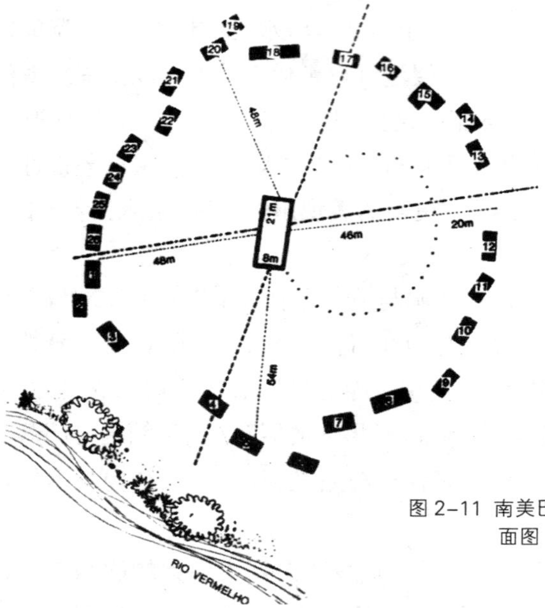

图 2-11 南美巴西博罗罗人的圆形聚落平
面图 中央为首领的大方形屋

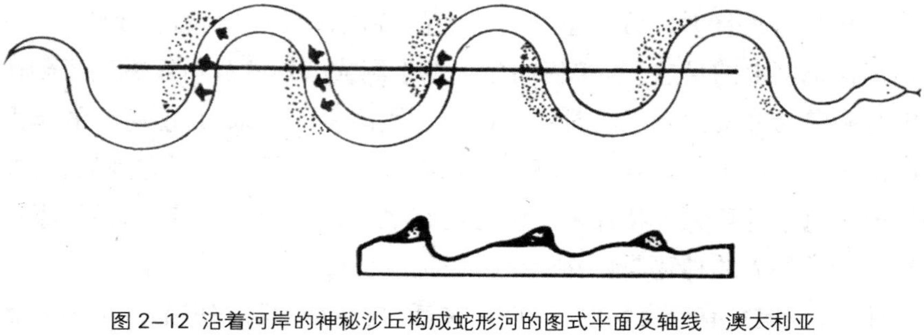

图 2-12 沿着河岸的神秘沙丘构成蛇形河的图式平面及轴线 澳大利亚

西非领土与城市平面的象征性表达

西非班巴拉群体部落 一个神秘领土被象征性地划分为七个村庄的历史性解释，在一个西非班巴拉群体部落——撒麦克 Samake 的传统当中被发现。七个村庄被创始者的七个儿子所建立，其中三个坐落在领土北部，四个在南部。每个北部村庄被随之划分为十二个村庄，每个组织又都有它自身的首都。这种划分明显地返回到第一个献祭的神话，每个领土因素都包含着一些对它的参考。领土被划分成两个部分并以相反的形态进行处理，令人忆起了原始女性的双胞胎的形象。在接近卡诺拉原附近领土有一些适度的提高被认为是宇宙中的山，第一块石头或者火星给出了宇宙的起源，整个领土被视作是围绕着它而旋转的。一年一次的祭祀在平原和这座山的盆地两处进行，每七年开展一次仪式来更新世界。

这里的每一个村庄几乎都是一个表现它本质的宇宙图像：一块石头被放置于一个小水池的中心。这块像山一样的石头和水池是领土与村庄整体的完整象征，定居点被创立的祖先在整体中确立出来。但是如同世界和领土，它通过离心的划分被扩张。这样，村庄以外八个不同的偏远地域被创立中心首领的八个妻子所建立。在其他的村庄，同那些领土作为整体的划分方式相似：领土按照祖先的身体被仪式划分为七个部分，每个部分都产生了一个定居点的分区。

非洲马里的廷巴克图 根据宇宙起源的神话，存在于尼日尔盆地上游的山区土地呈圆形，被海洋的水和咬住它自己尾巴的巨大的蛇所环绕，形成宇宙圣坛，它是七个较低的圆盘当中最高的，位于七层之巅。每层都有着自己的太阳和月亮，每个圆盘通过穿越宇宙的柱子围绕着它自己的中心旋转，并由一个创始神所统治，宇宙中所有的事物都源于创始神的创造性行为——地球、天空、水、神怪、变色蜥蜴和乌龟、动物、植物和人等等。

这种宗教宇宙起源的神话也转化为伊斯兰教一直沿用的以万物有灵论作为原始移民建筑特色的重要主题：宇宙的山连接着天与地、万物的祭品，遵从神圣身体划分，产生了一种有序的自然现象系统、社会结构和权利行使。世界的基本结构被认为依据空间划分为六个部分，是由上帝说出的前六个词构成,相对应于拟人化的图形:以头作为顶点,肢体作为四个主要的点,性器官作为最低点。

廷巴克图是西非马里共和国的一个城市,位于尼日尔河畔,历史上曾是伊斯兰文化中心之一,现在的居民主要为桑海族。因为廷巴克图的地理位置位于北非阿拉伯人、柏柏尔人和黑非洲黑人的交汇点,因此商业往来频繁,民族成分复杂, 是历史上的交通要道、文化中心,许多穆斯林学者和圣徒在此定居,许多著名的书籍是从这里写出和流传的。

从研究者对非洲马里廷巴克图土著人居住区域的分析来看,可能是以神话解释了城市和区域的组织,并把它作为城镇中心和住宅结构的历史。如同北非许多其他地方一样,在廷巴克图,"原始的"和"普遍流行的"之间的界限是十分模糊的。当然这个区域过早经历了神话与建筑传统实体的皈依回教,甚至扭曲了它最有特色的特征。只有一定的主题可以被描述为"普遍流行的"宗教表现,并且这些总是在礼拜仪式的所在地——清真寺被采用,或者用于保护城市圣人的坟墓。在创始的神话中,占优势的主题是以神圣的蛇形山为祭品,结果导致了它的形体划分。以数学计算的创造物(3 或 4 来划分),事实上,所有的现象和所有的相应物也都是根据这种方法随后进行再划分的。

麦尼尔 Minia 的祭祀是以家庭和社会组织,个体生命的不同阶段,以及城市历史和政治解释为指导线索。 但是正是在领土平面和不同城市之间的联系中,我们发现了拟人化的模式被完美地应用于领土解释线索中。虽然人体图形以不同方式表达领域特征,但是在廷巴克图本身几乎所有的事例当中都标志着基本点——头。一种解释将廷巴克图和詹尼 Jenne 作为孪生城市,分别被作为头和腹部;它们被三个村庄所连接——形成具有过渡作用的颈部:莫波提 Mopti 在中心;森 San 和索佛若 Sofara 分别在左右两边。更换一个角度:五个村庄的整体组织作为头部,廷塔夫 Tinduf 作为腹部;而进一步延伸的有机组织体塔迪尼 Tawdeni 是颈部。然后再换一种方式,从与卡巴若 Kabara 的关系出发考虑,它的港口在尼日尔,廷巴克图是头和港口的腹部。

廷巴克图地区城市的建立传说归因于名叫迪姆·巴克图 Tim Buctu 的女子做出的牺牲,她排干了沼泽的水,陆地与岛屿显露出来,以神圣的树位于它的中心,作为未来居住的地方。九个神圣的水洞或水池被保留在排干的领土当中,这些被视为是做出牺牲的女子身体。杀她的人是城市社区保护者的奠基人辛迪·穆罕默德，通过他的行动排干了这一地带，并在那里建立起农业。城市划分本身代表着他的身体，被分成五个部分——双中心和四个主要的点，这一行为仿效了发生在创始时期的划分:中心地带是腹部，头部在北边，右臂和左臂朝向西和东，较低的肢体——足在南部。

　　虽然发展于十分不同的历史阶段，且实际上它们相互之间并不相同，但起源于巴克图 Buctu 和辛迪·穆罕默德的身体组成廷巴克图的五个部分，分别形成了城市的五个分区，它们是萨科 Sakore 在北面，拜勒·法拉 Bella Faraji 在东部，金戈伯 Jingareyber 在西部，而巴咖·金都 Baga Jindo 在中心。后者被认为是城市的中心或腹部，包含着主要的清真寺，辛迪·亚哈 Sidi Yayah。每个区域都有它自己联系的主要家庭居民、少数民族群体、艺术和贸易协会团体的复杂内部划分。但是只有在城市重要核心，三位领导生活地区的中心区域，它的组织方式才可以明显追溯到一个相关的起源神话——宇宙树的结构之中 图2-13、14。

图 2-13 19 世纪的廷巴克图

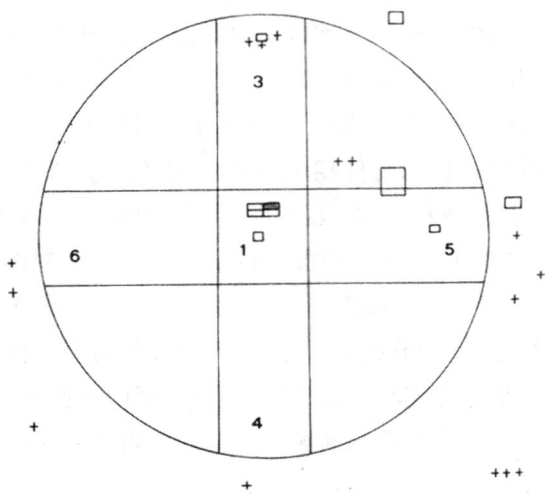

图 2-14 马里廷巴克图的
平面图式表明了
它的象征结构

1. 市场(腹部) 2. 辛迪·穆罕默德的墓 3. (头) 4. (脚) 5. 左臂 6. (右腿). 十字形标示出回教圣人的墓并与行星、恒星或星座相对应

中国及其他地区领土平面的象征性表达

"仿生象物"的大地表现手法 源于古代生命崇拜的仿生象物是中国传统文化的特色之一,其最早表现为生殖崇拜。鱼纹、蛙纹是母系氏族社会女阴崇拜的象征;而鸟纹、龙蛇等成为父系氏族社会男性崇拜的象征。其中,最为重视人的价值,按照古代天地人同构的思想:天地是个大宇宙,人本身是个小宇宙,因此 "天地万物与人同构",成为城市、建筑与园林设计中"法人"表现手法的思想基础。

《周易》提出了"圣人立象以尽意",认为卦象是圣人为观察模拟天地万物以及人自身的形象而创造出来的,以此来表达"意",即以哲学和艺术性的符号表达各种思想观念。它同时列举了很多"观象制器"的例子,"形乃谓之器",城市、建筑均属"器"。周公作明堂,上圆以象天,下方以法地即为观象制器,制器尚象的例子,为后世的城市规划、建筑设计等树立了榜样。

如同人体的阴阳平衡,宇宙中天为阳,地为阴,天地之道即阴阳之道,天地交泰,阴阳合和,万物之序孕育其中。明代赵献可在《医贯·玄元肤论》中,将紫金城与人体的阴阳平衡相比较:"盍不观之朝廷乎,皇极殿即清太和殿是王者向阳出治之所也;乾清宫,是王者向晦晏息之所也。"

五行学说把自然界的各种事物和现象广泛联系,并用"取类比象"的方法,按照世间万物的不同性质、作用与形态,将之归纳为金、木、水、火、土五个部分,与阴阳学说融会贯通,形成阴阳五行说,借以解释自然环境事物与人体器官情感之间的关系,对中国古人思想产生深刻影响。

从《西藏镇魔图》中我们可以清楚地看出西藏和首府拉萨的地形图均为仰卧魔女之形图 2-15。西藏地区的高山、河流、谷地及寺庙使魔女形态清晰呈现:呈头东脚西仰卧,其心脏正是西藏的政治、经济、文化中心——拉萨。拉萨平地卧塘湖成为魔女心血汇集之处;玛波日山、甲波日山、帕玛日山三山之地成为心窍脉络。其全身布满了大小的寺庙。为进一步镇住魔女,还在当时吐蕃王朝的四大重镇分别修建镇边四大镇肢寺,双肩约茹、伍茹分别修建昌珠寺、嘎采寺;双足处叶茹及茹拉也分别建寺。后再于关节处建四大镇节寺,左右掌心、足心处修建四大镇翼寺……由于拉萨的地形也与西藏一样,东西长,南北窄,宛如横卧的魔女,为镇其命脉,千百年来兴建了大小几十道圣迹,其位置恰与"西藏魔女图"珠联璧合。从西藏和拉萨的居住地域拟人化形态构成中,不难看出西藏人古老的地理观念和人们对天、地、人三者之间完美和谐文化理念的虔诚祈求。在《嘉靖宁夏方志》宁夏卫城,"周回一十八里,东

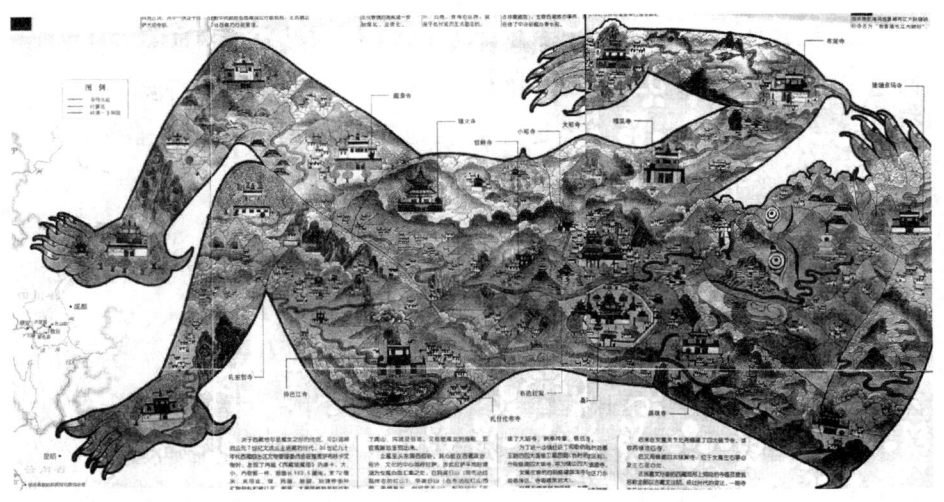

图 2-15 西藏镇魔图

西倍于南北,相传以人为形"。

令人惊异的是，这种处理手法在我们远古的遗存——神话当中屡见不鲜:在夸父逐日的故事中,夸父的身体最后转化为河流、山脉和森林与自然融为一体,由此作为华夏民族原始时代的英雄,夸父就和先民的生活场所合而为一。

天人合一,地比人母,相地如相人。如同《易经·说卦传》曰:"坤地也,故称呼母";"坤为腹","坤为地、为母……其于地也为黑。"《管子·水地篇》也认为:"地者, 万物之本源, 诸生之根菀也";"水者, 地之血气, 如筋脉之流通者——万物莫不以生"。由于人类与自然的同构关系,因而中国传统风水学说既是一种自然艺术,也是一种人体艺术。孟浩曰:"体赋于人者,有百骸九窍;形著于地,有万水千山。自本自根,或隐或现。胎息孕育,神变化之无穷;生旺体因,机运行而不息。""真龙落脉,必顿成星体,开面展肩,挺胸突背,有大势降下,如妇人生产努力向前。但对面正看,不见其形,左右睨视,方见其势。""推而言,上聚之穴,如孩儿头,孩子初生囟未满,微有窝者,即山顶穴也;中聚之穴,如人之脐,两手即龙虎下;下聚之穴,如人之阴囊,两足即龙虎也。"可见,山如人体,穴如胎胞,大地犹如人体艺术,这些都无一例外地充分体现出了"天人合一"的文化观。

城市、园林、水系中的人体意象表达 中国的古城,修城挖池时效法天地,修建城市水系时则效法人体的血脉系统。循环不息,新陈代谢,使城市的生命得以维持。可见,中国古代城市是法天、法地、法人的产物,采取与自然完全协调的可以抵御各种灾害的有机形式是中国古代建筑文化的一大特点。

中国古城以环城和城内河渠组成的水域系统在城市水系规划、建设和防护上都至关重要,其价值就如同血脉对于人体的价值,具有供水、交通运输、灌溉、水产养殖、军事防御、防洪、防火、造园绿化、改善城市环境等多种功能,因而常被比喻为人体的血脉系统。早在战国时期,中国古人就形象地把城市水系视为城市之血脉。管子提出"水者,地之血气,如筋脉之流通者也";南宋绍兴八年席益也谈道:"邑之有沟渠。犹人之有脉络也,一缕不通,举身皆病。"将中国传统医学理论中以辨证方法看待人体的独到见解运用于城市整体水系规划,在实践中取得巨大的成果。

　　良渚文化的寺墩古城平面大致成方形,象征大地。中央的高坛象征大地中心的昆仑山,神话中的昆仑山象征着女性和母体,具有创生的功能。经过一天的运行,太阳耗尽生命,回归昆仑山母体,以重新获得生命力。墓地靠近昆仑山,也象征灵魂回归母体得以再生。

　　以"人体内景园"为本的颐和园建于乾隆十五年 1750 年 图 2-16,园林布局和景点命名均以智慧海暗示人脑,排云殿喻喉部,云锦殿、玉华殿喻两耳,宿云檐喻人的面部,知春亭喻人的心脏,龙王庙为人之肾,目的在赏园之时达到"呼神存真,能使六腑安和,五脏生华,返老还童"的境界,从而起到延年益寿的作用。

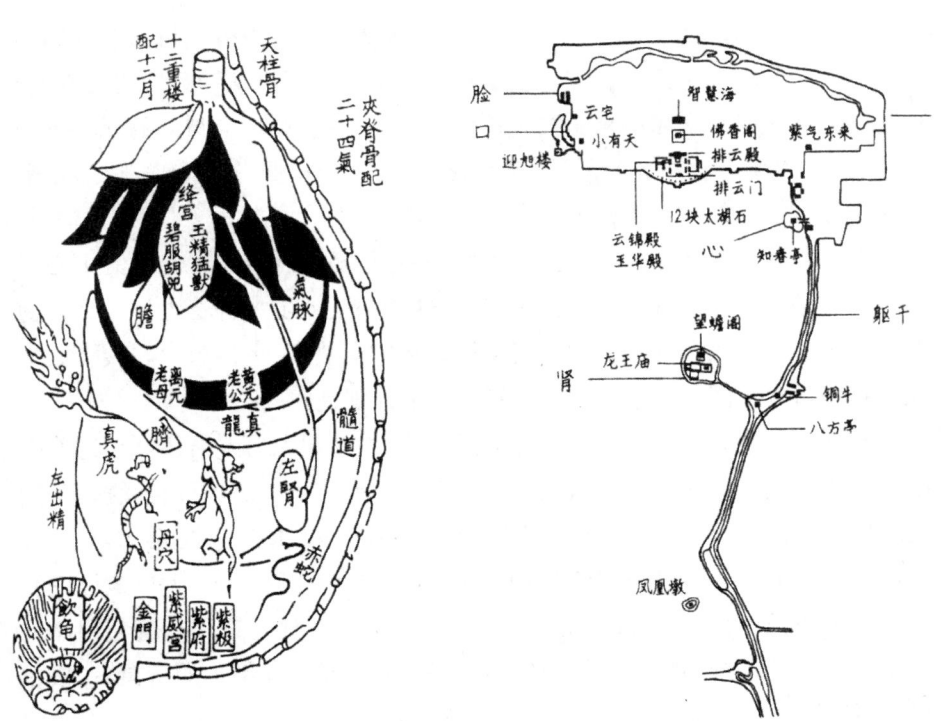

图 2-16 颐和园内境左侧图及平面图

原始聚落的人体象征性

　　虽然人体的形状可以作为解释领地的参考,但这并不意味着仅以之作为一个固定的方案。由于人体的不同部分既可以看作是相互关联的,也可以看作是分开的, 因此原始人不总是考虑它们真实的相互关系,他们可以让人体在平面及空间中错位。除了采用正面器官对应于躯干的一般形式外,也常采用被压缩的身体、肢体与器官相互缠绕的形态,或将身体重要的组成部分分离为多种拟人化的表现方式。

作为解释领地参考的人体

　　当一种视觉语言成形,它也在一定程度上破坏了附着于联系着神话的记号和图形库的直译意义。这也是一种进步,因为同样的成分被再次改写和融于统一整体的前后关系中, 但它总是在某些方面采用更新和更确切的方式。由于一种在艺术和房屋的精湛技艺价值方面的强化,在作为神话的视觉语言里,必然会发生一种对原来叙述"子宫移位"的连续扭曲,这普遍被视为是来自于更复杂的母体——子宫模型发展而来的。

　　非洲古代村庄运用简单的土地平面,并且住宅围绕着包含会堂的中心广场——半地下神殿——神的精神聚居地,这些都反映了一种将人类世界以物质世界和宇宙带入和谐愿望的完美意识。将神话故事、宇宙起源和人、动、植物与神圣世界之间的关系融入一个基本方案计划之中。

　　在新苏格兰人村庄棚屋占据着主要地位,由首领和男人居住。在它前面是一个用于仪式、跳舞和节目表演的、狭窄的巨型广场。广场被轻微提高,侧翼是椰子、棕榈树和南洋杉,在此广场和"大棚屋"——具有男性的意义。沿着边缘的家庭棚屋,被以白杨遮蔽的小路所连接,是女性的象征。棚屋被周围的枝叶所环绕,有时装饰以敌人头骨的战利品。每一个棚屋都保持着与团体重要力量之间的联系。放在门前的物体:神圣的石头是祖先精神的所在,一根非常高的柱子设立在旁边,确保着其与外部世界的联系;而一些通过祖先发明的植物被种植以确保土地的肥沃。

非洲原始村庄与聚落中的典型性表现

我们在非洲原始聚落布局中可以看到许多这方面的例证。在宇宙论和西非大量氏族部落人口的起源神话中（在曼丁哥、班巴拉族、多岗和菲利）都很好地超越了表象的类比，并且实际上包含着空间象征主义最神秘的核心。虽然具有不同的建筑传统、社会结构和生产资源，但这些人们解释现实的宇宙机械观——他们从自身的空间与现世角度所表现世界的方式在很大程度上都是类似的，这在多岗①和菲利②是特别真实的。历史和神话，建筑的象征意义与价值，在北喀麦龙的菲利所"建造的宇宙"组织中是两个相反和互补的解释领域。菲利少量的人口生活在北喀麦龙山上，通常居住类型采用一些有锥形顶的圆柱形房屋和围绕着一个或多个被覆盖天井的谷仓所构成的独立围场，主要的组织规则是把空间划分为四个部分和一种基于人体形态多种元素之间的阶级凝聚力图 2-17。

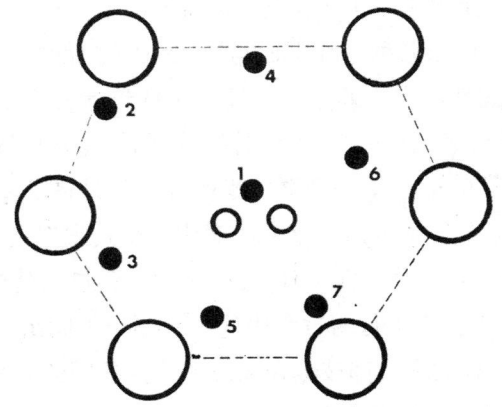

1. head (or sex organ) / 2. back / 3. right arm / 4. left arm / 5. right thigh /
6. left thigh / 7. right leg (left leg not represented).

1.头:或性器官 2.背3.右臂4.左臂5.右膝6.左膝7.右腿:左腿没有表示

图 2-17 卡麦隆菲利本地围场的中心区域

---

① 多岗 Dogon:位于西非地区,马里的尼日尔上部流域山区,其农业人口生活在高度组织,集合化的住,谷仓及圣地的村庄里。
② 菲利 Fali:西非北部卡麦隆山区的农业区域。

每种解释都可以通过在两个宇宙卵形物——乌龟和蟾蜍之间的平衡一致而追溯到宇宙创始神话：这种划分成两个对应于乌龟和蟾蜍的不相等部分，也反映了在人类社会组织中被划分成的两个相对应组织：领土的组织结构(它的居住部分和荒野)以及住所的组织结构。每个连续的差异来自于一系列交替"摆动"和相反运动，从而确保了在相对立间均衡的宇宙中男与女自我的永存。每个领域，每个组织，每个建筑结构元素，它们或者是参与到这些实际的互补运动当中，或者被认为是一个各部分围绕其运动的轴心。这个所有元素互补的物理论，被划分成为男性和女性两部分，分别代表着实际上正时针与逆时针的旋转运动。它首先作用于住宅的两个必要部分：泥瓦工中的圆柱部分是女性——阴的象征；而构成椽和草棚的圆椎形覆盖物则是男性——阳的象征，它们以相反的方向互相环绕着。

虽然人体的形状为解释领土及地区、房屋和谷仓提供了参考，但这并不意味着一个固定不变的标准。这个标准是具有功能性的：人体的不同部分可以在它们的相互关系中被考虑，但也可以分开考虑，它们可以以一种不总是考虑真实相互关系的重要秩序在平面与空间当中被错位。除了正面的人形，采用组成部分对应地汇聚于躯干上，还有一些形状好像被压缩的拟人化表现，这些组成部分被缠绕在一起，当锁骨被分开时，它就自然形成了人体。

从菲利的聚落布局来看，四个群体坐落在其领地内的主要地点。在每一组中不同的细部划分是根据四个互补的对称的模式来拟人化处理的。客观世界的宇宙秩序(大地被划分为四个部分：头、躯干、上肢、下肢，它的中心由性器官代表)，相对应于由在产生行为过程中代表着四个不同组织的人类缩影所假定的不同位置。所有的现实都被包含在以人体为参照的一系列对应物中。装饰的整体与细部也可以被用拟人论来解释。这样，在各种结构和装饰因素间的联系都可以由直接联系着建筑外部与它们内部复杂细分的人形体态来被解释图2-18。

从综合的神话解释角度来看，菲利的原始聚落布局以人体自身形态来显现所有人造物体内部的一致性，它所揭示的不仅是适应于环境、社会结构与物质材料的产物，更重要的是一种思想意识的复杂与独立性表达，是满足社会必需的主要活动。

在多岗村庄的图示平面里，用于辨别的主要组织器官包括：朝向北面的

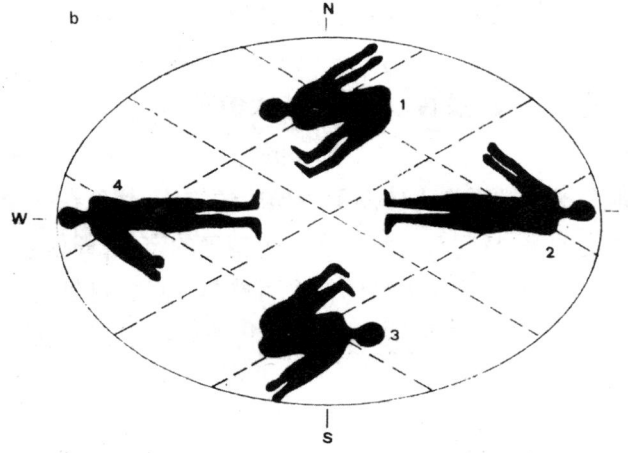

1. Bossum (arms) / 2. Kangu (head) / 3. Tingelin (trunk) / 4. Bori-Peské (legs).

图 2–18 菲利的区域组织和四个主要组织间的联系

铁匠铺、广场和市政议会的房屋(喻示头部);朝向东面和西面女人的房屋(喻示手部);中心的家庭住宅(喻示胸部);用作燃料的石头(喻示女性生殖器)、基础神坛(喻示男性生殖器),并以最后以朝向南部的神坛(喻示脚部)朝向南部结束该图示。与这种抽象图示系统相比较更令人感兴趣的是其社会系统,因为它触及到了在建筑、社会结构和人体图示之间关系的中心点。在多岗的神话中,八个家庭是八个祖先的后裔,将他们自己安置于终端在北部史密斯铁匠铺和住宅的南北轴线上,这种安排再造了曾经被建立的第一片土地。在众多意义的摇摆中,有决定意义的是在八个家庭单位(社会群体)和第九个元素(头、首领)之间的等级关系,是村镇整体和政治主权的象征,也是议会长者特权的所在。

　　作为在社会金字塔顶端唯一主要的贡献,甚至建筑至今一直沿用着这种我们在菲利和多岗等地区神话中曾发现的图形与意义。今天,在与伊斯兰相联系的商业世界经济不曾阻碍建筑自发发展的加纳阿散蒂人的森林帝国,从所有方面来讲,无论装饰抑或象征的意义,均表现着一种在回教阶层和万物有灵论移民间的可借鉴折中方式。传统房屋聚落仍然具有着西非的普遍典型性。它采用的是一个开敞的环绕以四个有顶房屋的矩形院落,明显与多岗村落的平面相类似。在过去的两个世纪中,这种基本形式经历了一个积极的尺度上的发展,同时在传统装饰与材料上也已经有了明显改变。

建筑设计中的人体象征性

住宅、土地和村庄被看作人体图示所形成的实体,然而在社会生活、神圣教化、谷仓和住宅的每个细节,又都具有一个精确的定位,即使它的解释也不能被约束于单一的意义。建筑类型的概念可能是这里关键性的因素,由于它采取一种传递传统价值的基本方式,在它的物质构造中,关联着文化现实价值的诸多方面。

人形空间的神职功能

原始社会空间建构的方式好像是一种保持着宇宙动态均衡的决定性手段,从历史事件的紧张状态当中完全分离出来。建筑类型的概念似乎是这里的关键因素,不是因为它采用特殊的社会文化关联形成的,而是由于它采取一种传统价值的继承传递方式。其物质构造,联系着它所承担价值中文化现实的其他方面。

在西非,这些图形深刻的象征主义在描绘秩序中被揭示出来。在堪哥巴Kangaba 的神殿中有一个圆形的土地平面,它的草屋顶有六个代表着宇宙子孙螺旋发展的顶饰,暴露出世界的起源。外部的象征图形代表着对每个创始事物之间关联性与一致性的解释,从人到动物到土地,耕种的植物、星星和祖先。但是当我们旁观绘画的图形时,它们潜在的含义就变得十分清晰了:一名女子脸转向东方,这个女子负责画一个标志着开始的黑色的圆;随后转向北面,画一个圆在垂线上并伴以类似的图形,但用一根横向的棍形成了胳膊的形状,另一根棍象征着腿。这四个部分简言之就构成了一个基本的人物形态。作为结果,围绕着墙所被描绘的是创始的开端。

波利尼西亚建筑与象征关联复杂性同两个最高权威联系在一起,他们是皇帝与贵族和牧师的阶层。神殿是"精神的房屋"。神掌控着食品,并被假定为海鸟。受支配于这些巨大的拟人化雕塑,主要用于礼仪仪式,它们是贵族权利的象征:通过开发贫穷阶层提升其家族,这些雕像在所有可能性上都代表着他们的家族祖先。在马贵斯岛,石头运用十分广泛,不仅用于神庙也用于住宅,这些建筑以宅邸和人性化表现为基础,这就是为什么艺术家的联想不仅有他们自身的保护神,而且有时会采用身体来划分社会阶层,因为与实际的人相比,他们具有着更为重要的神职功能。

原始建筑中的人形空间划分模式

基本形态 从原始社会到古代社会是人类历史的飞跃,但是二者并没有截然的分野。从建筑形式上"方"形出现到进入古代社会之前,建筑向人形空间发展的过程并没有停止过,甚至一些原始建筑的人体模式随着人类的发展被带入到了新的社会阶段,以至于我们今天还可以在许多建筑中看到原始人形空间的影子。犹如《黄帝宅经》中所指出的"宅以形势为身体,以泉水为血脉,以土地为皮肉,以草木为毛发,以舍屋为衣服,以门户为冠带。若是如斯,是事俨雅,乃为上吉。"然而更有说服力的例证是存在于广大非洲、大洋洲的那些像活化石一样的原始部落。这些原始部落,在生产力仍落后的前提下,建筑在人形空间塑造方面的发展是何其生动。住宅作为夫妇抚养孩子的宅子,通常可以划分为互补的男性和女性两部分,并且被以人形或一些放大的人体器官模型来分辨。它是一个将相对应物放置于一起的场所,即一个互补力量的所在地——天空与地面,男人与女人等等。在社会与夫妇本身之间的等级关系,通过调和与控制人们偏爱的给定元素被表达出来:头——代表着对其他成员的尊重,这同样应用于房屋、村庄平面和区域组织。这种象征性的等级关系总是能够反映并评判一个真正的经济和政治等级关系:"头"作为家庭的顶点与要点,控制线的房屋,无论什么样的权利都被承认和接受的位置。从这种观点出发,神人同形同性论的神话显示了有益于社会秩序的不断开发与利用的最有可能保持由特殊家庭或阶层所获得的权利;事实上,在皇家法庭基础上,神话被借用来解释国王周围显要人物的位置。

作为结构和装饰细节二者的整体,亚马松纳盆地被视为一个整体的模型,概括了社会结构与神话遗产。它运用一个矩形土地平面,有时环绕着拱点或一两个端点,并且有一个尖屋顶。一般来说它总是面朝南对着它所连接的河流与港口(整体区域的河都被认为是向东流)。主要的门在那个方向上开放;第二道门,在相反方向,被认为是朝北大方向上相对而开的。八个家庭核心中四个在后部有他们的住房,前面一般用于招待客人。三根横木构成的"入口",

每根都由两个顶端被横梁固定的长柱构成,被称为"红色美洲虎",意喻着对于神话中伟大美洲虎的赞美。这种生物向泥土传播了太阳的多种美德,由于这一原因,它们经常被以黑色斑点画在红色上。一根纵梁连接着这些代表着阶梯的入口,象征着宇宙的柱子联结了世界的不同层次。椽被认为是部落中的男子象征,因为木头被认为是一种男性力量的集中体现,而森林代表着男性主义。在椽之上所覆盖的棕榈叶子,是房屋和树木君主被人格化的象征图2-19。

房子前部装饰象征图案代表着神秘的世界,被画在黄色黏土和木炭上,在它们当中神话中的蛇船运送第一个人来到地球上。这种原始人的交通工具被认为沿着"再生地"的中央横贯,实际上是第二个美洲虎的入口。后者象征着原始的交点,由东到西标志着最神圣的建筑中心,在仪式过程中其作用相当于宇宙的力量。整个房屋被认为是男性的象征并与黄色联系在一起;而后部则是女性的象征,并采用红颜色。由管状支撑的炉子,承托着准备食物的锅与盘子,代表着男女性器官之间的整合,即生命的象征图2-20。在丹色纳 Desana 建筑的内在意义表达了领土和居住部落与神话信仰的基本关联,反过来,揭示了不同经济与文化层次的共存。事实上,在他们看来,其领土是动物物种再生之地。在看得见与看不见的世界之间的

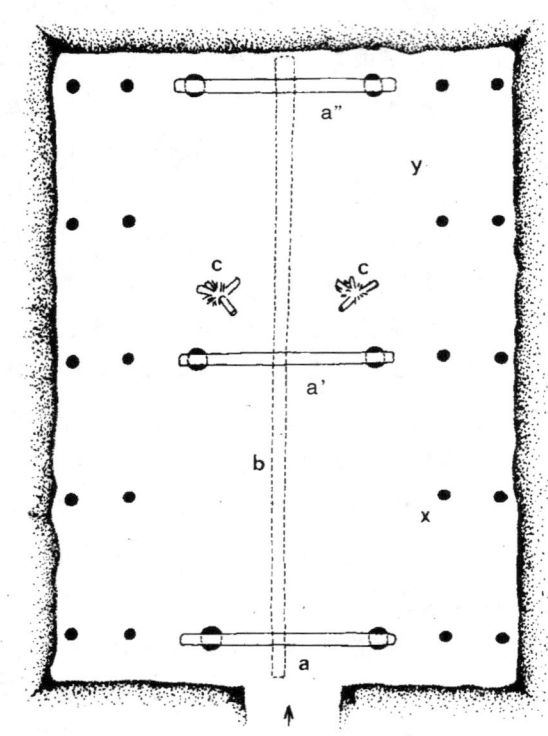

a'、a"分别为三只"美洲虎"

x 男人礼用区 y 女人礼用区 b 纵长梁 c 灶炉

图 2-19 南美哥伦比亚和巴西德赛纳人的房屋平面图

联系是他们世界组织的基本支撑结构。他们的食物来源四分之一靠狩猎,其他来自于鱼和园艺,生活稳定。与他们区域有最主要直接联系的辐射网状工作路径表达了在农业活动中居住与土地间的基础联系。他们赋予住宅的复杂意义,因此反映了两个平行的关注点:领土因素必须关注作为狩猎者和原始的多产、再生概念以及联系着农业生产的男性与女性原则。

有些人将哥伦比亚的亚马逊区域视为"再生地",并构想作为蹲伏的人(男性或女性)。在各种建筑元素之间的平衡,墙与其他的覆盖物——支撑与被支撑的元素是包含着整个自然与人类均衡概念的一个部分,它不断指导着部落,在修建聚落的房屋寺庙中作出了集中的联合性努力。以这种方式,虽然建筑是由人们所建立的对于自然环境的侵入,但由于它所构想的事物在本质上还是属于环境的,如同对猎人来讲,帐篷是他们领土移动的中心。因此人类的"再生地"被认为与各种动物的"再生地"具有同样的价值和意义。就像人类的住宅,与它所定位的地方有着神圣与不可分割的联系。

基本形态典型性代表区域之———菲利 在菲利的建筑中,每个住宅元素从整个围合体到它的组成部分也都接近于这样一种解释,采用一种在男性与女性、乌龟和蟾蜍之间连续的摆动。建筑装饰也是如此,作为整体和细节都被拟人化地进行解释,室内的陈设和圣坛的细部,鼓风炉和器皿也都是如此。整个解释的关键点由谷仓构成。在此,各种结构与装饰因素之间的有机联系

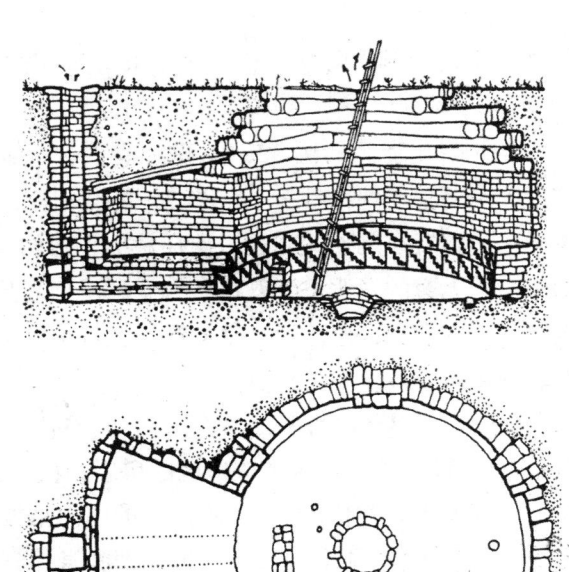

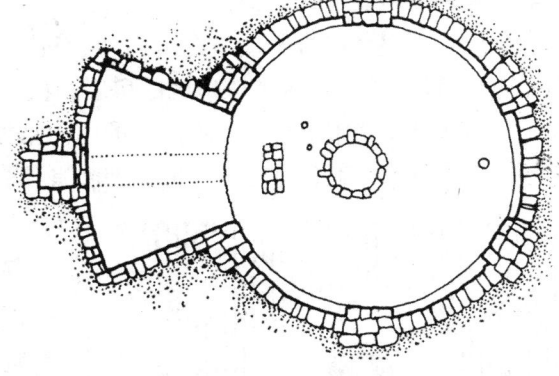

图 2-20 美国新墨西哥州特瓦人的石屋平面图

都被运用人的形状来进行解释，它直接联系于这些建筑的外部以及内部的复杂分割。

在北喀麦隆的其他人口中，例如曼德若 Mandara，菲利的卧室与厨房都被装配以不可移动的构件——架子、壁炉、墙、床，用以捣碎和磨食品的矮桌、小桌子——塑成雕刻形式并且以象征性的方式相联系，目的是给人以浑然一体的感觉。无穷的发明被大量用于谷仓的平面与形状之上，如此之多以致任何企图减少它们到普通的形式都会产生大量可能性。这些也是从象征的观点来看菲利建筑中最重要的特点。

如同许多其他非洲人的谷仓，菲利的谷仓被构想为地面之上大量固定广口瓶，并以同样技术构筑了该地区的房屋和粗陶器。菲利谷仓大致有一人高，在某种程度上它类似于人体，同复杂的内部结构一样，所有的结构与细节也均受到其影响，从顶端的头部穿过颈部和身体到下肢，在建筑依靠的地方支撑着石头图 2-21。制陶技术对于建筑的应用也令房屋和厨房的室内产生了特色，而结果更令人感兴趣的是存在于谷仓中的复杂与清晰的结构。菲利的储藏室给予多样化类型的构思。总体上讲，菲利的建筑有十一种主要类型，不同的组织方式有不同的名称。实际上，考虑所有当地的差异、附加物、尺度和安排上的区别，谷仓表现出在一种统一的基础结构上，以无限变化作为各种团体的指导，村庄的划分甚至是个人家庭的复杂性。小地下室、厚磨石板、炉和矮墙常常被联系着谷仓。这些塑性形式的关联是十分明显的，从器皿到建筑，从室内到室外，从移动到固定的设施都采用

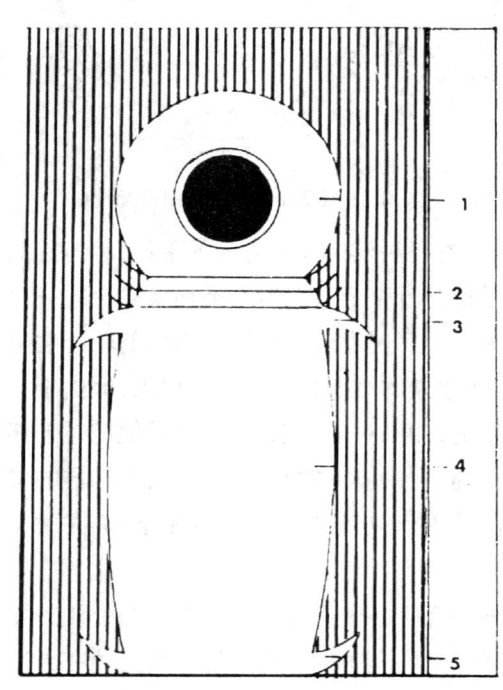

1.head 2.neck 3.arms 4.trunk 5.feet
1.头部 2.颈部 3.手臂 4.躯干 5.脚

图 2-21 菲利的谷仓

一种不间断的整体化尺寸。

　　菲利房屋各种合理解决方案的一致性，不是来源于美学的假设，而是来源于每个现实的必然与合乎逻辑的证明，在所有人造物体的内部一致性之上显现自身图2-22。因此，它是一种企图保持物质的"生产模式"而形成的独特文化现象，但是由于它介入现实和具体结构（产品与相关物质的互相联系），因此它不能单纯地被限定为"上层建筑"的角色。

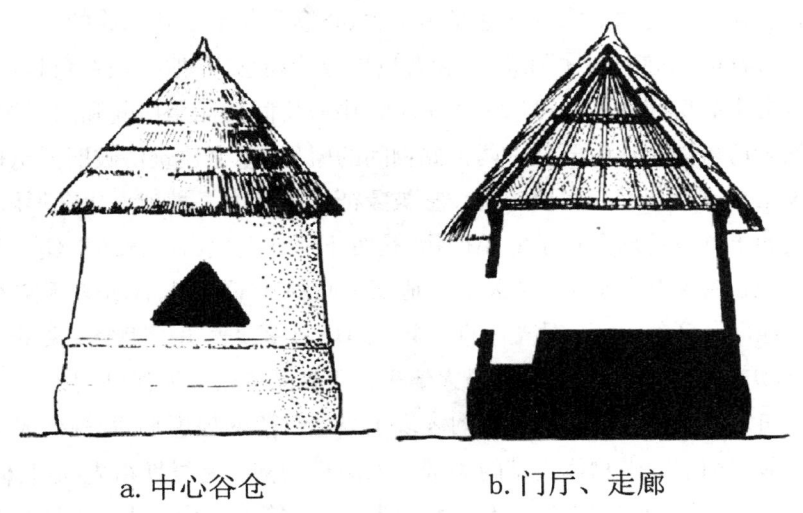

a. 中心谷仓　　　　　　　　b. 门厅、走廊

图 2-22 菲利住房的立面与剖面地带

　　典型性代表区域之二——多岗　在多岗存在着一种政治结构的层面，各种组织都认为他们自己普遍掌握的神话和宗教信仰相关联。但是每个组织与它自身领土的关联性是相当重要的：经济行为、仪式活动都以这些神圣地区为中心，成为组织团体与神话祖先和建筑行为之间的连接点，所有这些都紧密地相互关联并且联系着景观的特征。

　　对于多岗的建筑理解，可以帮助我们更好地区分神秘仪式理想方法的"理论半球"与"实际半球"二者的区分是特别有用的。在多岗创造性的行为中紧密地受到特殊文化的约束，由于它完全认识到现实的和高度原始的艺术语言，因而显得特别重要，在此神话并未侵入到空间与建筑结构的现实中，但是纯粹而简单地构筑了它的合理性解释。三个因素——环境刺激，复杂但联系着该地区其他人口的文化根源,以及一种灵活与被限定的木材与黏土建造技术使多岗的建筑不仅成为最著名和成功的艺术之一,也成为了理解更多伊斯兰教的城市"耕作"文化发展和尼日利亚地区遗址的基础。出于这些原因,对于建筑背后紧密受到原始神话哲学制约的逻辑关系分析就必然会显得十分重要,并且它也反映出了对于环境持续改变的社会需要和所掌握材料的适应性。

在多岗地区普通的家庭住宅是由畜舍、谷仓和住宅围合构成的。一扇在街道上敞开的门导向门厅和院子;后者被划分给动物,其他的是谷仓和住宅。通过引向中心房间的入口可以进入房子,中心房间两侧是房间和圆形厨房,通过该厨房可以到达敞开着一两个储物间的屋顶。整个建筑由破旧泥土构成并且采用木支撑和举起屋顶的梁,它被象征性地作为一种拟人化图形解释:地面上的土壤是地球和神圣的象征物,是对于地球上生命的归还重建。正方形的平屋顶像飘扬的谷仓,是天空与地面之间的水平空间,代表着天空和将上层与地面分开的顶篷。围绕它的四个小的矩形屋顶表明了四个主要的方向点,像火炉本身一样。炉中的神圣火焰来自于铁匠史密斯所偷到的火。

多岗地区的住宅轴测及复原图表现了当地村落的理想平面,神话成为连接人体形式和空间中物体安排的关键。多岗村的基础是早期祖先的身体,它由八块标志着复杂结构表达的石头所代表。加上第九块代表头。八是八个后裔,四男四女,意寓所有活着的人的直系祖先。沿着人灵魂的轮廓,一块块放置石头,每一块代表一位祖先,标记出了骨盆、肩膀、膝盖和肘,四位男祖先的石头放置在骨盆和肩膀的连接处,肢体被连在一起,四位女祖先的石头则被放在其他的四个关节。这种结构反映了多岗拟人化的世界和村落观点,并且调整了血族关系。因此它成为一种突出的社会记忆的图形图 2-23、24。

至于住宅本身更体现了人体的特征,在房子里,几个房间代表着被人们定居世界的洞。门厅属于房子的主人,代表着夫妇中的男性,外门成为他的性器官。大中屋是主要房间象征女人;两个储藏间象征着她的双臂,过渡门则代表了性的部分……中间的房间和储藏室一起代表女人伸开双臂平躺,门敞开着,女人准备性交。后面的房间包含着壁炉并且朝向平屋顶,表现了女人的呼吸,她躺在中心屋子的天花板之下,而这正是男人的象征,大梁代表着她的骨骼;他们的呼吸从开敞的上方找到出口。四根直立的柱子——阴性的数目,是

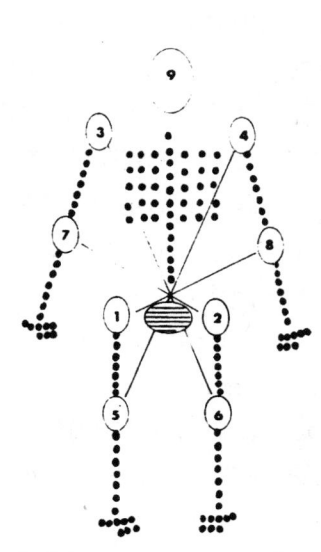

1-4. the four primordial male ancestors (pelvis and shoulders) / 5-8. the four
primordial female ancestors (knees and elbows) / 9. territorial order (head).

1-4 四个原始男祖先(骨盆与肩膀)
5-8 四个原始女祖先(膝盖与肘)
9. 区域秩序(头部)

图 2-23 多岗(Dogon)用人体关节和连
接点表现的有组织的社会结
构关系

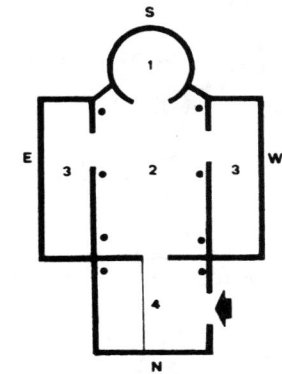

1. kitchen (head) / 2. main room (trunk) / 3. larders (limbs) / 4. vestibule (sex organ).
1. 厨房(头)2. 主要房间(躯干)3. 储藏(手足) 4. 门厅(性器官)

图 2-24 马里多岗(Dogon)地区住宅的土地平面

夫妇的手臂,女子支撑着躺在地面上的男子……东面的平台充当着一张位于
南北的床,并且夫妇头朝北躺在上面,像房子本身一样,正面的墙是它的脸。
这样一个住宅单元充分地展示了人体象征性的发展,不仅是平面的,而且是
空间的,不仅是个体的,而且是群体的。显而易见,原始部落的生殖观念在这
个住宅造型的形成方面起到了重要作用图 2-25、26。

　　这种房屋结构之间的联系、神话的主题和建筑的人性化解释,在北非撒
哈拉南部广泛散布的建筑类型的原始解释中出现了许多固定点。在多岗住宅
中特定的元素,圆形的厨房——象征头部等,都直接受到人形的启发,但是抽
象的过程总是被很好地去发展。采用人形的房屋类型,通过各个房间的关联
被和谐统一起来,并且它们的功能因为采用以人的生命对房屋自身进行解释
而增添了活力。这个重要的观念,在尼日利亚区域住宅和宗教建筑中我们将
会再一次发现,事实上并没有改变,只是被伊斯兰人重释的延伸而轻微变形。

　　通过认识到房屋的人形涵义,并且实际上象征着夫妇(他们多样化的房屋不

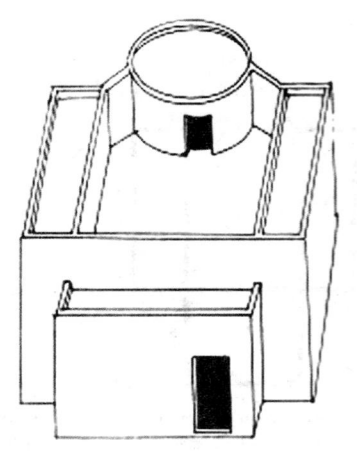

图 2-25、26 多岗地区住宅的
轴测及复原图

仅是保护者,而且是吸引者),多岗强调了在社会组织中的家庭价值。声望与权利传下来的决定被长者所保存,并且在建筑中被释义到建筑的正立面。扩展家庭最老的成员居住区被指定的特殊建筑物,在宽度、高度上不同于一般的住宅,在它的正立面上,门厅的外墙,都标志着它是家庭首领的住宅。

作为一个整体,多岗的住宅是一种平衡结构,不断地参考神话传统,并且开放地运用了各种不同的解决方法和解释。虽然主要由石头(用于基础,但在有些地区也用于谷仓、住宅和神圣的围场)和木头构成,后者由于稀少而更为慎用,但是木材被用作横梁的核心,而后抹灰,形成一种可以加固混凝土的建材。木头是一种易于表达复杂神话和社会意义的材料(特别是在谷仓的门和面具上);置于这种用途之中,它成为了严谨建筑结构本身的对应物,在此建筑师以形状赋予连续变化的平面和形式,在由自然环境和社会环境所提供的可能性中发现了多样性中恒久不变的事物。如果艺术是传递文化复杂性的载体,那么多岗的建筑仅是艺术的一部分,它的模式本身不断地被重复,形成与神话相同的"历史"和社会文化现实"特殊"之间交织的具体产物。

典型性代表区域之三——廷巴克图 在非洲马里廷巴克图地区两或三个主要的清真寺场地平面也被根据一种拟人化的图形构成。金戈伯 Jingareyber

地区的清真寺象征着一个头朝向北部的祈祷的男子,萨科 Sakore 地区的清真寺象征着一个头朝向南部的祈祷女子——这二者是完全对称的。

对于萨科地区的清真寺来讲,真正的建筑结构可以被解释为两种不同的拟人化概念。秃鹤,是清真寺的保护者,把平面看作一个祷告的女子,用朝南的回教寺院尖塔作为头,中心庭院作为腹部,西边为女子保留的走廊作为较低的下肢,在北边的房间作为左臂。每个走廊都象征着一个祈祷者的位置(金戈伯地区的清真寺也是如此)。外墙保护着这种延伸的形状,就好像保护着圣人坟墓的场所:辛迪·百加森 Sidi Belgasem 在东部,纳纳 Nana 在西部,阿麻古纳·阿若 Amma Guna Arasul 在南部。

打造建筑的石匠设想将建筑划分为十二个矩形的部分,壮丽陵墓和辛迪·穆罕默德住宅的主要建筑师艾里的十二个部分。米哈拉布位于东墙,面向祈祷者朝圣的地方是头部,东部的谷仓是胸部,庭院是腹部,西部的谷仓是脚,在北边的房间是左臂,南部主持仪式的祭司、祭师或回教领袖生活区域的房间是右臂。回教寺院的尖塔代表着石匠主人的生殖器官,或者换句话说,是男人自身所站立的位置。

在这两种不同的拟人化概念中,第一种更多接近于受到建筑宗教功能的约束;而第二种——也是更重要的,追溯了划分为原始有机组织部分的神话——或者是祭祀的动物,或者是铁匠史密斯的神话,由此产生了耕种的土地和建筑。

如同宗教、政治组织和这些城镇社区的经济结构,区域内的清真寺建筑都不能被认为是权利、贸易阶层之外的产物,同时它也是随后变为城镇社区部分特别人口范围内,被很好被确立与广泛传播的异教徒传统成果。我们已经看到了反映在居住建筑中的象征主义和技术如何被运用于复合家庭范围内的城镇住宅中;同时也能够发现某些同样过程在清真寺里产生作用:(例如它们所采用的富于特色的圆锥形壁柱)认识到在这种特殊的伊斯兰类型建筑中,地区谷仓的发展延伸已经带来了苏丹"城堡"与村镇建筑的成熟。这样,我们所说的清真寺常常基本采用矩形房间的模式,以"头"——拱点,面对着神圣的方向,产生了一个非常类似于多岗的拟人化平面。大量在围墙和沿着外墙与清真寺末端范围内的圆锥形壁柱仅仅是一种基础构造与象征的形式:这个棱锥或圆锥形剖面的神坛,无论是否采用木框架都是由大量搅拌的泥土构成的，它的外延被每年更新一次。我们已经看到了多岗的这种变化，村庄奠基的圣坛也被构想为圆形的黏土团块，并且具有明显的生殖器崇拜——宇宙哲学的意义。这种形式的运用作为一种重复的有韵律的建筑结构元素，一种形式，而其最初的目的是源于作为一个特殊地区人口神圣附属物的可视证据。

中国古代建筑　这很容易使我们联想到中国的古代建筑，将人、自然与建筑三者紧密结合，以人喻建筑自古以来就是中国传统住宅营造中的普遍现象。《易·系辞》曾提出："在天成象，在地成形"，"仰则观象于天，俯则观法于地"，"与天地相似，故不违"；《老子》也提出了"人法地，地法天，天法道，道法自然"的准则。在中国传统风水理论来看，人是自然的有机组成部分，世间万物只有把握和顺应天道并以之为楷模而巧加运作，才能达到至善境界，满足人生需要。中国古代文化中这种"象天法地"的思想，对于其建筑发展同样具有深刻而广泛的影响。作为人与自然的中介，人类生存基本环境"宅"的经营，最根本的就是要以自然生态系统为本，来构建其人工生态系统，并且使二者能够有机协同运作，"人宅相扶，感通天地"，令维系生命存在及决定其变化的"生气"充盈其间。"宅是万物，方圆由人，有可为之理，犹西施之洁不可为，而西施之服可为也"，其住宅往往采用具有直感形象性和象征隐喻性的人体结构来加以营造，从而创造出良好的生态环境质量，在人与自然的谐和之中寻求"天人合一"的人生理想至高追求。根据《易经》记载：中国古代城市以阴象征着人的皮肤，阳象征着人的血液，以墙为阴，以道路系统为阳；再将这种关系运用于住宅，以房屋间寝过道表示阴，起居室表示阳，由此建立起人体与城市及住宅间明确的对应关系。

作为世界文明发祥地之一的中国，人们自古以来就凭借感觉、经验和玄想来解释外部世界，在与外部几乎隔绝的生活环境中，以独特的方式进行着自身思想体系的发展与完善。他们将自然与人视为息息相通的整体，其中人是自然界的一个重要环节，"天下本无二，不必言合"，这也正反映着人们对自然界构成元素认识与把握的阴阳、五行和八卦这三大要素相结合，共同建立起一个人、社会与自然间同构互动的体系。这一体系将人与天地结构视为一个整体：天有九野，地有九州，人就有九窍；宇宙间有金、木、水、火、土五行，与之对应人就有心、肺、肝、脾、肾五脏。由此在人、自然与社会之间形成了一个庞大而完善的宇宙图示体系。在原始社会,科学水平较为低下,正是这一图示体系帮助人们成功地解释了自然、人类与社会的奥秘。中国传统建筑的营造意识毫无例外地被包容在上述体系里,部分地参考了形态学和拓扑学思想,按照景观风土,城镇聚落,建筑住房,尺度构件四个层次展开,对应着自然——社会——人的结构,其象征方式和手法遵循着这种独特的文化模式和思维逻辑,反映了精神庇护所以及自我中心的观念图 2-27。

中国古代传统住宅的营造也毫无例外地运用了上述思想体系,其典型代表,起源于黄河流域原始氏族公社的中国传统四合院建筑,采用了"中轴对称,前堂后室,左右两厢"的建筑格局,这种被尊崇为古制并加以定型化的建筑形态,曾被许多人视为源于"长幼有序,内外有别,男尊女卑"的封建伦理观念。而实际上,据考证,这种建筑格局在以生产资料社会公有制为基础的仰韶文化时期就早已出现了。由于原始社会时期并不存在着等级伦理制度,因此溯其渊源,中国传统四合院建筑的布局并不能简单解释为是由封建伦理观念所

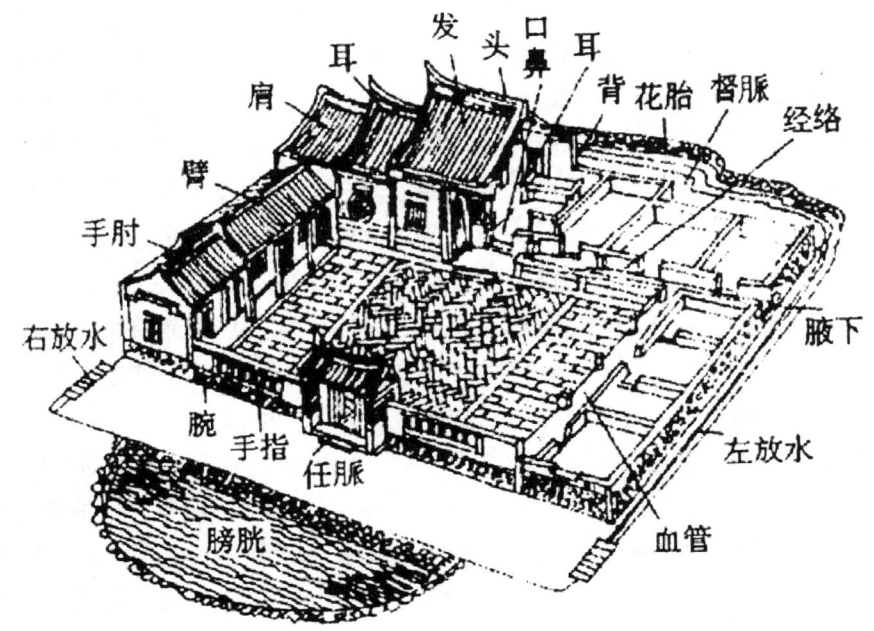

图 2-27 闽粤民居的人体意向图示

决定的,而是受到中国传统阴阳风水观、伦理序位观和宇宙秩序观影响,并从维护人类自身安全需要出发,无意识地模仿人体,成为人体结构的表现形式。"万物负阴而抱阳"是《老子》中的哲学观点之一,它源自于人的生理机制。负阴抱阳是一种稳定而安全的格局,背有依托而觉视前方,从而把握全局,在人与自然构成的"场"中,使人处于一种主动有利的位置。经近代科研证实,这种地理环境极为有利于动植物生长。由此可以对四合院的形式、布局、称谓及文化内涵等方面作出比较合理和完善的解释。

例如:在闽粤民居的人体意向图示中将四合院建筑完全与人体结构组成部分一一相对应。清代风水家林牧所著《阳宅会心集》卷上"格式总论"里提到:屋式以前后两进,两边作辅弼护屋者为第一,后进作三间一厅两屋,或作五间一厅四房,以作主屋,中间作四字天井,两边作对面两廊。前进亦作一厅两房,后厅要比前厅深数尺而窄数尺,前厅即作内大门,门外作外墙,再开以正向或傍向之外大门,以迎山接水。正屋两傍,又要作辅弼护屋两直,一向左一向右,如人两手相抱状以为护卫,辅弼屋内两边,俱要作直长天井。两边天井之水俱要归前进外围墙内之天井,以合中天井出来之水,再择方向而放出其正屋地基,后进要比前进高五六寸,屋栋要比前进高五六尺。两边护屋要作两节,正像人的手有上下两部分,上半节地基与后进地基一样高,两边天井要如日字,上截与内天井一样深,下截比上截要深三寸,两边屋栋,上半截与前进一样高,下半截比上半截低六七寸,两边护屋,墙脚要比正屋退出三尺五寸,如人两手从肩上出生之状……其次则莫如三间两廊者为最,中厅为身,两房为臂,两廊为拱手,天井为口,看墙为交手,此格亦有吉无凶。

台湾民居学者李乾朗也根据闽粤民居的特点,将民居的建筑结构与人体结构形成对应关系图 2-28。台湾的民宅,依外貌不同可分为单伸手、三合院、四合院等三种形式。其中,在三合院与四合院的住宅里,均以一中轴线作左右对称布局:整个建筑的布局很像人的身体与手,中央的主要房间称为"正堂"或"正身"。犹如人的身体;左右两侧延伸出去的房间称为"护龙"或"护室",犹如人的左右双手。而头部位置是最重要的房间,称为祖堂或祖厅,供封神宗牌位;祖厅两侧的房间由家庭中辈分较高的人使用。如家中人口增长则增长护龙,或在左右两侧再加盖厢房,称为"外护"。这与上面所谈清代客家风水地理师林牧对住宅平面处理和空间组织所提出的"法人"设计思想相一致,"正屋

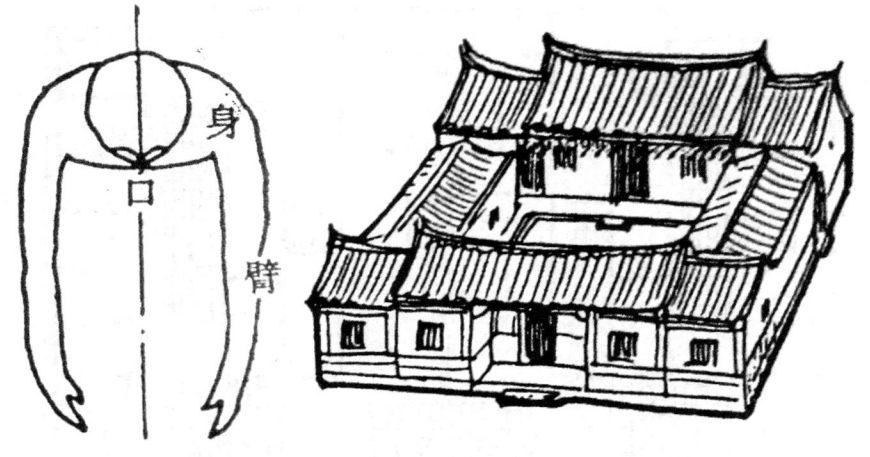

图2-28 台湾传统民居建筑中的人体象征图示

两傍，又要作辅弼护屋两直，一向左，一向右，如人两手相抱状以为护卫。两边护屋要作两节，如人之手有上下两节之意，中厅为身，两房为臂，两廊为拱手，天井为口，看墙为交手"。可见，它们都将住宅比拟作人体，按照人体的比例决定住宅比例及平面关系。

　　这种将住宅比拟人体，以人体各部比例决定住宅的比例及平面关系，将人、风水、建筑三者关系紧密结合为一体的布局方式，据戴志坚先生在《闽台民居建筑的渊源与形态》一书中的考证，恰可以透过诏安县陈龙村"龙潭家庙"等例证清晰地反映出来图2-29。全宅从总体来看，共设大小八个天井，轴线正中的天井尺度前大后小，形成一个"昌"字；而左右护屋围合的天井由柱廊分隔为一"日"字，较为典型地体现了闽台人崇尚风水的传统。宅内总体呈对外封闭，对内开敞的平面格局，除设一大两小三个门外，并无其他入口。其祠堂为三进式布局，首进为大门，设有一厅两房；中间与后面两进共五间，设一厅四房。两侧各设一列护屋，正像是人的双臂形成左右护卫格局。每列护屋又均分上下两段，形态象征着人的大臂与小臂两节。墙角比正屋缩进一段距离，恰似人体从肩而出的两手。大门两侧与护屋交接处还设置了一系列房间，象征着交手，两侧转角处各设有一可供出入的边门。

　　从住宅的基本式样与格局中可以一窥中国住居文化生命源头的所在，中

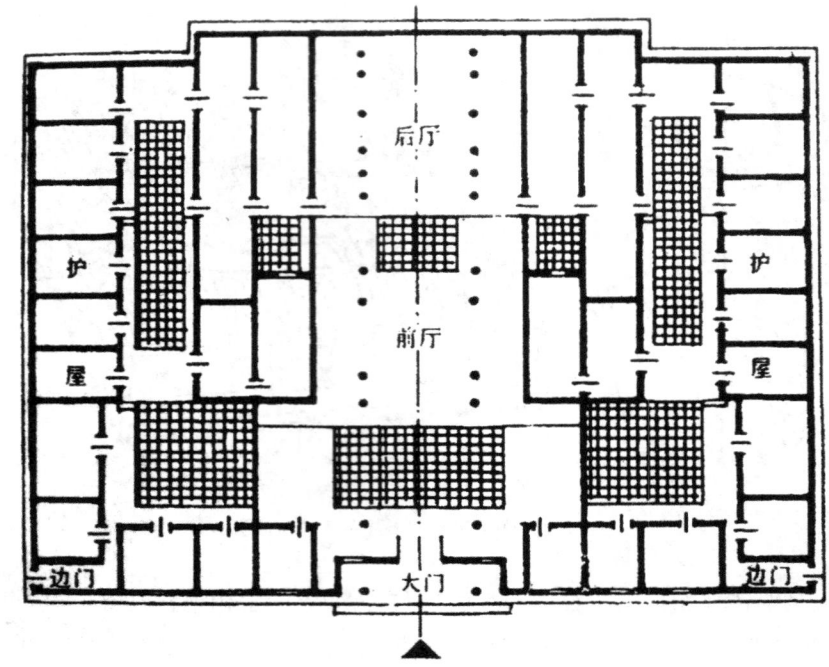

图 2-29 诏安县陈龙村"龙潭家庙"人体象征图示

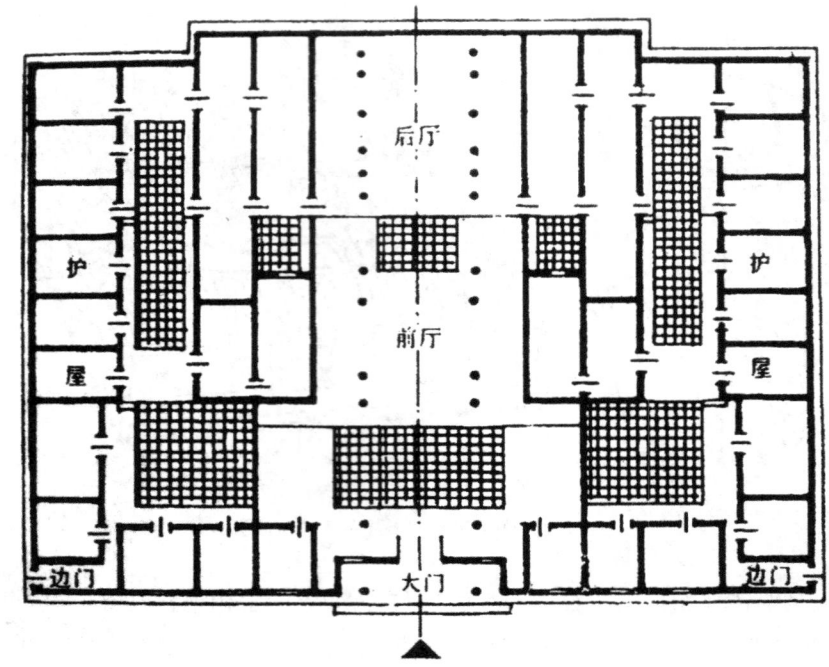

注：图中文字为"后厅"、"前厅"、"护屋"、"护屋"、"边门"、"大门"、"边门"

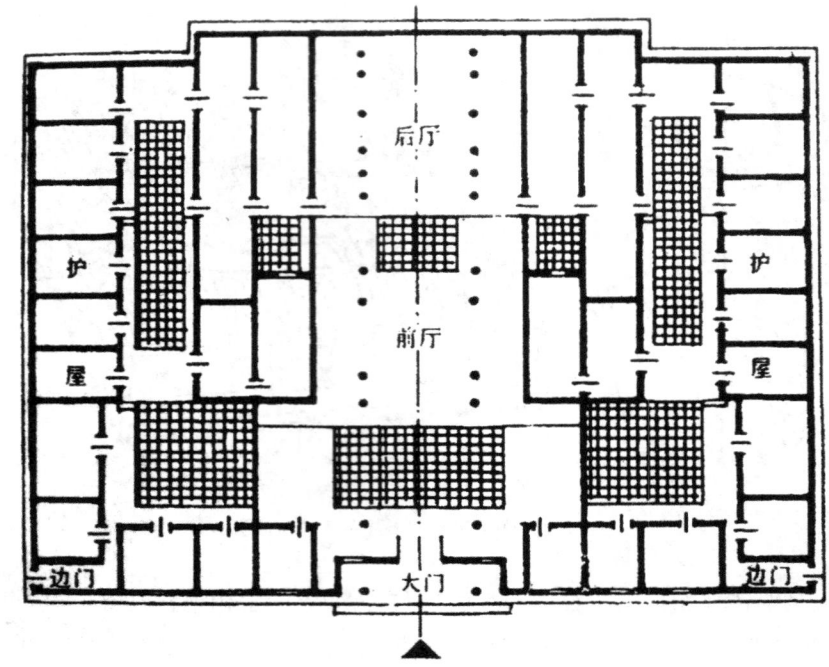

（图内标注："后厅"、"前厅"、"护屋"、"护屋"、"边门"、"大门"、"边门"）

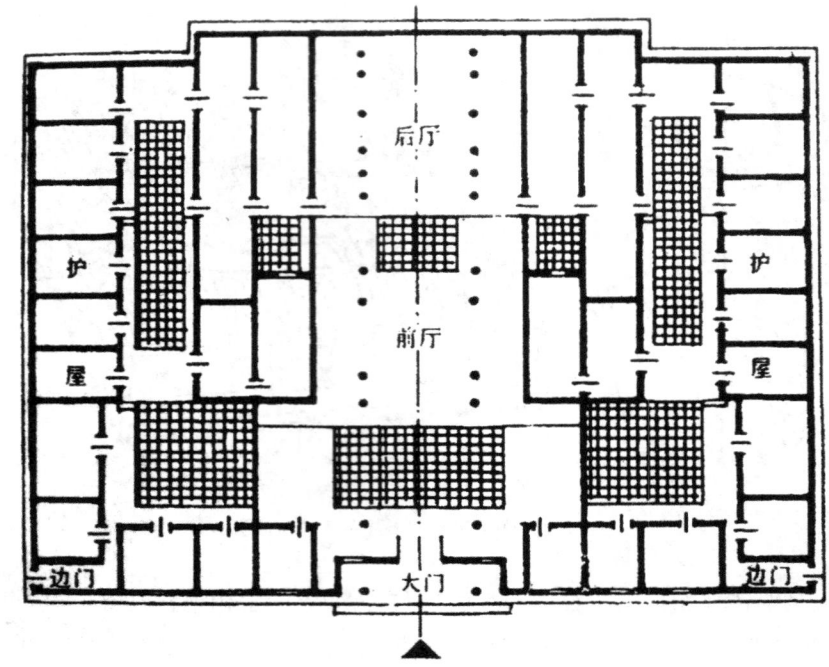

膊;最小的相当于手指的宽度,最大的相当于指距。

在菲利建筑中的每一个组织里被用于建筑的测量单位是持续不变的,并且所有的尺度都依据于人体:肘与展开双手之间的距离,肘与握紧拳头的最远点,在完全展开的双臂尖端之间的距离;在肚脐与脚底之间,在肩膀与脚之间,在下巴与脚之间,在头顶与脚之间,在拇指与展开的手之间的距离。这些测量被直接反映于建筑元素的尺度上,无论是室内区域还是开放的墙壁,均因通过神话支持而帮助肯定了物质的现实性。

根据中国古代尺度系统的记载:"布指尺寸,布手知尺,舒肘之寻"(《家语》);"步始于足,足率长十寸,十寸则尺,一跃三尺,法天、地、人,再跃则步"(《风俗通》);"人形一丈,正形也;名男子为丈夫,尊公妪为丈人"(《论衡·气寿篇》)等等,可见中国古代度量主要以十进制推衍而成,其标准取自人体。另据诸多史籍载述分析:合于人体尺度可以构成具有亲切感的室内空间;以风水形式说"千尺为势,百尺为形"作为建筑外部空间设计的模数,也盖源自以人体为标准的尺度系统图 2-30,使之达到六腑安和,五脏生华,返老还童的境界,从而起到延年益寿的作用。

图 2-30 以"人"之"形"为基准并外推构成的中国古代建筑空间尺度模数

建筑装饰部件的人体象征性

人体象征不仅被应用于大地领土划分,聚落布局和建筑中,甚至还广泛地存在于以柱式为典型代表的建筑构件细部之中,在满足建筑功能需要的同时,赋予其美感,本节从"门神"——"始作俑者"等等原始理论方面就可以多角度地探讨存在于建筑中的各种装饰构件形态,力学结构作用,装饰作用与精神功能。

柱　式

由原始社会发展至今, 作为建筑承重构件的柱式在满足结构需要的同时,从人体形态出发历经了种种演变,其功能也由最初的祭祀、防御保卫等而逐渐向为人们提供视觉上的审美转化,通过追溯人像柱发展的历史渊源,我们不难发现隐藏在其背后的人类学根源。

建筑中的人像柱

柱式 Orders 作为建筑的承重构件是一个亘古不变的主题,各个时代各个民族都以自己独特的方式对该主题进行着诠释和演变,创造出异彩纷呈的建筑形式,而究其根源不难看出人体形态对其发展起着至关重要的作用。

英国人文主义美学家乔费莱·司谷特曾说过:"把女像及巨人用来代替柱子的习惯不是没有意义的。可以发觉人体以某种方式进入设计问题。"由于人体自身具有几何造型优美,比例尺度和谐等特征,因此很容易被借用于建筑及其构件的设计之中。

谈到人像柱,势必言及古希腊。在古希腊的建筑精神里,人体结构始终贯穿于建筑设计的理念之中。希腊主流文化的精神是以人为本,尊重人赞美人,柱式在人文主义文化影响下发展和定型,并被赋予了人的形体。把人体艺术同建筑艺术融合为一个统一体是希腊建筑师的伟大创造之一,这一时期颇为盛行的人像柱和人像柱廊更是别出心裁,体现出了古希腊建筑师对人体艺术的把握、崇拜和绝妙表现力。其中被称作"苔拉蒙斯"Telamones 的男像柱,将建筑承重构件雕刻以奋力托住重物姿势的男子形象承受着外檐部的重量,并对其身后的建筑形成空间过渡。据推测,类似的男像柱也曾用在建筑物内部。此外,以雕刻女性形象来替代圆柱而支撑檐部的女像柱在这一时期的神庙建筑中也十分盛行。维特鲁威认为，女像柱一词来源于一位名叫卡雅 Caryae 的妇女,她因支持波斯人而被罚负重为奴；至于男像柱,维特鲁威认为还找不出其原因。可见,以人像代替柱子起码是以表示惩罚或象征力量的方式"进入设计问题"的。除了人体形态的具象表现,模仿人体和量化各部分的比例关系在古人看来并不矛盾,因为他们认为,人体的美,同样也是由度量和秩序决定的。正是由于运用了这样的人体赋予形式,才使柱式具有了永恒的魅力。源于此,希腊的三种柱式才打破了古埃及和古印度的森严感,使人的裸体雕塑柱式显得开朗明快而富于生机,充溢着青春的美与人世的热情。古希腊神庙盛行建筑的三种柱式,即多立克、爱奥尼、科林斯柱式,它们都确与人体相似,好似正确分配的肢体,其生命力令人叹服。

事实上,人像柱最早出现并非源于古希腊,而更可追溯到史前的非洲。非洲原始部落的住宅中所使用的人像柱在最初表露了雕塑作为一种建筑艺术形式的原始特征。其中女像柱多取跪姿,头顶短柱支撑屋顶；相比之下,男像柱则显得硕大而有力。有些建筑则周匝竖以木桩为墙,每根木桩朝外一面均雕刻成十分夸张的女性形象。这些人像柱有些是祖先形象,有些是其他的神祗,其作用主要是作为守护神,保护宅居的安全,而并非出于审美的需要。在西非的一些区域,建筑的雕刻反映在门框、柱子及雕像中甚至可以区分主要的年代,并通过强调保持它的权威性,在其家系中划分出神的血统与平常人之间的区别,形成两种不可分离的权力柱。北美印第安海达人的房柱同时也是图腾柱,使用图腾的形式来表达自身权利的可靠性。

人像柱在古代建筑中的使用常见的类型从表达意义上可分为——

表现等级关系柱 事实上,人类的住房调整着社区的生活,同时它也是房屋主人状态的表现。它的等级关系常由特殊的柱式和建筑象征所确定,它们大都联系着纪念物。通过一种复杂的平衡过程,人类的住房可以对不同等级之间的不平衡进行有效控制,确保在政治单位与具体区域所有权拥有关系的分离图 2-31。这种社会经济关系的保护也延伸到财富,确保了每一个家族的角色,尽管名声不同,但得到官方的承认与相对的保证。例如在韦欧 Vao 东北部的马里库拉 Malekula 第二级在前面以一根柱子雕刻以拟人的形式，横梁被

图 2-31 Ketu 皇家宫殿的雕刻柱式

雕刻为鱼鹰的象征,柱子与石板受到屋顶的保护。在新海布里地群岛常常从最低到最高等级由逐渐完善的人类房屋图像所标示。雕刻的柱子通常是第一位携带仪式祭祀品的祖先象征。

  图腾柱 与首领的坟墓在一起的大图腾柱——比完全以房子作为氏族或家庭表达自身对于特殊区域占有符号的象征更有意义。艺术、神话与家庭权力在来自海达族的故事中,创始者——神的房屋,作为造物英雄住宅的建筑,突出的特征是在前面的大图腾柱,它产生于起源的神话和每天生活的简单故事之间。在海达和夸扣特尔部族的建筑及构件均反映出了依据于社会结构和艺术基础之上的神话人物与故事所表现的复杂发展,经常采用图腾动物的形象。包括所有主要的物种：鸟、陆地上的哺乳动物、软体动物(蛇)、两栖动物(青蛙)、鱼和寓言中的野兽……而这些图形只是在细节如眼、爪子、尾巴、翅膀和鳍等处略有不同图 2-32。

从位置与功能结构上可分为：

门柱 为标志出在棚屋之间，包括与神秘祖先和社会之间的联系，几乎每个重要的建筑都被雕刻所装饰着。后来的门柱吉屋 Jovo，由两个以人脸为端头的半圆筒雕塑构成，代表祖先的形象，这也经常出现在较小的后面的柱子或入口处。另外一个祖先的形象或面具被挂在面对入口的中心柱上。多样和有意思的特征存在于主要支撑柱子的顶端，有时采用雕刻着人脸的面具，但也经常使用各种带有安抚、和解象征的几何主题，再造了组织的象征。在氏族之间合作建造的房屋被拟人的因素所装饰，如有胡子的人脸等等，形态各不相同，它们经常被装饰于支撑外墙的室内柱子上，每一个都与特定的氏族相呼应图 2-33。

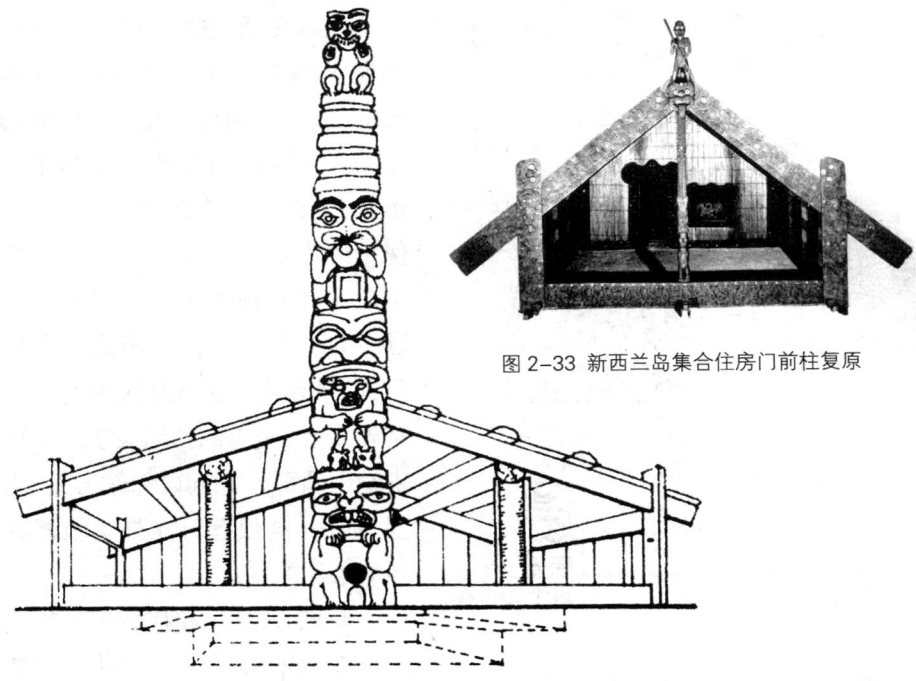

图 2-33 新西兰岛集合住房门前柱复原

图 2-32 夏绿蒂女王岛的图腾柱

在西非的尼日尔上游突古纳 Toguna 计划再造八个原始祖先聚集的场所，实际上它们中的每一个都由一根支撑的柱子来辨别。三排立柱，一面三根，中间的一个伴以两个——它们常常与神话相联系，并且实际上经常雕刻以八个祖先的拟人化图形。

壁柱 建筑中的壁柱在广大非洲区域被作为一种人口聚集地区的表现。

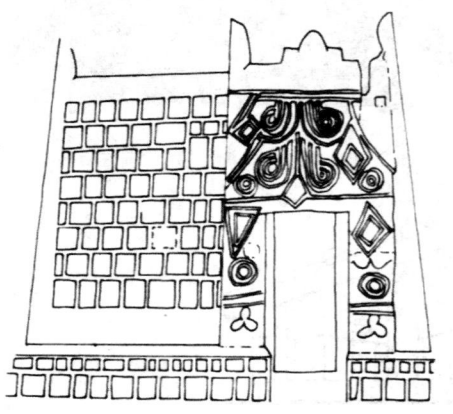

图2-34、35 非洲马里詹尼土著人房屋立面

詹尼 Jenne 这些房子最有意思的方面在于它的正立面，直接地反映了所有者的社会地位并且表达了一种复杂的建筑语言。中心的部分是严格对称的，门与在它之上的嵌板都是绝对中心化的。在门的侧面对称地布局着一种富有特色的剥落的壁柱，壁柱没有基础和头，向上逐渐变细，它们环绕着整个前部并被隔开，标明了中心，最为重要的是，正面的部分和顶部的终端是一个 15~20 英尺高的小角锥的形状。有时他们也在门上支起一个保护的罩盖。这些直立的部分构成了詹尼和其他地区占有优势的主题，它并没有对住宅形成一种局限，而是形成在宗教建筑中的一种基础元素。竖直的角结束于圆锥形主题的顶部，并且被称作男根、阴茎 loburu，这很有可能是生殖器崇拜的象征图 2-34、35。

事实上，圣坛和存在于万物有灵论神殿中的伊斯兰清真寺与多岗地区建筑中的许多壁柱运用在本质上是相同的。在清真寺中所重复的,是一个有或没有木心的壁柱,尽管它的断面主要采用的最古老形式是椭圆形或圆形交叉,但向上或多或少都会变细,同时它们赋予建筑一种有节奏的纵向韵律分析,并且被覆盖泥土的梁横向连接在一起,那么这些壁柱在形式上非常接近原始的圣坛并且联系着本土的主题,它们不再仅仅是当地材料资源与建筑实践的反映;而成为传统象征和神话意义,就如同我们在城市和廷巴克图与詹尼房屋平面中所看到的,延伸到现实的每一个方面,这解释了它们在伊斯兰清真寺当中的作用——特别是在这个区域,长期以来受到社会阶层的影响,手工艺专业化,伊斯兰文化特有的建筑体量的纯粹主义分离。在这种混合大倾向中,与统治阶级所强加的房屋与清真寺统一模式背道而驰,它同时也反映了一种在宗教与社会文化模式之间的调和努力——万物有灵论和伊斯兰教历史的相互关系,在建筑结构和装饰当中找到了具体的解释。

在建筑中肯定存在同纵向结构元素间的一些语义联系,具有圆锥形壁柱的建筑,可能是沃尔塔 Volta 后期波波诸拉索 Bobo-Julasso 清真寺的主要表现,在农业人口所形成的保护整个氏族或家庭的村庄与农场当中被发现。各种类型的建筑物,在它们的谷仓和圣坛中,可能都会运用该语言;它被采用于在加纳纳伯德曼 Nabdam 人基本混合处的围场之中。

中心柱 建筑物正立面的重要因素是中心柱,它的顶部和底部都被装饰以拟人化的图形。一个人形面具隐藏了在两个主要倾斜椽之间的结合点。建筑物正立面的每个雕刻细节也都有它自身的技巧与象征之处;但是艺术家根据其守护神的要求引入了大量的变化。雕刻的部分仍然紧密联系着部落社区最重要的关注:生产和食物的储藏,土地的肥沃和神的仁爱等等。

中国汉代的房柱 虽非具象的人形,但其柱身、栌斗也均含有人像的意向。虽然说作为柱廊或墙壁的人像柱并非像位于建筑中心的雕塑一样具有统领全局的含义,但它也绝非简单等同于柱子或一般的装饰。从人类历史的角度考证,无论是柱子的纯粹功能概念,抑或雕刻的美化装饰概念似乎都出现较晚,而当时的人像柱可以说既具有力学的支撑功能,又兼备了保护房屋安全的巫术功能。这与我们今天将柱子上的雕刻视作多余的累赘,甚至会破坏其力学性能的看法大相径庭；被雕镂了人像的柱子不但没有削弱柱子的力学功能，反而因其神性而加强了安全防护的整体功能，将"雕刻"与"柱"二者完美结合为一个互补实用的功能系统。而以上种种现象也令人不禁产生疑问，追溯历史，人像柱的起源究竟是在何时呢？

从人牲到图像的转化 人像柱与建筑具有着明显的互补关系，作为从属于建筑的组成部分，它代替或加强了建筑的局部功能，与之共同构成了一个完满的整体结构图式，使二者相得益彰。人像柱的出现有着深刻的人类学渊源，人对神的顶礼膜拜，对神庙建造的巨大热情，始终是推动柱式语言发展的原动力之一。这种动力根植于人类心灵深处，并具有普遍的世界性。

我国民间最流行的门神主要包括秦琼、尉迟恭的画像和钟馗，均起源于唐朝，其中钟馗是民间的捉鬼英雄，被崇为神，贴于门上以镇百鬼。实际上这种门神信仰早在《礼记·丧服大记》中便有所记载，名为"君释菜"，郑玄注曰："释菜，礼门神也。"西汉时的勇士成庆，东汉的神荼、郁垒两兄弟也都曾被奉为门神。但是这些却还不是最早的门神。

为追求神的庇护和转世来生，人牲殉葬、献祭、奠基、奠门这些残暴的行为在古代颇为盛行。在我国河南安阳小西屯殷墟中，宫殿基址之上和基础之下，以及柱间、门侧或基址周围，经常发现古代奠基、置础、安门等留下的人和动物的骨架葬坑遗迹。叶骁军在《中国都城发展史》中记载：据考证，一般奠基和安门要用人和狗；置础时用人、牛、羊、狗……安门时，埋的多为武装侍从，分置于门两侧和当门处，有的持戈执盾，多做跪姿，其中不少是活埋的，甚至包括儿童。在仰韶文化和龙山文化的房屋遗址下及周围，两千多年来一直流行着埋藏儿童的瓮棺葬，而瓮棺中的儿童和埋在殷墟基址门侧及当中的武士极有可能就是门神最早的原型。无独有偶，这种以人作为奠基、祭祀的行径在世界其他许多国家的历史上也十分普遍。英国的爱德华·泰勒在《原始文化》中也同样提出了在非洲原始社会的城市奠基仪式上，也有将杀害的儿童埋在城市的西门一侧作为祭品的记载；古代日本在建桥时，曾将人牲奠祭桥下；古代苏格兰流行以人血来浇铸建筑基础的迷信活动；在德意志、斯拉夫等也有此"劣迹"……在加里曼丹群岛上，甚至还实行过用女奴为大房子的第一根房柱奠基的残暴仪式。

伴随着人类社会文明的进步,奴隶制的破除,以战俘和奴隶充当祭祀人牲的方式在我国东周以后逐渐被其他手段所取代。如,墓矿中的"俑"原本是活人,其原型为"方相"———一位能摧毁强敌的勇士。统治者生时,他护其左右,保卫宫廷;统治者死后,他随葬墓矿,驱除恶鬼。及至春秋战国时期,人殉现象大大减少,俑则一般由铜、木、陶制的偶人所代替。孔夫子言道:"始作俑者,其无后乎?"杨伯峻先生在《孟子译注》中将这里的"俑"释义成"为其象人"的偶人。奠基、奠门也相应发生了由人牲到图像或雕塑的转化,至此石像生、人像柱和门神等各种艺术形象也随即应运而生。在山东嘉祥县的汉代武氏祠画像石上图2-36,一幅刻有大力士以手和头承托屋顶的人像柱石刻,成为中国建筑中最早出现的人像柱。此后,人像柱在汉代大量出现:如四川彭山汉崖墓的人像柱、四川柿子湾汉墓的人像束竹柱等,它们都是由模仿人体,又稍具抽象造型的挺拔而健壮的躯干,以双手和头颅坚强地支承着千斤重鼎图2-37。手腕、脖颈、腰部、脚腕等所有富有活动技能的关节都被着意刻画,甚至汉代人

图2-36 汉武氏祠人像柱石刻

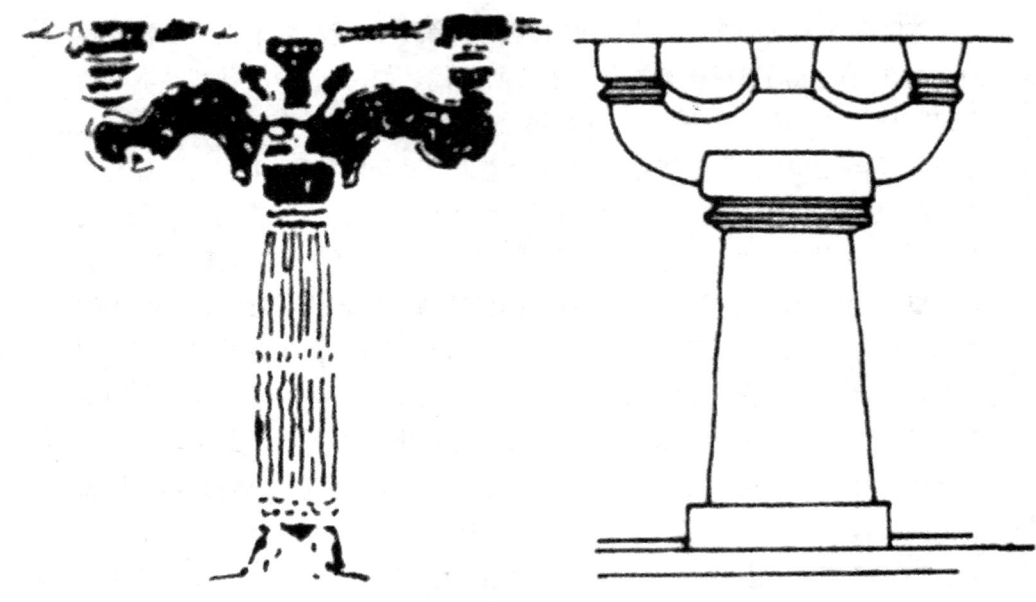

图 2-37　四川柿子湾、彭山崖汉墓人像柱

的服饰特征也被以抽象形式描绘出来,形成活脱脱的人像柱。

正如贡布西里所言:"后来,这些恐怖行为不是被认为太残忍,就是被认为太奢侈,于是艺术就来帮忙,把图像献给人间的伟大人物,以此来代替活生生的仆役"。

人像柱起源与"始作俑者"的历史作用　从上述分析出发,不难根据史实对人像柱的起源进行如下推测,即作为建筑中一部分的人像柱极有可能是经历过一个从人牲——俑——人像柱的发展演变过程。由此可见,历来被视为罪魁祸首的"始作俑者",在人类历史上从用人牲殉葬、奠基到偶人、雕塑的转化过程中,其历史作用并非像人们所认为的那样,是带头做某种坏事的人,而是在人类文明历史上作出伟大贡献的雕塑艺术家。由于时代的发展将人们彻底从精神桎梏的枷锁中解放出来,最初作为雕塑构件的人像柱也逐渐摆脱了消极抵御积极祈求等精神功能,而逐渐将为人们提供视觉上的审美与愉悦作为其主要功能之一,甚至运用数学和几何学将人体美的形态抽象出来,在满足结构需要的同时以多样化的手法营造着高贵、典雅和优美的建筑场,展现着自身的存在价值。

斗栱的仿生与刚柔之道

与西方神本建筑相对应,东方建筑是人本的。同时,以中国为中心的东亚建筑是以木结构为主的体系;而西方则是以石结构为主的体系。

春秋战国时期,诸子百家的哲学思想异常活跃,其中老子继承和发展春秋以前辩证法思想成就所开创的"尚柔、主静、贵无",柔弱胜刚强等源于人体的辩证法思想体系显得尤为突出,提出了人活着的时候,身体充满柔性和活力的道理。由此更深层提炼出的:"以柔克刚"、"贵柔"等辩证哲学思想被人们广泛运用于建筑技术中。战国后,建筑中所出现的特殊构件——斗栱,就其造型及意义分析,它实质上来源于对人体的造型及其机能模仿图2-38。

对照山东嘉祥县的汉代武氏祠画像石上中国建筑中最早出现的人像柱:有大力士以手和头承托屋顶的人像柱石刻,我们不难发现它与汉代的"一斗二升"和"一斗三升"图2-39有着异曲同工之妙。在距今六七千年前中国传统木构建筑中,最初栌斗中柱子与其上枋木之间的过渡构件——榫卯,其形态也类似于头顶重物的直立人体。最早的栱是插于柱身上的插栱,它与栌斗共同承担着其上的枋木,其形似直立之人以头、手共承顶重物。随后,插栱逐渐演变为"一斗二升"和"一斗三升"的斗栱,人头部的位置下降到了胸部,从而

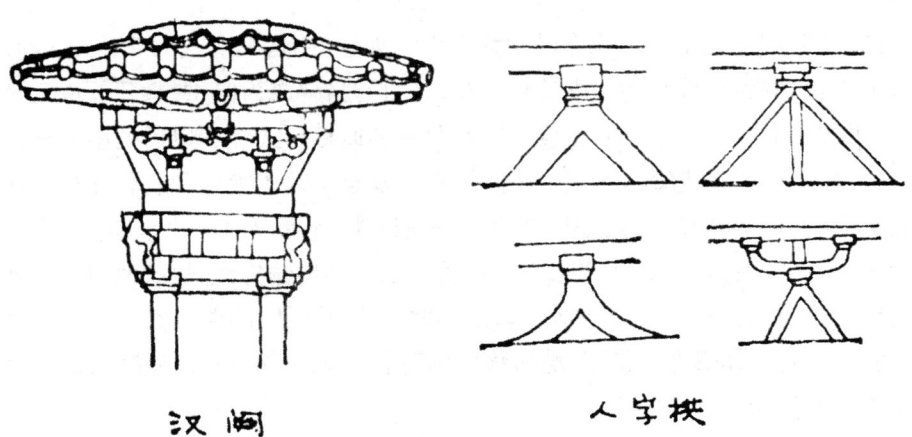

图 2-38 建筑中的特殊构件——斗栱

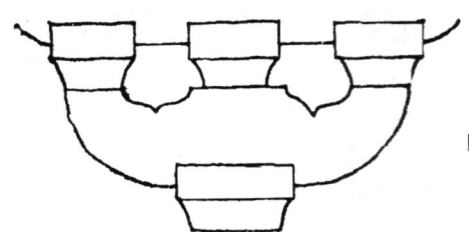

图 2-39 岭南古建筑一斗三升斗栱形式

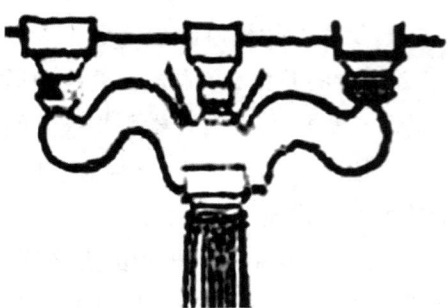
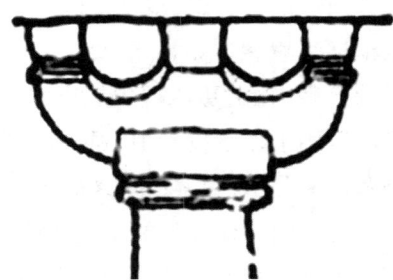

图 2-40 汉代斗栱

增加了一个重要的柔性节点,令头、腰、手均可以自由运动,原来头的位置也由一斗三升中的小斗所代替,被后世称为"齐心斗"图 2-40。

　　实际上,以手和头举持物品的形象自古已有之,不同的是,武氏祠的石刻被加以夸张而大力士举持的居然是一个屋顶。后来的佛塔基座或佛台须弥座的角部,如河北正定开元寺塔须弥座大力神等,便是其形式的演化图 2-41。人的手、头成为汉魏时期斗栱升和小斗;有力的胳膊成为曲栱;胸膛便成为栌斗;手腕关节也就是斗下的皿板。这种曲栱和皿板形式在唐以后的中原地区已经绝迹,但在清代岭南建筑中还能见到。及至十六国晚期和北朝斗栱发展更加形态各异,典型的有:如同两个叉开腿以头、手承托重物者,其中一人为两腿,而另一人为三腿。由于远古先民曾以三足鸟比喻男性,故此两腿者象征女性,而三腿者象征男性图 2-42。南北朝时又出现了人字栱。此后,斗栱基本上脱离了对人体形态的模拟,更多将人体"活"、"柔"等精神蕴涵其中,而使之变得更为复杂。

　　除了对人体的形态和功能模拟外,斗栱在结构与功能上还效仿了人体的

図 2-42 敦煌石窟十六国晚期和北朝阙形龛上的斗栱

骨骼。如潮州开元寺天王殿和福建
等地有层层叠斗,其明间梁架中有
一特别的构造之处——即在金柱
柱头上层叠着十二层铰打叠斗,整
组叠斗可屈可伸,其高度与下面柱
高相近。仔细观察铰打叠斗的结构
构造形式与内涵,采用与人体的脊
柱骨骼结构与机能相吻合的仿生
柔性结构,使建筑保持一种"以柔
克刚"的动态平衡状态,大大提高了
建筑自身的自然防御能力图 2-43。
这种做法可以追溯到汉代。据《鲁
灵光殿赋》中记载:鲁灵光殿中的
"层栌礧硊以岌峨,曲枅要绍而环
句","层栌"即这种层层相叠的斗
栱构造形式。这看似柔弱实则刚
强的中国古代木构建筑,从斗栱到

图 2-41 河北正定开元寺塔须弥座大力神

层栌,将老子的"柔道"思想运用得淋漓尽致,体现了中国古典建筑的仿生
特征。

　　将人体尺度作为建筑设计的依据,是东西方建筑的共同之处。古希腊的
人像柱追求建筑形式美,而中国人像柱追求建筑内在的"善",由此获得了人
体"活"的精髓。西方石构建筑的尺度比例以柱式比例来权衡;而中国木结构
建筑也是以柱高来衡量建筑尺度的——早期建筑的柱约为一人高。由人像柱

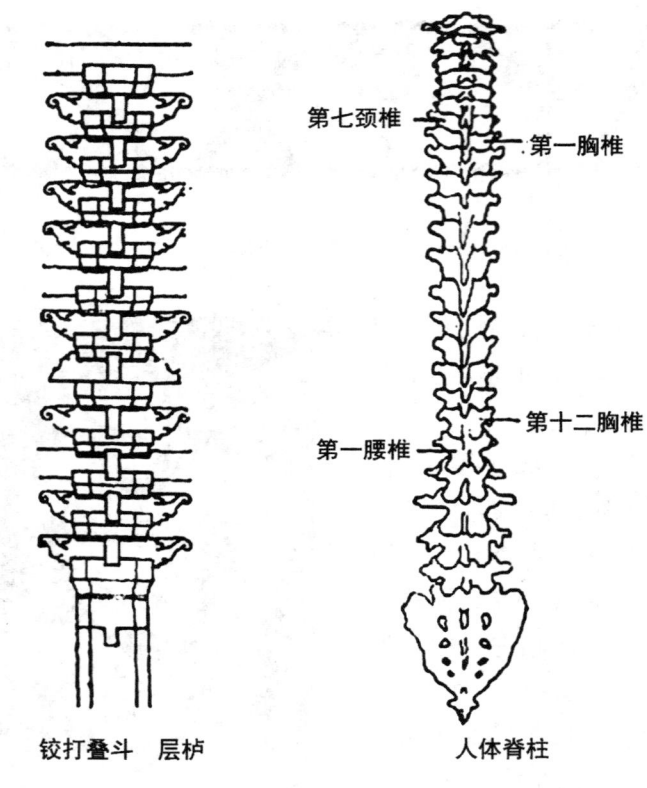

第七颈椎 第一胸椎

第十二胸椎

第一腰椎

铰打叠斗 层栌 人体脊柱

图2-43 铰打叠斗与人体脊柱比较

柱头部发展出来的斗栱,确切说为宋代的栱断面"材"和清代"斗口",它最终
发展成为中国古代建筑设计的模数依据。

其他建筑装饰艺术

建筑装饰艺术语言具有自身的特殊性,并且在一个更大的前后关联中承
担着极为重要的作用。虽然主题源自于神话,但装饰没有被运用于去增强部
落的整体与力量或对于不同部落之间关系的均衡,取而代之的是,它被设置
于家庭机构服务中,作为单方控制劳动力和祖先荣誉以及对于房主祖先直接
传承荣誉的形象化主题。

建筑雕刻 在毛利人的建筑雕塑中, 拟人的木浮雕建筑板构成了室内外

主要的房屋装饰。图腾是覆盖雕刻面的重要内容,以此唤起对于所代表人物等级的注意。这些人物在室内沿着墙面变化,用一种芦苇制成的高雅建筑板材,以横向和纵向的方式编织和绘画着。另外一些习俗的装饰主题联系着神话的世界——螺旋形的,具有多样化的意义,蜥蜴、鲸、鸟人、鱼人等等。

浮雕 建筑物的正面被主门标志的中心轴对称地划分,在上层,主要谷仓的门,是房屋主人的特殊财产,祖先神坛被储存为一个神圣保管者。这种谷仓的门,传统上来讲,周围都雕刻以代表着原始夫妇的浅浮雕。在门锁上,一系列栖息于地球上的子孙后代被雕刻于建筑板材上。这样,在入口上部谷仓就构成了一个对家庭来讲神圣的神殿,完全类似于被描绘于门上的图腾的神殿,两个上层的壁灶,小尖塔的顶端连续的"壁柱"竖线隔开了围绕着前面的房屋。若干横竖带状物把建筑表面划分为几个隔间或功能分区。地面上是长方形的,较小的和正方形的在上层。这些被称为"燕巢",并且被认为是祖先的住宅;祭品在那儿留给他们。它们的数量在传统上是八的倍数,意即多岗祖先的数量,暗含着子孙后代的发展;同样的数量被应用于屋顶突出的小尖塔上,它们是圆锥或圆柱形的,其顶部是扁平的;屋顶如同神殿的类比元素,被解释为八位祖先的神坛。而壁柱传统上是十的数量,"像两只手的手指"。房屋前部所表达的普遍概念是人与他们工作的增加,这些参照也被用于耕地的象征。一代代人连续的发展,都可以根据顶部到底部位置的线索被解读出来,并且被清晰地描绘于谷仓雕刻的门上。

在各种多岗的村镇当中即使是同样的住宅也都做了极为不同的处理,这些地方在建筑的正面均采用了最原始的主题。它们被运用于个人的神坛,举例来说,头骨对于尼亚玛 Nyama 而言是神圣的,它是个人重要力量和人体的象征。

木板材的门被提供以两种类型的锁:第一种用于房屋主入口,引向大的中心房间;第二种类型在吉那 Ginna 上层谷仓门的大部分可以被找到。这把锁在外部是门上最主要的装饰因素,象征着动物或神话中的孪生祖先。

建筑雕塑构件 在新西兰岛每个区域都有它自己的神话去解释建筑雕塑艺术的起源。它总是神或修建它的半神半人的形象,存在于一个神圣的领域中,成为据此之后在地球上不断被模仿的第一个模式。在毛日 Maori 房屋中以

祖先人物的脸特殊表达装饰着墙面，毛日房屋的墙面被特殊的神话情节所解
释。类似的，拟人的尖塔凸出于前面的房柱上，传说它是伟绩归于名叫洛普普
克 Ruapupuke 首领的结果。尖塔代表着这一功绩的主要人物，如同其他的故
事，这个故事强调了建筑雕塑的神性起源 图 2-44、45。

其他构件的多样化装饰艺术表现 人物图形混合着叙事中的动物被现实
地描绘于建筑，在解释上是很清晰的：它可以是关于特殊的氏族、部落起源的
神话，或者是特殊家庭的荣誉；在仪式典礼中，在竞争家庭中所受的最大的耻
辱。而住宅，也如同独木舟、家具陈设、私人物品一样变为一种私人财务的象
征。装饰的箱子、船头、木面具的图形被转引入建筑中，在此艺术的特殊语言

图 2-44 图腾在室内装饰中的运用

不曾改变，只是在尺度比例上被扩大了。

这里再一次地运用了象征性的因素，不仅在本地的器物装饰中，而且被放大为建筑的尺度。虽然采用了不同的形式，但它几乎可以运用到不同地区原始建筑的所有装饰语言中。与另外一个富有启发性的图腾资源相比，虽然从它们的象征与社会意义出发，雕刻人物特殊的解剖特征并没有图腾重要，但实际上，被雕刻装饰的人

图 2-45 19 世纪毛利人首领脸部图腾

物图形像图腾一样延伸于建筑结构之上，覆盖着建筑的正立面和更具有社会重要性的其他部分。例如，在非洲不同阿伯拉姆 Abelam 组织具有不同的装饰艺术风格，它们通常体现于宗教礼拜房屋正面的装饰之中。如北方村庄经常使用面具作为该地区的装饰主题，而在其他东部地带这种装饰则被认为是"抽象的"。根据阿伯拉姆不同组织的意义，同样的图形元素甚至可以采用不同形式进行变形，它们被多样化地解释为人的脸、头发与人体图示等。那些外人来看形式与色彩上难以察觉的变化对于当地居民而言却有着非同寻常的意义，同时它也适用于群体间关联的表现。尽管存在着文体与语义上的差异，但宗教房屋正立面的绘画却总是采用代表"人"的元素作为部落与神话、个体与艺术家及部落之间的关联，体现着住宅的神职功能。通常一个组织的艺术主题不可以被其他组织所复制，否则将会导致一种形式与内容的简单重复而缺乏创造力。

意义与结构更复杂的装饰还存在于居住中心的神坛，在梅雨季节前，它的表面被更新并重新画以面具，这些面具都采用一些人物形象的几何化图示表现。比努·萨噶比路 Binu Sangabilu 的神殿代表着勒贝 Lebe 的坟墓和神话铁匠的锻造，它们出现在建筑正立面上部的原始铁砧之上；坛象征着曾经耕种的第一块领土；建筑物正立面的画，在仪式的过程中被更新，综合代表着一种

图形和礼仪物品形式。这样,一个画在门上的西洋棋盘是世界合理组织的图像,它象征着来自八位祖先血统的线索,耕种的土地,家庭住宅的正立面,最后是村庄的平面,或者更广泛地说,是被人类定居和组织的整个领域。这一绘画整体构成了一个真正的人间系统,并且鼓励社区的植物耕作,总而言之,确保了生命系统的持续平衡图 2-46。

在新几内亚的山村两个地带被水平铸造的半圆部分分开,并组成了一根木梁,上面雕刻和绘制着一系列的人脸、鸟爪和人脚。如同在房屋的室内雕刻一样,在每一端都有一张代表着祖先保护和精神的脸。

在非洲整个上游地区覆盖着绘于建材上的装饰物。在这些巨大表面的较低部分,被绘以六个相同的人脸寓意着六个部落的精神,每张脸都有它自己的名字。在此基础上,上面布满了以人体和几何主题所代表的平行联结构成的系列装饰。如在钟形屋顶的下面,这种画面经常在普通的三角形板上被发

图 2-46 多岗依靠岩石墙面的庙宇建筑正面,附有棋盘装饰和祭品残余物

现,悬挂在仪式期间宗教的房屋内。这些面被作为一个整体赋予建筑,其作用超出了它们与建筑物正面及特征的关联。实际上,这种手法主要来源于原始艺术、建筑与抽象图形之间联系的观点。

原始社会人体象征主义手法在"万物有灵"与"互渗思维"的基础之上,被广泛运用于大地、聚落、领域、建筑,甚至建筑装饰构件等从大到小多层次的方方面面之中。在村落社会与国家和宗教系统之间,在文化相互传播被很好体现的各个历史阶段,人体象征主义手法倾向于以不同方式将它们自身添加到这些社会之中,在此基础上,单体建筑可能就会发展成一种扩大化的建筑类型,从而保持着它所在区域内的深厚根基,并不断延伸,目的在于防止其丧失控制新文化的基础。这是一个阶段,在现代殖民地开拓过程中,许多地区常常在持续非常短暂的时间中受到殖民者所带来的"外来"文化的野蛮压迫。但是在非洲大多数地区,由于已经获得了村庄与城市文化、经济的整合,当地的王国能够对此进行有效抵御,这个阶段甚至一直被持续到几十年以前。

由此可见,以人体象征性表达为基础的原始建筑连续地发挥了对于当地血统的统治作用,虽然经历了许多世纪才整合为伊斯兰传统,但仍表明它自身能够创造追求一种不受到外部环境干扰的方式,其起源正是根植于神话与权利和建筑环境中,一种人与神与宇宙间永恒不变的、"内在"联系的历史文化之中。

人类的情感和想象力生生不息,在这一点上,我们与原始人并无本质区别。作为原始建筑本质特征的情感内涵和浪漫主义,是整个人类建筑观念的重要组成部分。它是人类建筑之始,也是人类建筑之源。因此,作为人类建筑观念之一的原始建筑观念,也必然与现代建筑观念息息相通。

　　宇宙是一座巨大的建筑物;相反,房屋又是宇宙的模型。这是早期希腊科学中的一个惊人特征。在哥白尼和开普勒之后,这种联系最终被打断了,正如我们将要看到的,人体对建筑比例理论产生了更加深远的影响。

　　作为室内外空间过渡的柱廊是古典建筑艺术处理的重点。在古埃及、巴比伦、拜占庭、中欧、古印度、阿拉伯和中国等地区都有各自完整的柱廊形式。其中发展最成熟影响最大的则是古希腊、罗马的五种柱式。最早的典范是希腊人用比例粗壮、线条刚健的多立克柱式象征男性;用比例细长线条柔和的爱奥尼柱式象征女性;用比例更为修长,装饰更美丽的科林斯柱式象征少女,也都很富有表现力。古罗马继承希腊柱式,并对多立克进行了改造,使它略显柔和;又将爱奥尼和科林斯的柱帽组合到一起,创造了一种更华丽的"混合式"Composite和一种表面上近似于罗马多立克,但柱身不加装饰的"陶斯康"Tuscan式。到文艺复兴时期,经过帕拉蒂奥和维尼奥拉等建筑理论家的多次测量与调整尺寸,总结出一整套柱式的比例法则,被总称为"五种柱式典范"。它们是从欧洲文艺复兴到本世纪初五六百年间欧美建筑中最鲜明的符号。

　　公元一世纪罗马建筑师维特鲁威在《建筑十书》中,第一次对西方的建筑美作出了理性的分析。他提出建筑的三大构成因素为坚固、适用和美观,按照人体确定了一系列基本的比例规则,并且将这些人体测量比例应用于建筑与雕塑之中。在维特鲁威人体比例图示的基础上,文艺复兴时期的建筑师阿尔贝蒂、菲拉雷特、迪·乔其奥,大艺术家莱昂纳多·达·芬奇,甚至现代建筑大师勒·柯布西耶等人都顺着维特鲁威这条主线进行深邃探索,将人体形态、比例直接投射于建筑,使建筑从人体中衍生出其权威、比例及构图,综合反映出了人体尽善尽美的一面,并进一步建立巩固了世界上个人与社会间的稳定关系。

应用人体形态及比例理论的建筑艺术创作

虽然在世界上存在着许多力量,但是自然界中没有什么比人类更为有力。雅典历史学家修昔底德 Thucydides,约公元前460年—前395年在《伯罗奔尼撒战争史》里曾指出:"人是第一重要的,其他一切都是人的劳动果实。"对神学家们来说,宇宙是一个建筑作品,而上帝自身就是创作这一伟大作品的建筑师,数学比率与宇宙结构以及音乐、建筑之间存在着一种相互同一的关系,而如同苍穹的高度与宽度相等一样,人的形体也被解释为宇宙的镜像,由此诞生出了一系列源于人体的建筑比例关系。

如同建筑大师柯布西耶曾所说:"有温柔的呼吸,于是爱奥尼式诞生了。"人的形体美与建筑是相伴相生的,这一主题在古代,中世纪,文艺复兴,现代与后现代建筑以至我们今天的建筑之中都一次次地再现。这种人体的隐义,始终贯穿于我们的建筑历史与现实之中,使这些建筑具有了令人惊叹的连贯性和内在含义。

源于人体比例与形态的古典柱式

主持雅典卫城建设的古代雕塑家菲狄亚斯 Phidias 或 Pheidias,约公元前480年~前430年曾说过:"再没有比人体更完美的东西了,因此我们把人的形体赋予我们的神灵。"欧洲主流建筑艺术的基本造型元素之一——柱式具有着强大的生命力。它原本是一种结构方式,后来又演化为一种依附于结构方式存在的艺术形式,以直截了当的方式控制着建筑的风格与面貌。早期古希腊将人本主义作为主流文化精神,他们最早懂得欣赏人体美,并把目光投向自身,在美学中合理地运用了人体比例。在他们看来,如同自然界中其他美的元素一样,人体美也是由度量和秩序决定的,因此模仿人体和量化各部分的比例关系并不矛盾。柱式正是在人文主义这一观念的影响下发展和定型的,它充分体现了对人类尊重与赞美的古典精神。这种关系与人体比例二者之间建立起了同构的联系,因而成为一种具有神秘力量的艺术美规则。

古罗马建筑师维特鲁威将建筑的三大构成因素总结为坚固、适用和美观,认为建筑创作是一种理性活动,而并非物质实体的自然形成,它包括着室内外合理的布局,外貌的优美,各个组成部分的相互协调,造型的整体感等等。作为贯穿文献中的重要连贯线索,维特鲁威为人体确定了一系列基本的比例规则,并将这些人体测量比例应用于绘画、雕塑中。随后,更将人体与几何学的方圆加以综合,创建了著名的"维特鲁威人"图示,从而在人体、几何形体与数字之间,找到了某种内在契合点。

"维特鲁威人"以人体肚脐作为自然中心点,假设一个人背朝下平躺,伸开双臂与双腿,以肚脐为圆心画一个圆,那么,他的手指和脚趾就恰好落在这个圆的圆周线上图 3-1。如果我们测量从脚底到头顶的高度,与两臂伸开后两个指端的长度恰好相等。因此,正如人体可以形成一个圆形一样,它也恰恰可以形成一个好似建筑工匠矩尺所绘制出来的正方形。为证明人体比例与数字

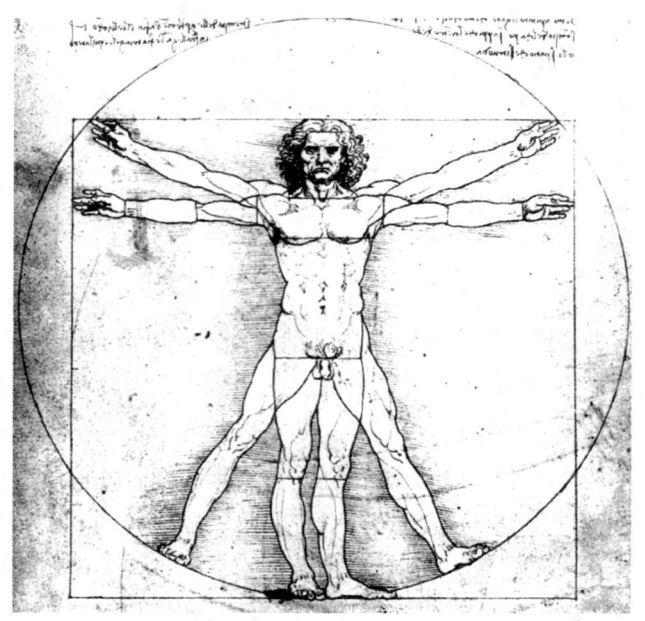

图 3-1 莱昂纳多·达芬奇的"维特鲁威人"

间的关系，维特鲁威声称所有的度量单位：英寸：指节、手掌，英尺：脚和腕尺：前臂都是从人体中间衍生出来的；最基本的完美的数字十、十进位体系等，也都是与人的十根手指相对应的。从而得出的结论是：在人体的各个部分与整个人体形式之间，有着某种确定性的比例关系。如果按照这种人体比例与均衡的原则安排建筑物中的每一个局部，将会使之无论在各个独立的部分还是在整体上看起来都能够达到完美和谐的效果。

同古埃及人一样，希腊人也需要抽象和组织来获得安全感，但在这些既定秩序下，他们仍然希望体现个人的特征及其相互作用，并通过古典柱式来得以实现。模仿人体和量化各部分的比例关系，在古希腊人看来并不矛盾。因为他们认为人体的美同样也是由度量和秩序决定的。维特鲁威在《建筑十书》第四书中，用人的特征来解释典型柱式所代表的几种人性类型。他指出了柱式之美就在于其各部分比例之中存在着的基本"模数"，而这种模数正是来源于对人体的模拟。在神庙建造中，为使柱子既适于承受荷载，又保持美观外貌，古希腊人从人体比例形态出发，创造出了体现刚劲优美的男子身体比例的多立克柱式和反映窈窕纤细的女性身材比例的爱奥尼等柱式。其中多立克 Doric 柱高是柱径的六倍，来源于男子身长为足长的六倍；而爱奥尼 Ionic 柱高是柱径的八倍，来源于女子的身长与足长比例；科林斯柱高是柱径的九倍，来源于窈窕少女的身足之比。图 3-2 在此，比例具有从人体推衍而来的经验主义价值，而不具有绝对价值。从调整视觉偏差的角度，维特鲁威提出：建筑师必须运用他自己的判断去为这一特定的场所提供一种特殊的解决之道，通过修正与调整，从而对其比例与均衡做适度增加或减少的处理。同时，从形态分析，多立克更倾向于一个男人身体的比例以及他的力量美。爱奥尼柱式没有强健肌肉的力量感，被描述为"女性的修长，"其涡形饰的柱头则象征"优雅的卷发"。最后是科林斯柱式，则是"模仿少女的纤细体态……并且容许装饰中更多优美的成分"。到古罗马，这些柱式进一步发展为五种，从粗犷雄健到盛装华丽，都体现人体的风格与个性，被广泛运用于各种类型的建筑或同一建筑的不同位置。

此外，在古典建筑中作为支撑与被支撑构件的柱式，有时会令许多人情不自禁地感受到压在柱子上的沉重负荷，就仿佛压于人体之上。这在将柱子塑造为人体状的地方（例如雕成男女人像或阿特勒斯的柱子等），都表现得非常具

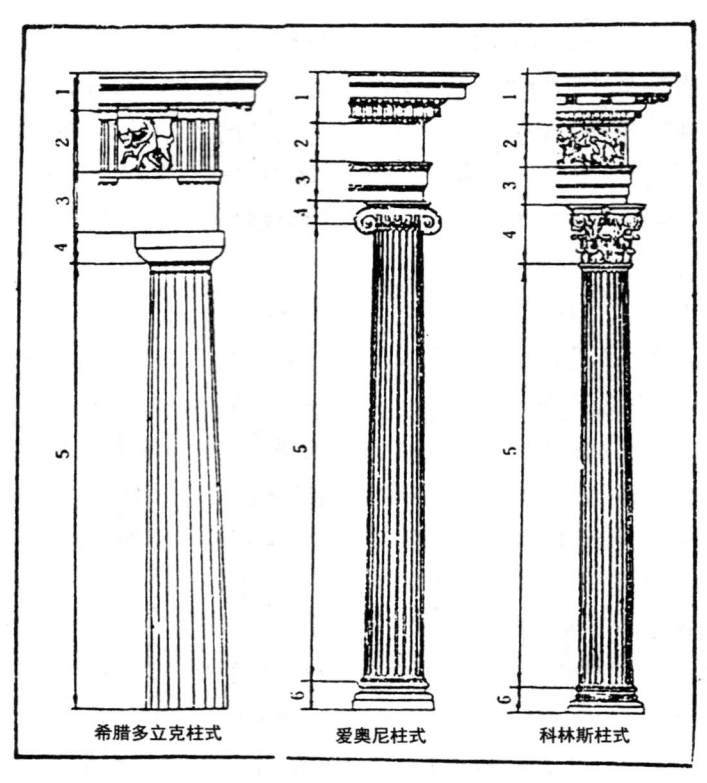

图 3-2 古希腊建筑中的多立克、爱奥尼、科林斯柱式

体,坚硬的巨人好像在重压之下绷紧了全身的肌肉。公元前 6 世纪,在希腊的柱式中有些通过微微鼓起的轮廓线"收分"体现压力之下紧绷的肌肉,还有一些爱奥尼亚式庙宇甚至用肌肉怒张的男像人体作为承重构件。到希腊晚期基本形成较为统一风格:即女神庙多用爱奥尼柱式,男神庙用多立克柱式,令僵硬的石柱具有了人性化的表现力。

古希腊和古罗马神庙建筑

如前所说,建筑设计中模仿人体和量化各部分的比例关系,在古希腊人看来是不相矛盾的,因为他们认为人体的美,按照亚里士多德的说法,同样也是由度量和秩序决定的。维特鲁威在《建筑十书》第三书中谈到:设计一座神庙时,它各部分之间的比例必须与发现于人体中的比例一样,使各个部分与整体之间保持着完整而和谐的比例关系,整体成为各个部分的总和。神庙的设计从细部到整体都服从一定基本度量单元,它是由均衡所决定的,即与身材漂亮的人体相似的正确肢体比例关系。既然大自然按照比例使肢体与整个外形相匹配来构成了人体,那么,古代人们似乎就有根据来规定建筑的各个局部对于整体外貌应当匹配的正确的、以数量规定的关系。与此同时他还对作为圆与方之生成者的人体作了描述。此后文艺复兴时期建筑理论家阿尔伯蒂在《论建筑艺术》中也作出与之相类似的解释。

希腊人将"人的一面"视为宇宙万物出发点,把生命物化视为一种空间和时间的表演,因此希腊神庙也好像是人类肌肉强健的躯体,是真正有机的形式。具有人类图像代表性的波留克莱妥斯的持矛者,是一个有机动态的人像,被理想化为一个完美的原型,其肌肉运动是希腊神庙各个部分之间关系最为生动的写照,象征着一种在充分理解人体之后理想化的真实表现。通过它使我们在现代生态学思想中,重新发现了希腊人关于不同力量之间形成和谐整体的理想。

在雅典卫城中,维护传统神圣领地的伊瑞克提翁神庙与简单纯粹的帕特农神庙形成了一种绝妙对比图 3-3、4。两座建筑都结合了多立克和爱奥尼的风格特征,以人像柱为门廊,将室内空间和雕塑性形体在建筑中恰如其分地

图 3-3 伊瑞克提翁神庙
的女像柱门廊

图 3-4 帕特农神庙的柱廊

结合为一体,体现出一种女性优雅与男性力量的完美组合。它们给人类带来了坚定的信心、崇高的感情和数学的秩序,触及我们内心深处轴线原则的认识,向我们显示出人类顶峰之巅的创造性。其永恒价值在于人类开始了解自己与周围环境,并成为自然与人和谐共处的象征。从希腊神话中来看,虽然与埃及人一样用神来象征他们所认识到的意义,但是埃及人将自然元素与过程赋予首位,并使人类的现象包含于自然秩序;而希腊人则更重视人类自身个性的元素,关于世界的经典图像从关于人与自然的复杂关系中脱颖而出,并以人格化的神来象征客观事物。例如奥林匹亚诸神都体现出人类的典型特征和性格,但同时又可比拟为自然现象。希腊时期的其他类型建筑,如住宅、敞廊以及剧场,也具有着同样独特意义。在此,除了体验周围环境,人们还能感受到整个有形的宇宙,人与自然在此交融成为一种单纯宁静的秩序。

罗马人运用柱式的最著名实例是所谓"叠柱式",在这里,多立克、爱奥尼和科林斯等柱式、支柱和壁柱彼此相叠。男性的坚实的多立克柱承托着修长的科林斯柱,一种相对简单的力量关系显现出来。代表作万神庙运用一个覆盖在穹顶之下的圆形大厅,以及一个巨大的门廊体现着一种宇宙般广阔的特征感。它把宇宙的秩序和生命的历史结合在一起,整体建筑空间被用来象征人类在广袤宇宙空间的存在,使人类自身的体验成为一种得到神授权力的探索与征服。

在罗马景观与聚居地帕拉蒂诺山的第一个聚居地被称作罗马的四方广场,它被划分为四个部分,一个叫做“脐”的深坑代表着它的中心,“脐”也就是世界的意思,象征着一种与冥界力量的接触。在此,景观与聚居地的组织具体地表现了一种宇宙图像,而城镇则趋向于一个小宇宙,成为固有宇宙秩序的具体化。

向人文主义文化寻求力量的文艺复兴时期建筑

在现代工业社会条件下,马克思所说的“作为人的人”这一以人为本的基本需求被忽视了。面对把人当作机器或生物的冷酷现实,人们更加强烈地渴求人性与人情的复归。随着现代工业社会危机的加深,这种渴求愈来愈成为时代的普遍要求。作为“第三次浪潮”的新技术革命,成为早期人类文明的否定之否定,而环绕在周围的高技术愈多,我们就愈渴求回归自身的情感,体现在建筑设计中即要求建筑返璞归真,用人的高情感去平衡高科技,成为现代的而又回归自身的源泉。

向古典文化寻求力量

在早期人文主义者之前,维特鲁威思想体系的重要性并没有被人们所认识,正是通过这些人文主义者的努力,建筑学的理论体系才在古典主义基础上萌生出来,虽然不能够取代维特鲁威,但从知识价值的重要性上却远远超越了他。

拜占庭时代的圣玛利亚教堂,显示出数学的非凡壮观,亦显示出比例与协调不可击败的力量。拜占庭的希腊,注重于精神的纯创造,此时使从事建筑设计成为一件令人愉悦事情的原因便是量度。将建筑分解成有韵律,由同等气息赋予生命的量,使统一的精细比例处处得以贯彻。每一个人都可以被视为一个特殊的现象,经过一系列长长的阶段或是偶然地或是按照一个未知的宇宙脉搏才最终形成的。

中世纪的"艺术意图"向着神学的理念发展,只是将比例与数等作为一种基本技术手段。这一时期精神性空间让位于作为具体容器的空间概念,表现出对古典,特别是罗马精神的回归。它所建造的建筑物的平面与立面,是通过一些数量不多的集合规则发展而来的。这一时期既不能也没有产生自己的建筑学理论。其城市的完美在于它是"上帝之城"的生动体现。中世纪的地图中并没有反映世界的本来面目,而是描绘了基督教的世界图像。通常耶路撒冷被放在中央,有时甚至整个地球都被画成基督的身体,他的头朝东,脚朝西,手在南北两侧。

与中世纪的前辈一样,文艺复兴时期的人们显然也相信存在着一个有秩序的宇宙,但二者对秩序概念的诠释却截然不同。后者不再通过在神的国度里取得自身位置而获得安全感,而是以数字语言构想了一个宇宙,建筑则被视为是让宇宙秩序变得更为可见的数学科学。

文艺复兴时期的人文主义建筑师们重新向古典文化寻求力量,对他们而言比例理论可能具有不可估量的价值,其对比例理论推崇备至,甚至到了无以复加的地步。这些建筑师把人体比例与建筑物或建筑物某些部分的比例等同起来,以便论证人体与建筑物的对称,建筑物中具有人类特点的生命力量。对维特鲁威的崇拜和对古典文化的浓厚兴趣,使建筑理论呈现出毕达哥拉斯与维特鲁威二者的结合,黄金比兴盛一时。建筑物的居住者——人,通过四肢间的比例而与之结合在一起,与建筑物之间建立起微观世界的联系。达·芬奇以理想形状——正方形和圆形表现人体比例著名的绘图,就是把这个概念发扬光大;如同人体是建筑物的一个微观世界,相反建筑物也是一座城市的微观世界,乔吉欧的图解明白地把人体比例和当时的建筑连在一起——将中殿加长的集中式希腊十字形教堂平面重叠在一个人体上。图 3-5 由此可以将整个城市想象为一个巨大的实体,如同绘画中所表现的那样,人体、建筑、城市以及宇宙都是相互的表现物,其安排都遵循着与人体头、身体、四肢等等同样比例关系的规律。把这些理论统合实行的建筑师阿尔伯蒂、布拉曼特和帕拉第奥,将等级的空间表达称为分配,努力致力于古典建筑与柱式的探索。其中阿尔伯蒂对柱式形象来自人体深信不疑,甚至把柱式檐部的侧影直接比拟于

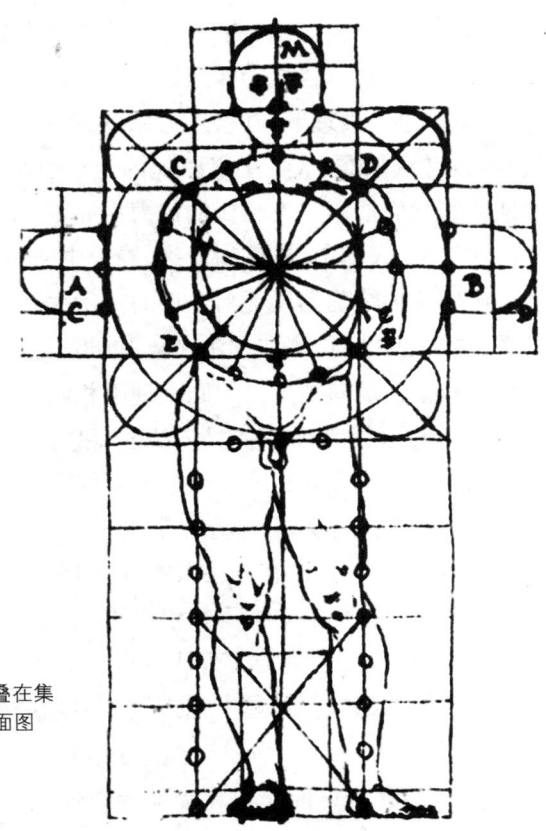

图 3-5 迪·乔吉欧:人体重叠在集中式十字形教堂平面图

人脸。并且他与达·芬奇对人体比例进行了新的发展,力图将该理论推入经验科学的行列。

从"人性的神"到"神性的人"——向人文主义文化寻求力量

建筑是一件行为艺术,一种情感现象,在营造问题之外并超乎它之上。营造只是为了把房子建造起来,而建筑却是为了打动人。当作品合着宇宙的节拍震响的时候,我们顺从、感应和颂赞宇宙的规律,在二者达到某种协律时,建筑作品就征服了我们。

十七世纪上半叶:"巴洛克古典主义"的拥护者贝洛里提出至高无上的永恒智慧:大自然的创造者在塑造他伟大的作品时,通过在天国中观察自己,并将那些称作为理念的原始造型组合在一起,因此每一种事物都通过自己的原始理念而表达了出来。在他看来,艺术存在于与内心理念的无限趋近之中,这理念多起源于对神圣自然的深入思考。作为一名"优秀的建筑师",上帝正是以其"理想的可以被理解的世界"为原型,创造了这个"可以感知的世界"。鲁道夫·维特考沃尔在《人性主义时代的建筑原则》一书中,深入研究了文艺复兴时期建筑师们惯用尺度和比例的内在原因,指出自然界的一切生物都有一定的内在比例,人体中、星系间、音乐旋律中,建筑若想达到相对的完整性,也自然应沿用这种精确的尺度与合理的比例关系,只有同生物几何尺度产生内在联系,建筑的几何尺度和比例才会更加完美。

在将希腊建筑同柏拉图的原型理论相联系时,我们首次接触到了理想形式的概念,对柏拉图来说"宇宙"、"秩序"和"美"都是同义词;毕达哥拉斯则用"万物皆数"来解释宇宙的和谐。在哥特时代,上帝被看成是与人相近的,从"人性的神"到"神性的人",仅有一步之遥。文艺复兴时期神的完美不再存在于对自然的超越中,而是在于自然本身。自然的美丽被理解成圣道的体现,而人类的创造性则被赋予与神具有相似的重要性。对人神关系新诠释中的自信带来了人类创造力的大解放。人认为自己是伟大的,是全才。神化和升华成为文艺复兴圣像画的主要母题。由此这一时期的建筑获得了一种新的精神向度,成为了十六世纪意大利风格建筑师所关注的焦点。由于人具有不确定的天性,因此他们既有可能会退化为低等兽性生物,也有可能会升华为具有神性的高级形式。文艺复兴时期的人们必须通过道德行为来证明自己的神性。阿尔伯蒂将创造美和有尊严地生活看作是人的主要目标,他认为如果人能够真正意识到自身的存在,那么他足以自豪。建立在对人的道德和智商能力信任之上的人文主义文化,是文艺复兴时期主流的主要基础。它不仅仅意味着古希腊文化的再生,还意味着匀质空间新概念的产生,实现了基督教与构成其核心思想的柏拉图哲学的融合。

这个时代的建筑师注意到:大自然显示出一种惊人的一致性。一个建筑物可以将大自然与上帝的基本法则反映到其尺寸上,所以一座比例完美的建筑物乃是神的启示,是上帝在人身上的反映。实际上这种观点正与我们今天所研究的"全息学"概念若合契符。所谓全息,初指全息照相术,它在显示形象方面具有独特优点。与照相术不同,全息照的像不是物体的"形象",而是物体的光波,这样即使物体已经不存在了,但只要照明这个记录,就能使原始物体再现。1980年,张颖清①明确提出生物全息律,认为生物的任何一个小的局部都包含了整体的缩影。继之又提出"全息胚"、"泛胚论"等概念。宇宙万物是由无穷多个包涵着全宇宙信息的"宇宙遗传因子"复制而成的,因此,在宇宙中,从生命体到非生命体,时时处处都包含着整个宇宙的信息。这就是宇宙的全息现象。根据陈传康教授②把宇宙形成的大爆炸学说与易学相结合,得出如下结论:在全息发生中,天、地、生(生物)、人、社会都存在着一些反映宇宙全息的全息元。

　　文艺复兴时期的艺术家们在具有强烈复古倾向的同时,更进一步追求把艺术发展成充满感性的主观的视觉形式。此时的建筑活动并不是对古典建筑的复兴,而是对古典建筑的一种延续。欧文·潘诺夫斯基③的研究指出,从埃及—古代—中世纪—文艺复兴,人体比例理论所反映的内涵实际上是一个艺术主观性原则逐渐获得主导地位的曲折历程,而人体比例本身已被艺术家和艺术理论家所摈弃,只能留待科学家们光顾了。在古代,比例与人体联系在一起;文艺复兴时期则力求几何上的精确再现,并发展出不同的"投影制图法"。哥白尼的出现打破了以地球为中心的集中式宇宙图像,将经验主义的匀质空间与理想主义的集中形式结合到了一起,使作品兼具宇宙性与人性,令人从中体悟到对中世纪纵向发展的厌恶之情。这一时期产生了另一种逻辑,相信存在秩序化的宇宙和神性的完美,以形式完美代替了功能意义。依照阿尔伯蒂的说法,最完美与神圣的形式就是圆,建筑作品由此而成为宇宙秩序的象征。帕拉第奥也认为人类所创造的小的庙宇,应该摹写宏大的事物。事实上,中心、圆形和天堂般的穹顶这两种基本建筑语言,都是用几何化形式来诠释宇宙和谐的概念。无数建筑师用建立理想城市的方式对城市问题进行分析论

① 张颖清:1947年生,张颖清,1947年生。山东大学教授,山东大学全息生物学研究所所长,国家级有突出贡献的中青年专家,全息生物学的创始人和创立者。20世纪80年代,张颖清创立了全息生物学,研究全息胚生命现象的科学。

② 陈传康:1931年生,潮安县人,我国最早从事旅游地理研究的地理学者,被誉为"中国泰斗级旅游地理专家"。他经多年研究,开创性地提出"普通全息学"即(一)部分能映射整体。(二)时段可以映射发展过程。(三)四维失控域或多维抽象"域"要映射统一形成过程。这三个结论,正是解释易经预见测后的元科学基础。

③ 欧文·潘诺夫斯基:20世纪美国著名美术史家,代表作《西方艺术中的文艺复兴与历次复兴》、《图像学研究:文艺复兴时期艺术的人文主题》等论证了文艺复兴概念本身及其美术的发展,为我们多方位了解文艺复兴美术史提供了颇有价值的研究。

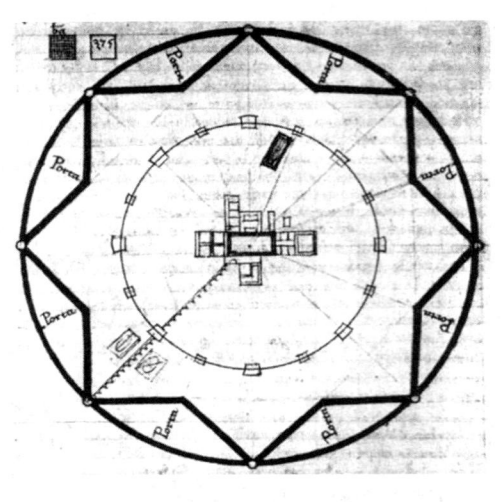

图 3-6 斯弗金达城平面

述，旨在创造完美的形式。1593 年由萨沃嘉诺和斯卡莫齐设计了第一个理想城市帕尔玛新城；阿尔伯蒂提出："对于所有城市来说圆形是容量最大的；菲拉雷特设计的斯弗金达城图 3-6 采用一个以集中式教堂的广场为中心的带内接星形的圆形方案；乔其奥结合经验主义和理想主义对城市进行集中式布局的方法……这些新城市内部空间观念都被表述为一种对于普遍性几何化的愿望，由建筑限定的街道和广场看上去都由同样的立体单元组成，它们成为了对文艺复兴时期宇宙和谐最有力的表达。

　　对这一时期的世界观本质而言是移情的，威廉·沃林格肯定持有这种观点[1]图 3-6，他写道：就古典人而言宇宙不再是陌生的不可企及的和神秘崇高的事物，而是他自我表现栩栩如生的实现，正如歌德所说，他在其中看到了他各种感觉的对应之物。这一论断也为阿尔伯蒂的话所支持。阿尔伯蒂认为：不应该尝试超出人类之外的所有事物，也不应当着手一切那些可能直接与自然发生冲突的事物。古典人所想象的外部世界的秩序与和谐，是他的自我投射。因此，我们可以作出如下结论：文艺复兴的人文主义事实上确实是以移情为其特征的，与所有移情一样也带有抽象的无意识潜流。文艺复兴对人性以及宇宙中人类中心位置的关注，体现在一种新的人体意识中，这种人体被视为具有潜在美并且是极其令人感兴趣的事物，同时也是值得称颂与精细剖析的。具体到建筑中，这种关注通过制定各部分之间的比例关系、中心规划或将圆与方结合在一起等几何学方式得以表达。

① 威廉·沃林格：德国艺术史家。代表作有《抽象与移情》和《哥特艺术的形式》，先后出版于 1907 年与 1911 年。两部著作一经面世，就在德国当时的先锋派艺术家，尤其是表现主义艺术家圈子中引起强烈反响，波及整个欧洲，被学术界公认为德国表现主义运动时期最重要的艺术学文献和理论指南。

"维特鲁威人"比例理论的延续与发展   公元一世纪维特鲁威的公式把比例追溯到古希腊人体数学规则,这种规则由建筑师与雕塑家具体化为柱子和柱头与整体不同部分的关系,继而具体化为建筑,将著名方圆结合的"维特鲁威人"图示成为完美比例的指导。文艺复兴时期的理论家们在此基础上向人文主义的古典文化寻求力量,对柱式形象来自人体深信不疑,从阿尔伯蒂、菲拉雷特、弗朗切斯科·迪·乔其奥到莱昂纳多·达·芬奇,都赞成这种类比,认为住宅和宫殿都是跟一切有生命的东西同样的有机体,并在此基础上延伸自己的建筑理论。所有建筑量度与比例,也都是从人体中演绎而来的。他们重新在建筑上严谨且规范地使用柱式。15、16世纪意大利的几位学者型建筑师给五种柱式制定了详尽规范:阿尔伯蒂把混合柱式定型;赛里奥真正系统地注释了五种柱式的规范;维尼奥拉、帕拉蒂奥和斯卡莫齐等人所绘的图示也均相差无几。此外,维特鲁威为建筑所定义的三大构成因素,到15世纪时仍被阿尔伯蒂沿用为"实用、坚固、美观",在此基础上将内涵与外沿进一步深化适为"适用"、"便利"、"舒适";而美观的概念也被进一步细分为尺度、比例、均衡、对称、和谐、得体,甚至个性等一系列审美观念。

阿尔伯蒂关于"比例"的概念,与维特鲁威的均齐概念大致相当,也包含着我们现代人关于比例的思想,但却具有更为广泛的涵义。在他看来,如同自然界中其他规律一样,比例具有某种衡定性。"自然总是在所有方面保持着同一性。"他始终将自然本身作为建筑的范型和准绳,以此来衡量自己的创造物。就人体而言,维特鲁威和阿尔伯蒂都将6视为一个人身高的英尺数。10是两只手的手指总数,16是手指的宽度,它们构成一英尺。因此,从圣塞巴斯蒂亚诺教堂的主要比例——6:10:16,既可以看作维特鲁威所识别的三个完全数的体现,也可以看成是数论与源自人体的各种尺寸的结合。

菲拉雷特有关人体测量学的思想从他沿用将人体叉开置于一个圆或方中的"维特鲁威人"中即可以看得很清楚。按照他的说法:亚当所建造的第一座原始棚舍的高度,是根据人身体的高度搭造的,因此这座原始棚屋的比例也是依据着人的身体尺寸与比例而确定的。菲拉雷特曾将人体比例变成了一个具有决定性的参考尺度。作为纯粹人体测量学最早的代表人物,他强调了建筑学是由人和人的身体、四肢、人体比例等演化而来的。头部,作为人体最高贵的部分,变成了一个标准的度量单位,一个基本模数。图3-7、8

图 3-7 菲拉雷特:亚当原始棚屋的创造者

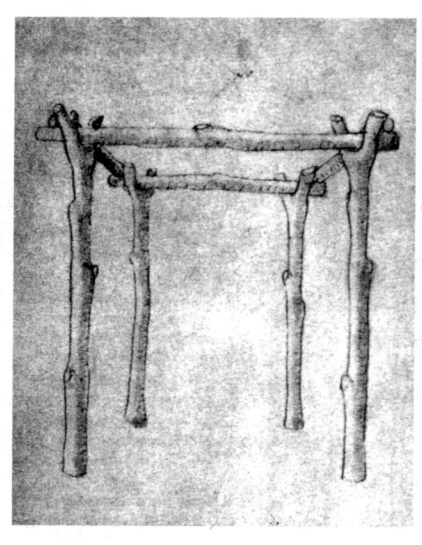

图 3-8 原始棚屋的木构架

他从两重意义上谈到了柱式与人体的关系问题,并将柱式与原始屋二者的起源联系在一起,以五种不同的人体比例为基础,探讨了由各自特性而产生的差异。根据他的认识,人类的度量特征有五种,其中多立克柱式是"大量度"的,有九个"柱头"高——在菲拉雷特的柱子中,人和柱子、人的头部与柱头部分,在思想上是可以互换的;而爱奥尼柱式是"小量度"的,有七个柱头高;科林斯柱式是"中等量度"的,有八个"柱头"高。多立克柱式是最早的,也是最为完美的柱式形式。亚当作为上帝按照自身形象所创造的人类形体,成为多立克柱式的原型。菲拉雷特进一步阐释了阿尔伯蒂关于变化性表现人的个性差别思想:如同人与人之间的差异,每一座建筑也都应该是独一无二的:人们将不可能看到任何一座建筑物,或任何住宅、房舍,在外观、形体与美感上,是完全与另外一座建筑相类似的。在他看来,建筑师应该是一个兼有科学家与人文主义者双重特质的综合人物。应用人体测量学的方法,菲拉雷特在获得某种建筑模数方面也取得了成功,成为柯布西耶"模数人"思想的先驱者。

文艺复兴的"理想城"理论与思想发展无疑是引人注目的。图 3-9 弗朗切斯科·迪·乔其奥追寻沿袭了阿尔伯蒂和维特鲁威的人体测量学观点,即每一种艺术与计算都应该是从比例优雅的人体中

演绎而来的。在他的建筑与城市理论
中进一步运用有机性术语进行了表达
陈述：巴西利卡具有人类身体的形状
和尺度；城市也相似；城市具有人类身
体的品质、尺度和形状，乔其奥以绘图
表现了一个被放在大教堂平面上的人
形，城市的平面用肚脐靠近主要广场。
在规划"城市的身体"时，他认为作为
城市"最高贵的组成部分"，城堡应该
处理得像人的头部那样。在关于这一
概念的图例中，他设想了一个包裹着
男性人体城市的平面，而男人的头部
矗立着一座城堡。图 3-10 在图例中他
直接运用了菲拉雷特的思想，将"维特
鲁威人"的圆形与方形引入其中，以表
示与人体的一致性。他宣称：所有建筑
量度与比例，都是从人体中演绎而来
的。在他有关古代的各种类型神庙概
述以及现代形式的教堂描述中，我们
又一次看到了受到人体比例启发而来
的平面形式。其中的圣坛部分被理解
为是人的头部：一座巴西利卡具有一
个人体的形态与比例，正像一个人的
头部是整个身体中最重要的部分一
样，圣坛部分也必须是最为重要的部
分，相对应于一座教堂的头颅。通过对
人体头部与神庙建筑柱顶楣子的比例
分析推演，乔其奥仍然将人体测量学
的原理加以深化，在神庙建筑的每一
个细部中，他都能发现并度量出与人

图 3-9 佛罗伦萨

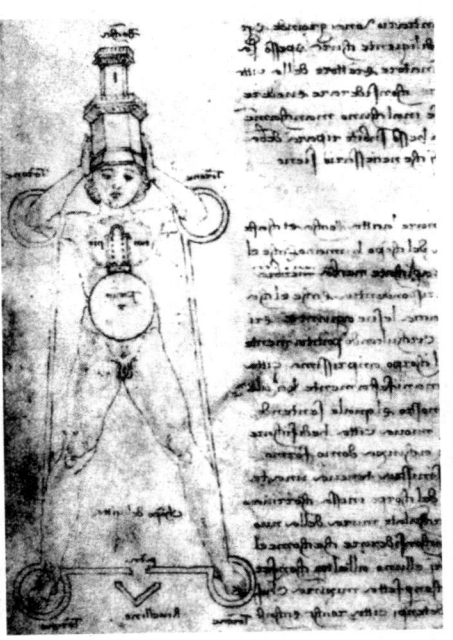

图 3-10 意大利都灵"城市的身体"城堡

体相关的比例。另一位建筑师卡塔尼奥首次将城镇规划描述为建筑的中心任务，并进一步运用象征性手法，采用正方形、正多边形或将大教堂和那些最重要的建筑占据其中心的棋盘格式平面布局。与迪·乔其奥一样，他也将城市比作人的躯干，如果加上四肢，就会本能地渴求一个完美的造型比例。

另外，迪·乔其奥还将柱式从人体的比例中实际地推演出来，并且解释说柱子身上的凹槽在数量上是基于人体的肋骨数的，还以同样一种基本思维方式对一些规范及几何形范例、特殊种类的建筑物和机械构造等方面作出解释，提出了诸如丘比特主神庙和领主宫殿等一些极具想象力的工程项目，追求一种外形与平面完全对称的表现手法。

帕西奥里在前人基础之上，将维特鲁威与弗朗切斯科·迪·乔其奥的观点加以综合，从人体出发，演绎出了建筑的每一个量度与形式，并通过它揭示了"自然的内在秘密"。在神圣比例中，他步欧几里德的后尘，将"黄金分割"作为"神圣比例"，在文艺复兴时期这一比例关系并不被瞩目，人们更倾向于整数的算数比。他重复了乔其奥所描绘的以大本营为头部，类比于人体比例的城市概念轮廓，圆形与方形也被保留为"最重要的形式"。他对柱式的理解甚至在沿袭维特鲁威的基础之上赋予了某种心理与感情的要素：爱奥尼柱式表现了忧伤与抑郁，而科林斯则代表了愉悦与欢快。

莱昂纳多·达·芬奇的思路综合了维特鲁威、阿尔伯蒂和弗朗切斯科·迪·乔其奥等人的思想，绘制了最令人信服的"维特鲁威人"，将"圆中人"与"方中人"综合为一个完整的图形，反映出了西方人在人体与比例问题上的深邃见解。他将其描绘为一幅中世纪的宇宙哲学：在上面关于人体的图示中，通过对其四肢的研究，我们将学会如何与大地上其他东西找到一种同构。这一图示在伯鲁乃列斯基所设计的佛罗伦萨的圣马丽亚·德利安杰利教堂以及阿尔伯蒂所设计的曼图亚圣塞巴斯蒂亚诺教堂的中心化教堂中都被加以了充分清晰的表现。

在建筑理论界富有影响力的建筑师布隆代尔，也强调了"比例学"在建筑学中是必要的，他认为建筑的比例源于自然。而当他分析建筑比例和形式时，却又回到了文艺复兴的"神人同形同性论"，在维尼奥拉的塔斯干柱式图像中加入了一个人体轮廓。

维特鲁威在法诺的巴西利卡第一次用平、立、剖面的形式对此形式进行了说明。此后,由伯拉孟特所设计的米兰圣马利亚·迪·圣撒地诺的教堂立面,由佩鲁齐设计的卡比大教堂立面,以及由切萨里亚诺在米兰设计的圣塞尔索教堂,都被认为是这幅图的原型。在这幅图中,维特鲁威为上面提到的所有建筑,即巴西利卡提供了一种建造的方法。切萨里亚诺将维特鲁威的术语如平面图法、正字图法和全景图法用米兰大教堂的一个平面、剖面与三角形的立面完整地表达了出来。

几何学中的圆与方是人体在文艺复兴时期建筑中的第二种表现形式。在这些理论家们看来,圆形和正方形这样的基本几何形式是最为完美的,圆环的形式之所以重要,是因为它象征了宇宙运转所围绕的圆环形式。阿尔伯蒂、菲拉雷特等人认为无论圆形、球形、方形以及每一种其他的形式,都是从人的形体中演绎而来的。圆的形态表现为简单、一致、均匀和富于张力,是包容宏阔的象征。圆形使得唯一,无限的本质,统一及上帝的公正等抽象之物变得具象而可以触摸。自然最钟爱的是圆,其次为基本的规则图形:六边形、正方形、八角形等等。在这些建筑理论家们看来无论圆形、球形、方形,以及每一种其他的形式,都是从人的形体中演绎而来的。

与自然有机体的类比 人们对美的东西有自发而毫不勉强的兴趣,这种观察兴趣初步的表现是很使人愉快的。通过那些包围着他,深深影响着他日常生活的事物,得到绝妙的无意识体验。文艺复兴时期的建筑师们将大自然中的有机体和宇宙作为创作中模拟的基本形态,并且将度量与比例——被柏拉图视为是宇宙之灵魂和躯体的特征应用于教堂与宫殿。哲学成为衡量建筑的标准,房屋成为宇宙与自然法则的一种表示法。对他们来说,建筑是名副其实的人体,这种有机类比胜于纯粹类比,通过人类形态学方式的形象化表现,或具体化的几何形,建筑甚至城市以真实的感觉变成了人体。例如一种可能是通过由拜占庭而流传下来的,对于古代传统的反映形式,通过以鼻子的长度对人面部所进行的划分在建筑中依然可以被看到;在兰斯大教堂粗糙的当代彩色玻璃中,几何形网格与维拉德的一个头部形象恰好吻合……

阿尔伯蒂将建筑视作一种由线条与材料组成的形体,其中线条来自人的心灵,而材料则来自于自然界。由于人身体的各个部分应该彼此对应,因此一座建筑物中的一个部分与另外一个部分之间也应该是彼此呼应的,从而避免使其陷入过分拘泥的错误之中,同时也避免了造成一个四肢比例失衡的怪物的可能性。设计者应具有一种使建筑处于可选择的开放状态之中的心态,在整体美及主体设计不相矛盾的前提下,可以允许一个构件与另一个构件之间有完美的组合……阿尔伯蒂以身体为类比,将建筑看成是一个有机体,并曾声称柱子或支撑体,是建筑中的结构"骨架"。这样一种本质应该具有某种属于它自己的力量与精神,这一来自建筑所有组成部分的力量与精神是一个统一体,或是一个混合体,否则,组成部分间的不和谐,可能摧毁建筑整体的统一性与美感。阿尔伯蒂的论述"建筑的各部分应该被安排得与一个动物的各部分相似,例如所见到的,就一匹马来说,它的各部分是同等的美丽而有效的";"建筑在它的整体上像是山,其各部分所组成的人体"①等也都从不同侧面反映了部分对整体的关系,主导着他关于美的著名定义,为维持这种部分与整体的微妙平衡,应使之处于既不能增加也不能减少任何东西的状态下,这一形态被扩展到所有有生命的身体图 3-11。

他还从模仿自然的角度出发,提出就像从未有哪种动物以非偶数的爪子或蹄子站立或行走,人们也绝不会将结构的骨架,如柱子,转角以及相类似的部分处理成非偶数的形式;相反如同自然本身所表现的,孔窍数目却总是一个非偶数,即动物将它们的耳朵、眼睛、鼻孔分别放在两侧,但其最大的孔窍——嘴巴,却孤立位于中间,这也同样适用于建筑造型。

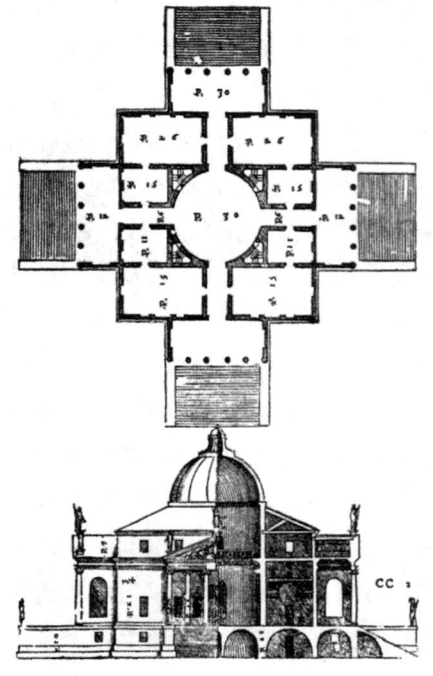

图 3-11 帕拉第奥 圆厅别墅

① VidlerA.,*Building in pain—The Body and Architecture in Post-Modern Culture*,A.A.Files No.19 (spring1990),p3 ~ 10.

与阿尔伯蒂相比,菲拉雷特的"神人同行论"思想又转向了另一方向——在这里建筑本身被等同于一个生活着的有机体。人体,包括洞、入口和导致它的恰当功能的深层空间,以同样方式,建筑的门和窗形式具有人体器官的性质。作为建筑,城市也是如此:正像眼、耳、口、血和内脏一样,各种器官被安置在体内或围绕身体作为它的需要和必要的动能。更令人惊讶的是对他而言,建筑不仅仅是由人体的比例演绎而来,而是以一种更为隐晦的方式,模仿人的机体与性能,甚至像人类一样,建筑也可以生长、患病或死亡。菲拉雷特还将阿尔伯蒂的某种类比演绎成为一种精确的表达。他显示了一座建筑物其实是一个实在的生命体,恰如人体需要营养一样,为了使建筑得以生存,必要的营养同样是不可或缺的;如果缺乏营养,建筑也同样会生病乃至死亡,因此就需要由一个好的医生的诊断与看护。换句话说,当一个人缺衣少食时便会一步步走向死亡;如果不能小心维护,建筑物就像是人一样,会一天天地走向衰败。但是,如果在它"患病"之际,有一位好的医师——即一位训练有素的建筑匠师对他勤于维护与修缮,建筑便会体魄健壮,延年益寿。

帕拉第奥代表了新柏拉图主义关于真、善、美三者相统一的观点,认为建筑就是理性、简洁与古典的结合。任何违反理性的事物,也都是与自然和"艺术的普遍与必需的原则"背道而驰的。他的著作《建筑四书》中美学观念也在很大程度上依赖着维特鲁威与阿尔伯蒂。将美观定义为整体和各个部分之间,各个部分相互之间,以及部分与整体之间的相互联系,一座建筑物就是一个完整而独立的人体。然而他更加强调对建筑的真实体验与理解,认为建筑是"对自然的模仿",因此,需要"简洁",以达到能够"接近另一个自然"的目的。一座美的建筑同时也是一座真实而良好的建筑。他还把便利性的概念和人类的机体进行了类比,将功能和美学方面的考虑结合在一起,反复强调各个部分之间,以及局部和整体之间,有机的和美学上的和谐一致。他把构图奇特比例简洁的建筑设计作为自身使命,强调人们应该能够从建筑领域中各种完美和谐关系中体验到大自然在各个方面所表现出的协调。

而弗朗切斯科不仅将人与建筑进行类比,同时也将人与宇宙进行类比,与盛期中世纪之间建立起一种沟通:人,可以看作是一个小宇宙,在人的身上,我们可以发现整个世界的所有完美之所在。他宣称所谓毋庸置疑的是,柱子拥有了人所具有的所有比例。广场成为了一个城市的肚脐,正是从那里,各种食品被分配与发送。由阿尔伯蒂所提出的城市与住宅之间的类比关系，又被乔其奥与人体的比例联系在了一起，因为他认为人体本身包含着宇宙秩序的原理。在关于神庙与教堂的建设问题上，他夸张地提出了矩形，以及圆形与矩形相综合的平面形式。

人体的平衡、对称、比例的标准，以及优美和力量交织的功能，是建筑的基础神话。如乔费莱·司谷特在《人文主义建筑学》中所定义的：那种建筑的中心是人类的身体：它的方法，用石头写就人体喜爱的状态；精神的情绪沿着它的边界而见之于形，人类的权力与欢悦，力量与恐怖，以及平静均体现于其中。这种我们人类用自己的话来转录的建筑学就叫做人文主义建筑学。按照这种观点，具体化的古典传统与弗洛伊德用物理"代理人"的术语所描述的身体投射原始式样相一致。在这里，一个物体被赋予有机的性质，有机性质又允许它变成人体的代理人、替身并且具有人体的功能。这种投射经常通过以相对应的人体特殊器官术语对物体的描述得以实现。例如弗洛伊德用眼镜、显

图 3-12　G.米诺勒梯蒙沙的游泳池

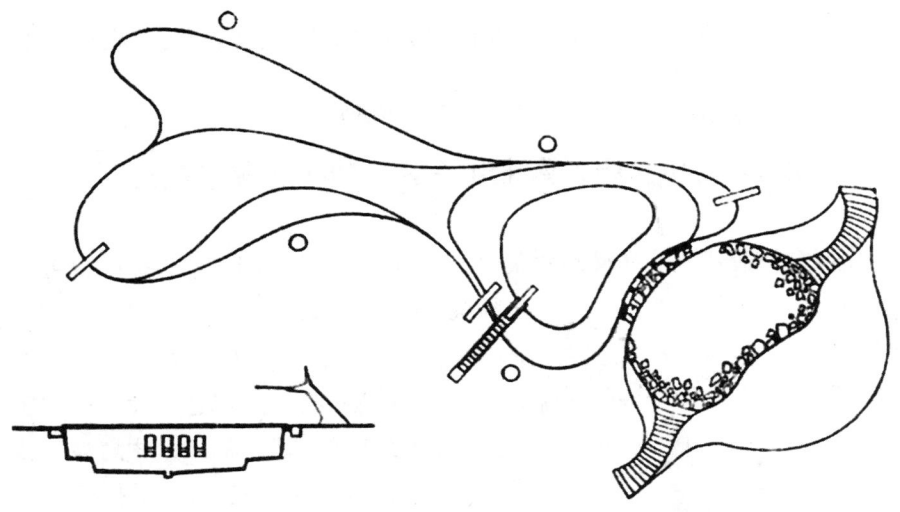

图 3-13 蒙沙的游泳池平面图

微镜、望远镜和照相机作为眼睛的替身。与之类似,在建筑上,高层建筑和方尖碑是男根的替身;而居住地和住房则是子宫的替身⋯⋯所有这些都有意或无意地代替与投射了人体这种有机形式。

如同人体一样建筑也似乎在有韵律地生长与发展中,所以建筑创作者的工作通常是有韵律的,这种韵律好像就存在于人自身体内,它导致了某种用语言难以表达,却是能让那些具有同样韵律感的人在身体与血液流动中自发感受到的规律。人类运动领域的变迁引导拉斐尔、米开朗基罗与丁托列托的人体绘画从严谨正面的格式变为更加富于运动与韵律的多种形态。在丁托列托的作品中人体以奇妙而舒畅的姿态出现,仿佛悬浮于空间之中。在他的绘画作品诞生四百年后,意大利建筑师吉·米诺勒梯以十分相似的人体韵律设计了在蒙沙的一座游泳池图 3-12、13。

由于使用与自然有机体,特别是人体的类比,建筑艺术使我们进一步感受到了和谐之美。建筑在它的领域里使用那些能打动我们意识的,易于满足视觉欲望的自然因素,并且把它们安排得能够以精致或粗犷,动态或宁静,淡漠或热衷等情感来清楚地影响人类,使之成为一种我们用眼睛可以清楚看到,用心灵可以度量到的形式。这些形式都生理地作用于人类感观,令我们的意识产生与自然环境的某些协调感,进入一个快乐的境界,跟统治与主宰我们一切行为的宇宙法则产生共鸣。在这种境界里,人就能充分运用他的记忆、观察、理解和天赋等创造才能。

现代建筑中按照人体比例关系确立的"人体模数尺"

比例是构成建筑美的最基本条件,而对尺度的处理则是建筑创作最重要的课题之一。早在古罗马时,建筑师维特鲁威就确定人体高为足长的六倍,"足"即为"尺"(foot)。文艺复兴大建筑家阿尔伯蒂在制定人体尺寸表时,也将标准身高定为六英尺。近代建筑大师柯布西耶曾据此分析人体,假定标准人体高为六英尺(72英寸 1.83米),高举左手,由手指尖至头顶高432毫米,头顶至腹腔节为698毫米,二者比值为1.618;由腹腔至足底为1130毫米,与上段的比值恰为1.618;再细分人体各部分,仍可出现无数接近1.618的比值。柯布西耶在1946年将人体这一比例折合数学后定为基本尺度,包括长短、面积、体积,设计出一种比例格,对推进建筑标准化和工业化作出很大贡献,同时也保证了建造中美的比例。图3-14

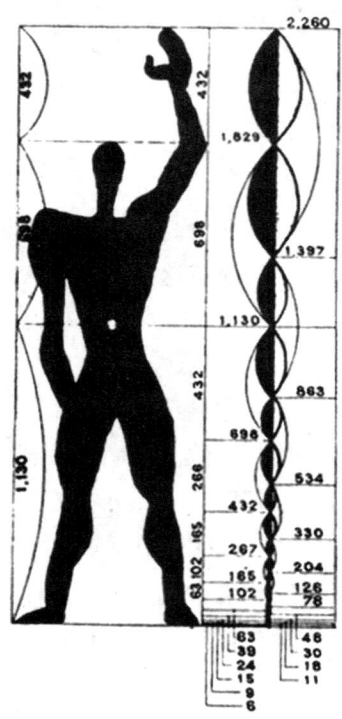

图3-14 "模矩人"1948年

维特鲁威曾将肚脐作为外接于四肢舒展之人——"模数人"的圆之中心,然而他并未提及黄金分割;在达·芬奇的绘画中,圆的直径与正方形边长的比率为1.2174:1,非常接近柯布西耶的比率89:72或1.236:1,即脚底到高举的手指尖与到头顶高度的比率。可见以上他们每个人都将一个合理的数学图表加之于普遍化的人体印象之上。而最终柯布则更为确切地将"模数人"定义为基于人体和数学之上的测量工具,一种将自然无限变幻经历与人类对秩序和统一性精神渴求的结合。

柯布西耶的"勒氏模数尺"

　　建筑有它固有的天生的比例方法。对勒·柯布西耶而言,建筑的奥秘在于几何学与比例,而比例同自然所昭示的黄金分割原则是相一致的,他宣称:当作品回响在我们之间,与我们熟知的宇宙规则和谐相处时,建筑艺术的情感油然而生,令人崇拜和遵从。他将几何学比拟为人的语言,人正是通过几何学和测量学而创造了秩序,并将人类双手所创造的作品带进了与宇宙相和谐的秩序之中。批量生产和标准化是他所提倡的这种秩序的象征,具体采用类似于"外科手术"之类的平整地形,并将平面几何化等方式。

　　在《都市计划》中,他以人体器官作为最后图示,其标题为"直接、精确和两个独立功能之间的敏捷联系",并且在《走向新建筑》一书中也讲述了黄金分割法。为了实现一种新的可遵循的均衡理论,他将黄金分割与一个标准人体尺度结合起来,并使这种度量系统不仅作为建筑计划编制的基础,而且还成为预制构件标准化和工业化生产的一般性基础。柯布将源自于人体的模数直接定义为:基于人体和数学之上的一种测量工具。一个双臂高举的人,在他所居空间的各个决定点——足、太阳神经丛①、头以及高举的手指尖上,提供了三个区间,引导了黄金分割数列,这一数列被称为斐波纳契数列。为把人的基本尺度与斐波纳契数列及黄金分割很好地结合起来,他假设一个人的标准高度(先是 1.75 米后为 1.83 米),从中试图找到一个算数尺度,作为所有工业和建筑维度的标准。蓝色与红色系列被看作是建立了一套普适性的规范。在马赛公寓以及后来的项目中,他都将这一模数体系应用于实践之中。如同早期的建筑和城市规划理论一样,他的这一模数理论也是一个相当教条的体系。柯布西耶运用模数尺中的尺寸修正了他直觉而得到的每个尺寸,并坚信由于源于黄金分割,"勒氏模数尺"既满足了美观要求,又适合于功能需要。对他而言,勒氏模数尺好似一把运用方便的万能仪,可在全世界范围内使人类所产生的各类产品比例达到既美观又合理的效果。

　　黄金分割支配着宇宙中存在的部分事物,包括植物、动物、人的骨架以及

---

①　太阳神经丛:位于人体腹部,因为它以肚脐为中心向四周展开,就像太阳散发光线的样子那样,所以被称之为太阳神经丛。

我们周围的环境构成等等。由于人的肢体是我们行为与所占据空间的唯一标准,所以他一再重申了基于人体比例之上模数的各个数值,描述为"在人体所占据的空间的各个决定点上,确定了人体:因此他们是以人类为中心的。"其含义在于:这一体系在源自于人体的同时,将必然产生一些对人体而言舒适而便利的数值。它以"决定点"——肚脐作为"人类中心"的象征性表达,但却是非生物学的,这与其说是与人类的生理相关,倒不如说是与神话和人体是宇宙之印象这一概念联系更为密切。因此,选择人体作为比例体系的基础不只是出于提供一个在人体测量上便利数值体系的务实考虑,而更重要的是体现了他与将人视为宏观宇宙的古典主义观点密切联系的结果。

与之相类似,建筑师柯·克林特早在 1918 年就曾设计过一整套既适合人体尺寸又能满足人们需要的商业家具。在早期研究中他也已发现我们日常生活的许多物品诸如床单、桌布、餐巾、盘子、杯子、叉子、汤匙等。许多家具如不同用途的各种桌高、椅高等等也以人体尺寸作为基础的标准尺寸。克林特的目的只在于运用科学的方法来确定建筑合乎自然规律的尺寸和使它们相互协调的方法,而不是去找到一把可以测定所有物品的魔尺,按照事先确定的比例没有余数的整数划分。今天仍有许多设计人员正在沿着同样的思路工作,在大批量生产成为一个支配因素的世界里,建立人体比例为基础的标准是绝对必需的。

诗人保罗瓦勒里在《艺术物语》中认为建筑的效果,依赖于数字和人体测量学。他借苏格拉底之口提出:建筑艺术构筑了一些自身很完美的世界,以至于让人们无法想象;然而,有时候它们又靠近真实的世界,接近于我们人类自身,从而在部分上与其保持了一致性。费德罗斯形容一座庙宇是"我所愉悦地深爱着的科林斯少女的数学形象","获得实际效果的武器"……这些都从侧面反映了建筑理论与实践之间的联系。柯布西耶把建筑建立在代数、几何与比例世界中的法则,不仅在法国,而且在整个西方的现代建筑理论中都占据了主导地位。

1927 年,德意志制造联盟在斯图加特举办了一个名为"居住"的展览,它首先关注的是建筑的意义,即如何给予人类一个存在的立足点。展览用一组住宅来展示现代主义运动所构想的新生活环境。在魏森霍夫社区里无论是密斯的精确优雅,还是奥德和斯塔姆克的简约,抑或夏隆的动态体量,都会使人

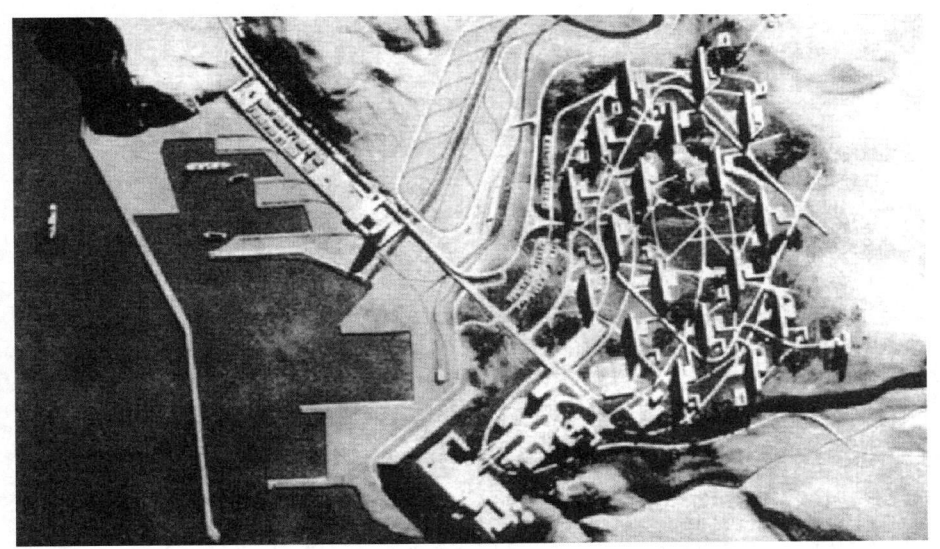

图 3-15 勒·柯布西耶的内穆尔规划 1934

体验到多种多样的舒适感与人体尺度，令人从中感受到功能主义建筑的人性化目标与潜在的丰富性。

　　虽然建立了较为精确的模数体系，但柯布西耶并不认为放置于绿地上的住宅单元能够自由地组建一个城市，因此在此基础上他又提出了生物有机体的城市概念：城镇是一个生物现象，它们有着心脏和器官，这些对于它们的特殊功能来说是不可或缺的。他将城市基本功能归纳为生活，工作，身心的培养，以及流通，还把市政中心作为一个城市要素引入，成为居住功能的辅助性延伸，最重要的还包括提出了交通分流的概念。为人类居住的三个基本类型给出了自己的一般性原则：即"农业生产单元"，"线性工业城镇"和"中心放射状的社会城市"。所有这些他都看作是通过道路相联系的结构性场所，在北非海岸的内穆尔设计图 3-15 就清晰地体现了他的这一想法。

　　马赛公寓作为"居住集合体"虽然只是一个独立的元素，但是其原则和观点还是针对现代人性化城市的发展作出了相当重要的贡献。马赛公寓以混凝土为材质，为建筑创造了坚实的外貌，粗壮有力的立柱代替了细长的鸡腿柱，宽大的遮阳板取代了抽象的表皮，令整个建筑看上去仿佛一个体量巨大的雕塑体。它就如同一个用强健双腿直立着的人，其中所有的个体单元都在人类

图 3-16 勒·柯布西耶的马赛公寓

图 3-17 勒·柯布西耶马赛公寓立面的男性

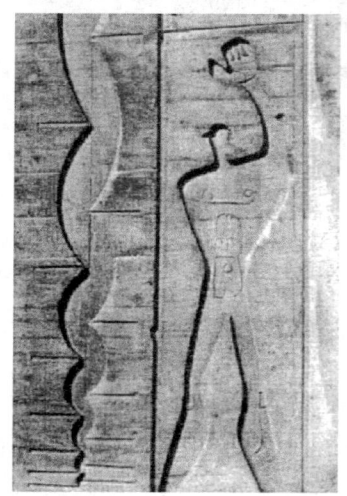

伟大力量的简单体现中得以昭显，而正是这种人类的力量让建筑成为可能。在马赛公寓住宅区一个单元的立面上，柯布西耶还特意放置了一尊男性浮雕，在他看来，这个男人体现了和谐的本质。它给出了人体的各种比例和以黄金分割为准的小尺寸，而这幢大楼的全部尺寸均源于这一人像图 3-16、17。

在《走向新建筑》一书中，作为源于自然属性原型的抽象理想化体量，柯布西耶将立方体、圆锥体、球体、圆柱体和棱锥体等视为"伟大的基本形体"，并认为建筑就是在光线下各种形体的巧妙而正确的杰出组合。其代表作萨伏伊别墅空间的丰富与动感完全被纳入于一个近似方形的体量中，实现了勒·柯布西耶对空间自由度和基本形式的要求，体现着启蒙时代人们对基本真理的探求。作为源于普遍自然属性的理想化体量抽象，这些形体均具有着高度而普遍的意义。

在朗香教堂当中他将封闭与开放的空间二者相结合，又将其置于满足功能需要的基础之上，创造出了一个向人类存在本质意义开放的洞穴，即一个真正的"意义中心"。朗香教堂将原型与文化价值和开放空间的现代观念融会贯

图 3-18 勒·柯布西耶的朗香教堂

通,完全为人们所理解,使人从中可以充分体验到对自然本原的回归图 3-18。

建筑的情感——创造人类世界的表现

　　人人都有同样的身体,同样的功能与需要。作为一种行为艺术,一种情感体验,建筑在营造问题之外而又超乎其之上。营造的目的只是把房子造起来,而建筑却更要打动人类的心灵,因而它是满足人类物质与精神双重需要的必需产品,这种需要由感情标准而决定,所有伟大的建筑作品也都终将以心灵的若干重要标准为衡量基础。

　　在审美领域里,人类的一切表现总是需要以一定兴趣作为出发点,兴趣又源于感观与理智,只有当各种不同的情感产生时才能唤起人们对所见、所感、所爱东西的记忆,掀起人们在生活中曾经体验过的激动。例如,当一张脸的五官比例和谐时,我们就会常常情不自禁地感觉到它是美的。正是这种比例和谐的美,激发了人类内心世界的共鸣。实际上,这块引发心理振荡的共鸣板预先就早已存在于人类内心深处,人类在它上面形成了与自然或宇宙相协调的有机体轴线,这条有机体轴线反映着自然界一切客体或现象的排列秩序,引导着人们去推测宇宙间行为统一性并承认原初意志。飞机、独木舟、乐器、涡轮机等这些在我们看来"有机的"现象均是实验和计算的成果,这说明如同某种排列在轴线上的生命载体,它们得到一个与人体轴线相一致的关于和谐的定义,最终将达到向普遍人类秩序的回归及与宇宙规律的一致性。以上便解释了为什么我们在看到某些客体时会感到满意,即当我们顺从、感应和颂赞宇宙规律时, 当作品对人们合着宇宙节拍震响并达到某种协律时,它就从内心世界征服了我们,这便是建筑的情感。

　　自然界的客体与经过计算设计出的产品,其形式和组织通常都是清晰而毫不含糊的,从中我们能够辨识、理解和感悟到其和谐之美。如果说自然界的客体是有生命力的,是经过大自然精心计算旋转并做功的产品,那么在建筑艺术作品中同样也需要这样一种清晰的结构与组织形式,兼有一个起带动作用的统一体为作品注入活力, 赋予建筑一个基本的性格与精神创造。康德认为:感觉从未并且不以任何方式促使我们认知事物本身,而只是认知它们的表象。所有的物体,包括它们存在于其中的空间,必须被看成是我们的心理表象,也只存在于我们的思维中。①建筑是创造人类世界的第一个表现,人们只有按照自然形象来创造世界,才能符合于统治自然与世界的法则。而在自然有机体中,人类身体又以一种最高决定论的方式体现了自然创造物的最佳表现,同时把一件平衡、合理制造物的安全性告诉我们;把无限模数化,进化与变化着的,秩序统一的安全性告诉我们。建筑是造型性的东西,是人们看得到并可以用眼睛度量的东西,通过以步幅、脚、前臂和手指等人体结构中最简单,最常见和最不易丢失的测量工具作为量尺来进行度量,创造了控制整个建筑物的模数,建立起一定量度、模数、秩序等标准化体系,因此这样的建筑物就必然会合乎于人类自身的尺度与量度,对人自身而言也意味着更加得方便与舒适。

　　由于在设计过程中还必须决定物与物之间的距离,这便进一步促使人们去发现了韵律,它们存在于人类活动之初,以一种有机的必然性在人类内心回荡,正是这种必然性使无论孩子、老人、野蛮人和文明人都能以不同的表达

---

① I. Kant, Prolegomena, p42～43。转引自(英)理查德·帕多万著,周玉鹏译,申祖烈校,《比例——科学·哲学·建筑》,中国建筑工业出版社,2005 年 7 月, p305。

形式画出黄金分割,并且积极地将理性的秩序和法则添加于其上,使宇宙从此带有了人类精神的烙印。如建筑大师阿尔伯蒂和帕拉第奥的毕达哥拉斯—柏拉图比例,勒·柯布西耶和其他现代理论家的黄金分割及斐波纳契数等等,这些比例展现的和谐韵律一直以来都是人类精神的创造物,甚至大多数建筑师至今也没有忘记伟大建筑起源于人性并具有人类本能的直接功能。

总之,作为精神与物质状态交织的双重产物,建筑必然是合乎逻辑并与周围世界相协调的,因而它们倾向于变得更为单纯并与人类所赞美的自然物同样契合于进化规律。在自然与建筑艺术领域中,追求美和完满形式的一切基本原理都包含于这一普遍法则中。作为至高无上的精神理想,这一法则也遍布于宇宙与个体,有机与无机,声学与光学,形状与比例等所有结构关系之中,究其根本在人类身体中得到了最充分的实现。建筑形态顺理成章地使用人体等自然物作为基本类比元素,遵从统治宇宙法则的数学计算结果与活的有机物观念,并且把它们依照规则互相协调,以此激发人类内心的情感,从而赋予人类建筑作品与宇宙秩序的永恒共鸣。

纵观历史,西方基于人体的建筑比例关系和建筑理论经历了漫长的历史积淀过程:从古希腊、罗马历经中世纪,到文艺复兴时期通过人文主义建筑师阿尔伯蒂、弗朗切斯科·迪·乔其奥、菲拉雷特和莱昂纳多等人的不懈努力,在古典主义人体类比的基础上建立起较为完善的建筑理论体系。从维特鲁威用来说明比例问题而使用的"维特鲁威人",到达·芬奇绘制的人体比例图;以及二十世纪勒·柯布西耶绘制的"人体模数图"可以说是一脉相承地反映了西方对人体与建筑比例问题的深刻理解。建筑历史也从最初对一个松散整体的具体化,逐渐发展成为一种描述人类与自然特征的精确体系,使建筑历史发展与人类个体心理发展达到协调并行。这种源于古代的发展历程,在原始符号系统拓扑方式的基础上,通过几何学的引入而使其具有了更强适应能力。在中世纪涌现出一种新的"精神上"的尺度,而文艺复兴和巴洛克时期及现代的人文主义建筑则更加努力追求一种自然、人类与精神特征的高度融合,在将建筑与人体等自然有机物类比的基础上,通过与建筑巨大体量的叠加与联结,创造出同人类心灵相贯通的经久不衰的伟大艺术作品。

第四章　建筑中
"人体改写"现象及分析

　　建筑的意义是物质和精神相结合状态的产物，是合乎逻辑建造的结果，并与周围环境相协调。它们倾向于单纯，与我们所赞美的自然物同样服从进化规律。由于人人都有同样的身体，同样的功能与需要，而艺术作品是人类为满足精神方面需要的必需产品，这种需要是由感情的标准决定的，所有伟大艺术作品也必然以满足心灵的若干重要标准为基础。

　　人类全部文化的意义就在于获取感知，因此在人类的一切艺术表现形式中总是需要引发人们一定的兴趣，尤其是在审美领域里，这种兴趣包括感观方面和理智方面。马克思认为社会环境会阻止人们通过自己的工作来实现自由，并让他远离真实的自我表现。它暗示了一个健康的社会应该通过表现自我而形成整个开放世界的一个完整部分。在历史的进程中，人们并不想迷失于存在的空间，也不想受限于世界诸生存关联的相互指引中，因此在从生活的无意识中醒悟以后，通过将人体象征性手法运用于建筑空间和周围环境，而逐步走向对人类存在这一事实的某种肯定。它导致我们反思、审视、品评和审美，在这种使我们获取生存感知的拯救性力量之中，令建筑空间成为更加人性化的艺术创造。

　　实际上，建筑空间作为身体延伸的根本地位在现代建筑思想发展初期就已确立。20世纪50~60年代以来，经典现代主义的权威性虽然受到挑战，但空间仍然是所有建筑的开端。1920年的现代主义运动时期的空间观念主要有以下三种：一、空间作为围合；二、空间作为连续体；三、空间作为身体的延伸。其中莫霍利·纳吉提出"空间作为身体的延展"，他认为空间是由与人的生命有关的感受力形成的，被人的运动及对生活的渴望所激活，形成环绕于人周围连续的力场。这种关于"空间"不同寻常的观点，不仅是海德格尔空间存在论之前的卓越先见，而且也与由德国哲学和美学影响所产生的建筑概念密切相联。它通过人体与生存场所之间的关联，使我们在从中获取生存意义的同时又归属于其中的存在本源，令空间中的任何现象都与这个生存世界活生生的人之间建立起整体相关联系，并不间断地把这种关联进一步地延伸给其他存在者。结果生存空间的意蕴由其整体的相互构成机制呈现出富于深度的人性化世界，融汇成场所空间意义的流动。

　　由于人体象征性在建筑空间中的隐喻，自然会唤起对人们所见、所感、所爱一切东西的回忆；它们可以掀起人们已经在生活中所体验过的激动、自然以及人对于世界的感受。因此，蕴涵着人类精神，以"人体改写"为基础的建筑创作自然就更能引发观赏者的兴趣与心灵共鸣。在从古至今的建筑设计中，人体象征性表现手法也是形形色色，从形态上大致可以分为具象与抽象两种。

人体元素在建筑设计中的具象直接运用

　　象征的手法，即通过一种事物引发联想到另一种事物。这种联想引发的事物当然并不是本身符号形式意义之所在，而是人的感染力所致。通过具体的形式特征而产生抽象的精神意义，是以结构特征相符度为基础的，而不求质的完全契合。如同黑格尔所描述的：象征型艺术作为一个基本的艺术类型，所担负的任务是将单纯的客观事物或自然环境提升为精神美的艺术外壳，用这种外在事物去暗示精神内在含义。建筑即是用外在于内容的现象去暗示它所应表达的精神内涵。建筑本身是一种物质对象，加在它上面的信息符号只能以朦胧的暗示来表达它的观念形态。

　　沙利文的"浓缩功能理论"强调了功能在自然界是生命的"动力"。这种功能被定义为人的思想和行为的应用；是人的内在力量之所在，也是将这些包含着精神的，道德的，物理的力量，应用于其中的结果。在以人性力量的哲学为基础的装饰体系中,沙利文发展了一套基于形式基础之上有机的具体的与无机几何的装饰语法,通过区分与扩张的重叠,人的力量以一种特殊形式将其自身呈现于这种称之为建筑装饰活动的行为之上。

查尔斯·穆尔和肯特·勃鲁墨分析了这种对人体的想象及其与建筑的关系,认为城市若是没有拟人化的诸方面,没有其"中心",即主广场(象征性的焦点),它也就像一座无人居住的空房子。他们以此为基础制作了一种模型,这一模型并不局限于视觉上的先决性,它具有格外丰富而可感知的人体意义。

人体元素在建筑中"形性相通"的拟人表现

拟人手法从古至今一直是任何文化无可争议的表现主题。古典主义建筑以石头描绘了人体的完美形态,而后现代建筑师则试图由表现相貌与人体来赋予无生命的建筑形式以活力和人性。近年来,这种古典拟人化隐喻又再现于众多后现代建筑中。隐喻主义又被称为象征主义,是指在满足建筑基本功能的基础上,将艺术造型的重要性放于首位,通过暗示与联想突出建筑的强烈个性。具体手法包括具体象征和抽象象征两种方式。例如"形性相通"的手法被经常运用于建筑象征主义的表达,其中人体元素在建筑中的具象表达在创作中屡见不鲜。这一手法曾在早期手法主义建筑中出现,一般表现为在建筑立面上暗示人体,人体器官或人的脸部造型。

即使现在缺少宗教和玄学之类的东西, 建筑艺术的精神功能依然存在。后现代派建筑师如同超现实主义画家一样,把他们的精神世界凝聚在隐喻之中。它们的译码或者是隐喻的,或者是明喻的:郎香教堂、悉尼歌剧院、TWA等都是典型隐喻而含混的自然形态象征建筑。近年来,不少建筑师开始使用一种过渡的隐喻,这一手法是从现代主义的有机传统中产生的——人体、脸部、动物形式的对称性正经历着演变为某种形而上学的基础。

文艺复兴时期,这种对人体的想象被通俗化地体现在建筑艺术上。20世纪70年代,文丘里在《向拉斯维加斯学习》强调历史文脉表现,重新唤起人们对历史文化的回忆与联想,进一步引发了人们对建筑隐喻、象征主义和通俗文化的重视,并大量体现于后现代建筑创作的视觉构成文脉之中。近来,后期现代建筑师也相当直接而又常常十分俗气地在建筑上运用拟人化的隐喻和形而上学。有时甚至把建筑直接体现为一目了然的明喻。

一个最广为应用的住宅建筑隐喻形式是人脸住宅,日本建筑师竹山实以及美国建筑师斯坦利·泰格曼 Stanley Tigerman 都曾做过了不少这一类设计。文艺复兴时期罗马佐卡洛府邸即是一例。日本建筑师山下和正也以这种传统在京都设计了一座荒诞不经的"人脸住宅"图 4-1,直接体现了将自身与建筑形式相比较的方式:将建筑立面与人脸,柱式与人腿,装饰细部与五官相结合,表现为一种天真然而庸俗的移情。格雷夫斯所作的环境教育中心也含蓄地运用了拟人化的建筑要素:木柱上的悬臂支架象征着人伸展的双臂;作为展室的木构小亭由双臂柱支撑小坡顶,好似三个守护卫士;侧高窗好比人眼。由于建筑图案恰如其分地与人体主题及结构意义相结合,使建筑整体显得自然而富于生机图 4-2。

1983 年文丘里设计的普林斯顿大学巴特勒学院的"胡应湘堂"图 4-3,是一座红砖墙面的二楼房。这座建筑的入口上方墙面,绘以一个形同中国京剧脸谱的纹样,新颖而奇特,丰富了现代建筑单调,统一,纯粹的建筑形态。

石山修武的幻庵,属于另一种有机造型。图 4-4 它把有机造型与建筑的意义进行了充分的整合,并使历史与现实产生巧妙的勾连。幻庵的立意是面向历史,面向遥远的过去,塑造神秘主义宗教气氛,但是建筑师的

图 4-1 山下和正 京都人脸住宅 1974

图 4-2 格雷夫斯 泽西城 环境教育中心外景 1983

图 4-3 文丘里 普林斯顿大学巴特勒学院 胡应湘堂 1983

设计手法却颇具时代感。在这座建筑中，石山修武几乎把所有元素都转化成别具意义的象征句法，一双对称的类似人眼的圆窗象征着北斗星，墙面象征高山，还有一些类似图腾的神秘图案，令整个建筑充满了神秘与梦幻般的情调。

在矶崎新设计的建筑立面中，人面图形也是一种常见的表现手法。有时采用抽象形式出现，甚至难以辨认。如福冈相互银行流本松分行、群马县美术馆展览大厅、富士县乡村俱乐部等。图4-5、6在福冈相互银行流本松分行中，建筑临街正立面装饰着方形铝板面材，上面有两个眼睛般的圆形通风口，铝板绕过外墙原角处，形成一层绷紧表皮人脸的效果。

此外,人体性器官也是许多建筑师所关注的重要表达方式之一。矶崎新认为男性与女性的二元论是崇高的，是他探索其他事物的双重媒介与工具。在日本和西方立方体和圆柱体等双重性，阴阳同体的两性人均揭示了男女性极

图 4-4 石山修武的幻庵

端的对立共存。在作品中，凡是使用明确的男性生殖器之处，他总是同时设置女性生殖器形式作为对立面。他的立方体隧道拱建筑形式也可以用男女二元论来作解说:立方体的加法形式是想象中的男性和完整性形象;而蛇形隧道拱则代表着女性和不完整形象。代表作品如 A 氏住宅和群马美术馆。图 4-7A 氏宅的活动厢房以男子性器官形象为原型,在里面布置门厅、气锁室、厨房和浴室,活动厢房如同一辆可移动的汽车,从侧面插入钢性框架的立方体,其上部与象征子宫的球体底面连接。矶崎新将 A 氏宅的象征主义手法解释为:"卧室的形状选用球体,因为它象征着子宫,然而这种形式是装在立方体里面的另一种附加的原始素材……固定的房屋象征着女性, 活动房屋象征着男性,

图 4-5 矶崎新 福冈相互银行六本松分行

图 4-6 矶崎新 富士县乡村俱乐部外景

这就是具有形式特征的一种隐喻。"图 4-8 活动厢房式的性幻想作为象征繁衍生殖的隐喻,用生物学的术语解说了丹下健三的线型都市结构的公共轴线构图,与黑川纪章的舱体房屋硬"机器"风格形成鲜明对比。实际上,早在列杜的"逍遥宫"图 4-9 设计和 J-J. 勒屈的"创始者神庙"中就都曾将人体性器官形式引入建筑。肖镇规划作为工业时代的第一个理想城市,在列杜所规划的不同"社会大厦"中有许多单体的设计也显得格外有趣,如在"爱之殿"中央树立着一个形似生殖器的象征物,旨在以建筑语言来表现这些建筑的功能。在解释自己的建筑实践时他说:"从某种意义,这是一种寻找自我的途径。"在其作品

图 4-7 矶崎新 群马美术馆敞厅阴阳同体的凹凸状态

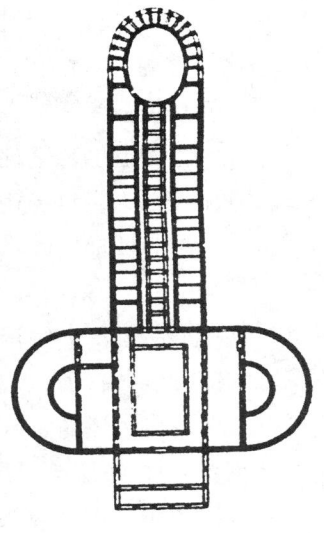

图 4-9 列杜的"逍遥宫"平面

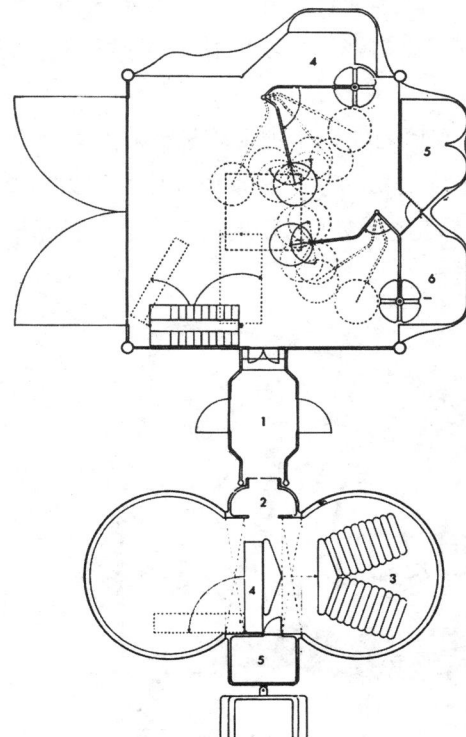

图 4-8 矶崎新的 A 氏住宅平剖面

中,这种寻找存在于构成人类自身的基本成分中,是对人类文化深层心理结构的挖掘,对过去的回忆。回忆的事物不仅是人们所熟悉的,更包括人类整个生活环境或者创造性的幻象。对他而言,现今的一切都仿佛处于一个唯一的无时空限制的普适性领域。历史与文化领域的界限不复存在,而正努力营造一个按照人类自身构筑的充满诗意的世界。

柯布西耶的郎香教堂图 4-10 是个供人朝圣的地方,其塑性形体充满了隐喻含义,整个造型犹如人的听觉器官,塑造得极为精巧,柔软,细腻,仿佛上帝在此聆听教徒们的祈祷。建筑室内有机地将新老意义相结合,令空间既相对封闭又保持自由。

荒诞古怪的西班牙建筑师安东尼·高迪 1906 年所建造的卡萨·巴特洛公寓图 4-11,底层与二层部分的外突双层柱廊以骨架和骨骼的形象出现,三层挑出的阳台被做成头盖骨状代表了为于民族主义事业而献身者。墙面以棕色、绿色和蓝色陶片呈波浪状装饰,象征着展开战斗的海港城市——巴塞罗那。这座公寓通过对人体骨骼类比图像符号运用,使之超越了单一的公寓楼概念,创造出更为深远的意境。

佩西耶和方丹的设计最大成功之处在于他们将建筑结构与人类的骨骼进行比较,并应用于室内装饰。他们认为建筑必须要加以装饰以免全部暴露在外。这样,建筑结构与装饰之间就形成了密切的联系,天气、地域和功能的影响也都在装饰中得到了体现。

图 4-10 勒·柯布西耶的朗香教堂

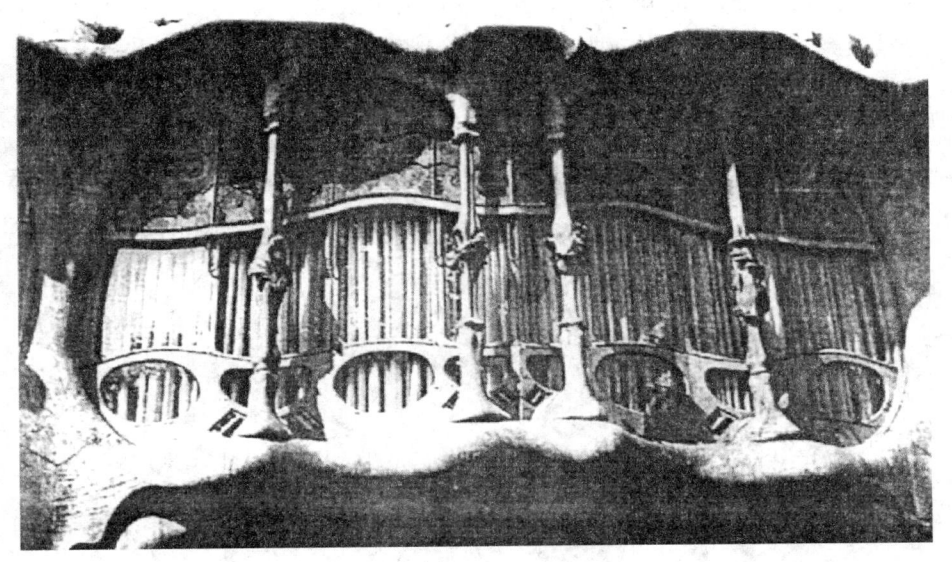

图 4-11 安东尼·高迪的卡萨·巴特洛公寓

　　相比之下，美国建筑师迈克尔·格雷夫斯 Michael Graves 的拟人化隐喻要含蓄得多，这种隐喻靠人们熟悉的日常行为表达出来。受古典思想的影响，格雷夫斯努力摆脱"正统的现代派建筑"，而寻求人类传统与自然的和谐表达。格雷夫斯在他的《建筑与方案》引言中说："建筑的组成部分不仅来自于实用的必然性，而且来自于符号之源……作为人与自然的共鸣。""在产生一个象征建筑的实例中，我们假设作品的主题特征基于自然之中，同时以一种图腾或拟人的方法去解读"。我们常常用语言把世界拟人化，这可能是一种难以接受的科学，或者委婉动人的视觉误差，但这也告诉我们完全可以把普遍存在的日常生活与建筑艺术关联在一起。他的纽约法兰西公司立面构图就以"复合的表达"含蓄地将普遍日常生活元素与建筑创作结合起来，运用一个抽象化的人面造型表现得生动而有活力。相比之下，东京的人脸造型住宅对建筑的拟人化比喻，就显得有些直白和俗气。从古典绘画，特别是立体画派当中，格雷夫斯感受到二元性和多元性在建筑领域的延展，例如内与外，现实与理性，男性与女性等概念对比都表现出了二元论的思想，并进一步组合表现为多元论。在普格赛克住宅中，格雷夫斯借用了文丘里的象征主义，将建筑划分为脚、身体和头三个部分。运用"虚实互补"的手法将建筑连为一体,创造了海市蜃楼般的幻影,表达了权力与文化中的迷茫。波特兰大厦图4-12是格雷夫斯1980年创作的另一个作品,该作品运用象征主义手法和古典符号,将其象征意义解释为:"把建筑划分为头、身子和脚三部分是拟人化的表现,成对的壁柱表现了建筑本身内在的核心内容。"他还说:"我有兴趣地看看这件作品如何能一方面被那些只凭感观去直觉事物而不了解事物在文化层次的意义的人们所接受和理解,同时也吸引着那些最严格的评论家来关注它。"建筑这三个等同于人体的三个部分在实际中与不同的建筑功能很好地对应起来:机械设备和四面观景亭在头部;类似的办公楼层在较长的身体部分;而公共部分和礼堂为脚部。此外,建筑的脸通过闪光的"幕墙"暗喻为向外望的眼睛,这座现代建筑,运用古典建筑语言将门与窗,入口与中心,天与地

图4-12 迈克尔·格雷夫斯的波特兰大厦

分开,并显示了格雷夫斯从文脉中发掘灵感,并打破老的现代教条主义进行的深层次创造。他的新作休玛大厦,建筑形式更加抽象,色彩也比以前柔和,但人们却不难体会到这座建筑的含义,并被一些评论家作为后现代建筑的典范。

人体与自然有机体态的象征

从柯布西耶、沙里宁、伍重开始，人们逐渐对僵化的现代主义几何学产生质疑，对有机主义美学的追求，在欧美已经形成了一股不小的潮流。现代人对美的追求源于自发而毫不勉强的兴趣，通过那些包围着他并深深影响着他的自然有机体形态构成，使他得到绝妙的无意识的体验。因为住宅和宫殿都是有机体，一个平面由内部发展到外部，就如同一切有生命的东西一样；轴线是建筑中的秩序维持者，这些韵律建立在形体与比例关系之上……特别是1956年在伦敦白色小教室美术馆举行的建筑、绘画和雕塑展览。在这次展览中初出茅庐的斯特林与 M.派思与 R.马修斯合作的作品《这就是明天》，展览的形式取向，显然从自然转向了人体本身，追求一种强烈弃旧求新的批判意识，其终极效果似乎更像人体器官，因此也更富于有机性，并更符合非线型设计原则。

20 世纪 60 年代初,基于弗洛伊德的性反常概念,赫伯特·马尔库塞和布朗为反对压抑人性和创造性的现代社会,提出了反常多形体概念,成为对抗现实存在价值观念并富有号召力的激进口号。他们或求助于历史理性和创造性的反叛,同现代文明造就的"压抑的容忍"和"绝对的统治"作坚决斗争,或通过批判"被称作人的病态",呼唤一种"狂欢意识"和性解放观念,从思想深层取消受到抑制的文化与理性,从而恢复生命的活力。

作为对现代工业文明反叛的象征，1960 年由基斯勒设计，在纽约现代艺术博物馆建成的无尽住宅 Endless House 图 4-13 模型和约恩·M.约翰逊于 20世纪 50 年代后期设计的喷涂混凝土造型住宅，使"有机体的多孔性"探索引人瞩目。图 4-14 这种源于新的有机形式概念和美学冲动,开始以广泛蔓延的形式登上建筑美学新旧交替过程中的舞台。1960 年大卫·雅可布的连续空间集景模型设计,丹尼尔·格拉特鲁普设计的瑞士日内瓦 d'Anieres 别墅和里昂别墅,约瑟·多米尼希的陶俄史住宅等作品,基本也都是沿用了斯特林和基斯勒的幻想设计,采用隐喻稀奇古怪的动物,象征人体或某种自然形象机体。图 4-15、16 基斯勒等人的显示器官式的"基质的结合"创作,暗合了马尔库斯和布朗的思想,体现着可贵而强烈的反传统与创新倾向，并努力与四周人文环境

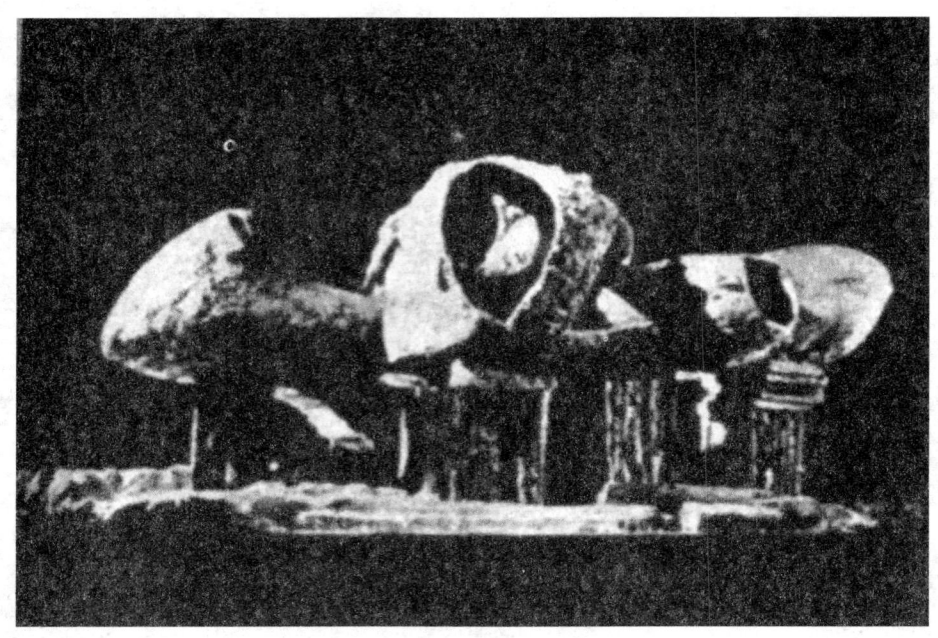

图 4-13 基斯勒 无尽
住宅模型

图 4-14
约恩·M.约翰逊 喷涂混凝土
造型住宅

的相融合，但由于作品大都明显牵强附会并带有浓厚表现主义意味，因此其
价值也仅仅停留在以形式否定形式的美学表现基础之上。而真正做到通过有
机造型手法，既否定现代主义设计理性，又充分表现有机主义美学生命力的，
是斯特林、富勒和佩里等人的设计。

　　解构建筑作品本身是以"物"的方式呈现的，意义产生于主观的阐释。这
种美学中的"真实"观发展下去，就是直接呈现物体以排除积淀在我们心理的

"意识",比如汉森和西格尔曾直接运用人体翻模的雕塑。这种美学隐藏着一种怀疑意识,认为世界是不可知的,世界就是它本来的面目,阐释宣言性的美学理论均属神话。

空间结构本身并不是目的,而是通过结构的相似性实现具有某种特征的空间寓意,从而在场所、路径和领域中建立起一种有意义的解释。在建筑的各种功能内部隐含着一种秩序,它决定了解决方法的生存与生长,使人们在现代主义发展的开端就直接感受到了开放的世界,并逐渐赋予其生命,因此建筑应该是有机生长前提下的自主形式。在当代日本的许多建筑作品中也都充分体现着建筑与自然,与人生命有机体的融合。建筑师将创意出发点转

图4-15 大卫·雅可布连续空间集景模型

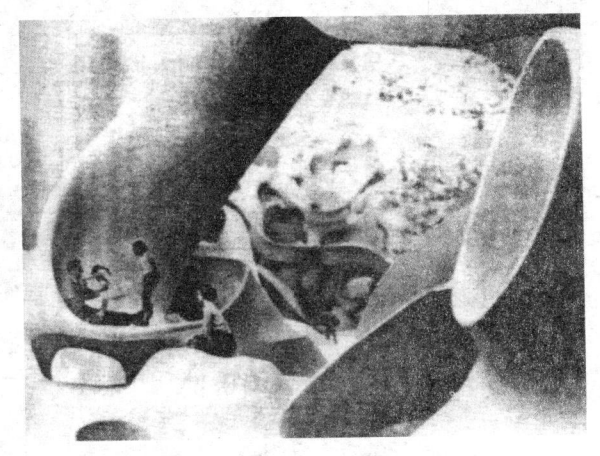

图4-16 丹尼尔·格拉特鲁普别墅设计

向人体结构与形态本身,努力探索一种合乎生命规律的美的结构与形式。1960年日本的几位建筑师黑川纪章、大高正人、真文彦、菊竹清训和评论家川添登等人提出建筑如同其他生物有机体一样,也有着生老病死的"新陈代谢"理论。按照他们的说法,根据人类社会从原子到大星云宇宙的生成发展过程,特使用"新陈代谢"这一生物名词。建筑设计无非是人生命力的延续,该理论的核心就是把建筑同生物生理进行类比,从而人们不是自然承受,而是积

极促成其"新陈代谢"。他们主张在城市与建筑中引入时间因素,明确各要素周期,反对将建筑看成固定的自然进化的观点。这一思想在黑川纪章的城市规划方案中得以充分体现。1960年他的东京规划提出"循环交通体系"和"二进法交通体系"(T字交叉)方案。而"螺旋体城市"图4-17则是模拟生物体情报传递结构——遗传基因DNA构思设计的双重螺旋形为垂直交通体系,水平方向的延伸板作为使用空间的方案。

　　建筑是整体生态环境的一个组成部分,如将整个环境视为类比于人的"母体",建筑就是环境"母体"中的一个器官,它从属并服务于自然环境。如同自然界中的其他生态类型一样,从母体中汲取营养,与自然生态共生存共发展。在这方面作出突出成绩的建筑大师是赖特和阿尔瓦·阿尔托。根据赖特的

有机生长原理,整个城市组织在他眼中好似由成千上万个细胞构成,城市的肌肤一层层地延伸,交织着动脉与静脉的复杂网络,像人体静脉中的血液一样循环流动。无穷尽的网状脉络产生出有毒的废料,经由小肠排到大肠进入排污管道,最后再经由排污管流入大海。这种奇异的城市肌肤由有效和完整的神经系统,纤细的听觉和知觉纤维神经编织起来,几乎能够感受到加在韧带和肌腱上有目的的脉冲所引发的有机体脉动,而这一切之中流淌着的正是人类自己生命的脉流。

图4-17 黑川纪章的东京规划——"螺旋体城市"

现代主义初期人们曾在心理与生理上同时脱离了自己的场所,而加入到对开放空间的征服中。鉴于此,今天的人们有着一种潜在而强烈的重返家园回归自然的期望,使建筑体现出"土地之灵"和"作为一个世界中的世界"——路易斯·康。在近二十年,许多建筑师在不放弃开放空间概念的前提下创造城市的内部空间,将城市结构看成开放发展成一种全新开放的"生长模式",并被艾利森和彼得·史密斯等人引入到建筑思想中。路易斯·康在费城设计的理查德医学研究楼中就详细体现了当建筑被想象成生长模式时是如何构成城市环境的。开放生长的概念在最近十年的乌托邦式设计中可以说达到了极限,如在彼得·库克的"插入式城市"图4-18等作品里,城市被想象成一个可以扩展的三维基础结构,于是预制的或自己建造的住宅可以任意插入与分割,并在它们不能适应要求时被抛弃。

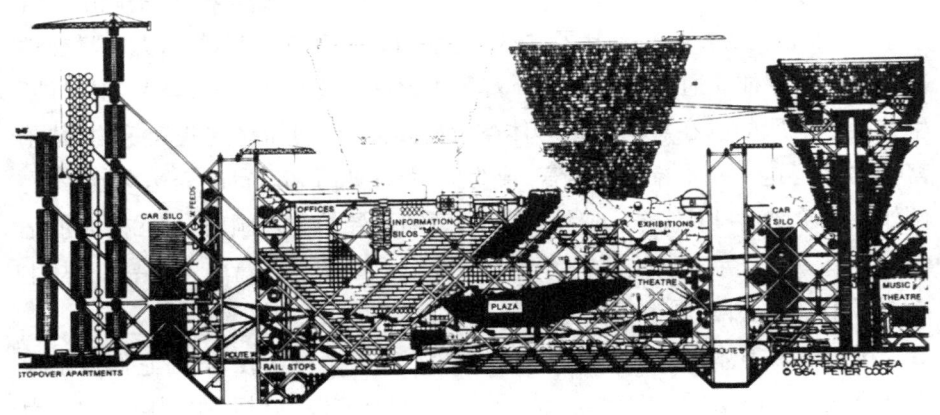

图4-18 彼得·库克的"插入式城市"

人体象征的抽象表达及其精神意义分析

如果把建筑视为一种有意义的形式发展史来研究,象征意义及在建筑设计中的应用分析同自然与上帝一样,使我们能够发现其中的人、自然和上帝。由此建筑便成为了一种存在状态,从中人类能够了解自身并寻求一个基本的立足点与认同感。人类在很大程度上具有描绘自身命运的自由,这对于建筑设计作品来讲也不例外。从古至今,许多建筑师已经逐渐把审美触角伸向了生命结构和人体美学本身,努力去探索一种生命本源的美学,去发掘合乎生命规律的结构与形式。在此基础上,人们进一步借助于延伸到个人与天地之外的抽象概括能力,运用象征人类生命本体的圆形、方形、螺旋形或情欲主义表现等多种抽象造型手法,展现出对于建筑形式美的看法与塑造这种形式美的方式。这充分证明了人类在认识到自身与现象之间相似与关联性的同时,具备了抽象那些左右自然与人类历程规律的能力。

圆形的象征表达

圆形曾出现在农民麦子堆积的图案中,儿童的游戏、绘画以及日本禅宗庭里石块的排列等多种原初形态中。儿童建构自我活动空间的方式,正是人类"以自我表现为主体"来感知外部宇宙世界的历史缩影。他们似乎以圆来容纳宇宙,以心灵的整合性控制了自然。这些图案本身就富有意义,并且潜在地表现了圆的象征。通过对现代土著人和儿童行为的心理研究,马克先生推断生成圆形房屋的内在意向源于母体孕育的整合感,因而将这些建筑称为"子宫式世界"。这一基本象征性语言,成为原始人、儿童和圣贤的表达交流手段。例如在古希腊人"以自我表现为主体"来感知世界的心理倾向,公元前8世纪《荷马史诗》中对宇宙的描写中清晰地反映出了地球是圆盘状,希腊位于其中心漂浮于水面上,四周为宇宙天体所环绕。

场所是人类体验自身存在和感受客观事物之范围所在,同时它们也是我们自身适应并占据环境的起点。场所被当作与外部环境相对的内部存在,为提供心理安全感而不得不相对地被限制。虽然外部环境的力在时空分布和作用的力度上具有明显差异,但长期经验告诉人们,力的作用是全方位均匀分布的,在人身体周围形成一种"场"的感觉,给人以强烈围护感,同时人体以相应的内力与之对应。当这种内外之力达到一个平衡点时,便形成一个以人体为中心的"圆",这样使已知场所的有限尺度形成了一种集中的形式。因此,场所、基地基本上都是圆的。图4-19、20、21 任何场所都包含着"方向"和"开口"。按照人体本身,加上其上下,前后和左右的维度,就形成了一个心理上的坐标系。这些方向还跟自然现象有关,如重力和原点等,并会因此表现出不同的特性。在以抵御外部环境免于侵害的过程中,内力与外力紧张对峙的状态下,圆

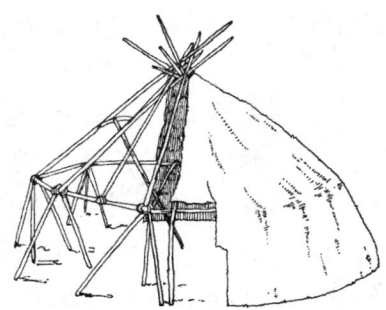
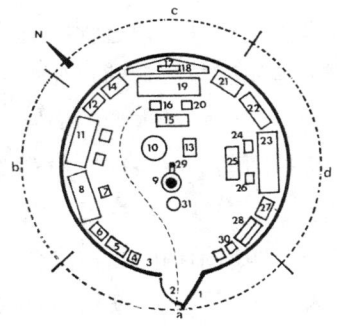

图 4-19 中西亚 蒙古族包棚构造及平面图

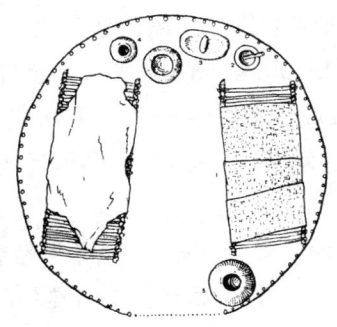

图 4-20 非洲索马里人棚屋平面图

是包覆感最强的安全蔽护空间,因此无论是处
于原始还是现代社会,只要存在这种内外的紧
张状态,圆都可能被重新启用。这也是由古至
今许多建筑采用圆形作为平面设计的原因。

原始与古代社会住宅

儿童对房屋的描绘中,从来不求助于外在
的模式,只是运用一些模糊不定的曲线来表达
内心的真实感悟。这种绘画极为类似原始人
的房屋和北欧拉布普人的帐篷(子宫式房
屋),揭示了人类深层心理结构中所蕴涵的原
形意向。当他们用模糊的点圈、波状线和螺旋

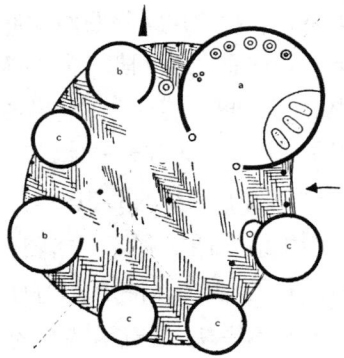
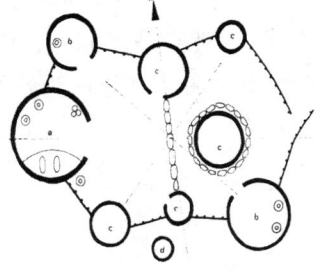

图 4-21 非洲喀麦隆与菲利人的
两个家族住房平面图

线来表达自身意识过程中，实际上正是对母体子宫形态的追溯，对他们而言，那里是完满与整合的象征。

目前已知最古老的房屋，是 1969 年由考古学家德·鲁姆莱在法国尼斯河上特拉阿马塔一条街道中发现的二十一间小棚屋。它们均具有椭圆形平面，由一系列密排的桩杆围合而成。这些桩杆向着小棚屋的中心线弓形弯起，形成一个卵形结构的栅栏围合体。作为约公元前三十万年时期的遗物，它证实了人类在穴居之前就已经具有营造建筑的能力。在中国新石器时期的文化遗址和现代残存原始部落的建筑中，能够大量发现这种被称之为"圆形子宫世界"的房屋遗迹。它们的平面基本为圆形，中央为灶坑，墙壁上开有面积很小的入口。如在我国陕西西安仰韶文化期半坡村圆形房屋遗址和北欧拉布普人的帐篷平面均为圆形，其平面中央的炉灶使得这样的"圆形子宫世界"充满了整合与温暖的感受。在世界各地，都能发现与之相类似的"子宫房屋"，有半球形体、圆锥及圆台等形体。虽然具有微妙差异，但从未失去圆形母题，足以证明这一圆形意义的共识性与普遍性。

生活在西伯利亚至格陵兰之间北极圈的爱斯基摩人，至今保持着几乎原始的社会方式。特定的地理环境与气候条件也赋予了他们唯一的建筑材料——冰雪块，构筑了特有的 igloo 图 4-22，即一种圆顶雪砖冰屋。另外，巴西的 Nambikware 和 Yanoama 他们的家庭房屋也大致采用圆形，围绕着一个开放空间建成半圆或环状，并在河岸附近从事农业——特别是园艺。这一组织形式表明了在家庭与作为整体的群体之间的关系，虽然有可能仅仅是暂时

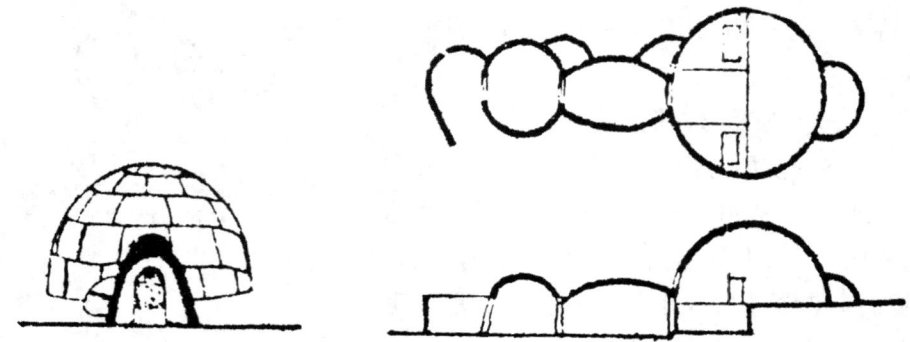

图 4-22 带有走廊的 igloo 住宅平面图

的。这些圆形空间的房屋可能会有某些差异,乃基于人的理智所使然。长年处于积雪环境中的现代原始部落,营造半球体或圆锥形体的房屋,便于雪的融化;而对于处在寒冷无雪,需要扩大太阳照射面积的人,自然产生圆台形体的房屋,建筑是在合乎目的、规律和功利的发展中演化出的,这就是意念,但这些房屋从未失去圆形母题。

中非与南非的牧羊文化发展了一种独特类型的住宅:圆形的围栏,有一个把动物围合于中心的围场,而人们则绕着养殖场聚居。这种类型的住宅围绕着较大的区域显得十分统一,变化仅为一些设施及构造细节差别。如果将我国福建客家的圆形聚落,以及非洲马萨伊人的聚落布局进行比较,我们会惊讶地发现虽然文化上存在着较大差别,但它们在平面布局上却有着惊人的相似之处图 4-23。

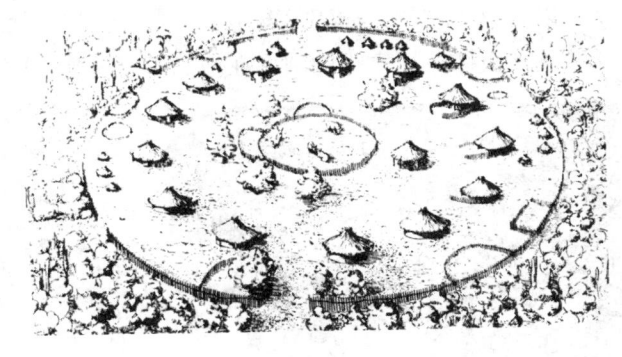

在多种原始农业的塔松噶 Tsonga,不同生产与文化多层次的主题几乎经典性地并存着。这一地区采用圆形的形式,大到足够容纳一个完全拓展的家庭,(其中最老与最受尊重的成员被认为是领袖。)周围的栅栏有一个主要开口,也是它的第二个门,中心是围合家畜的环形,常被根据种类划分。各个独立的家庭都被按环

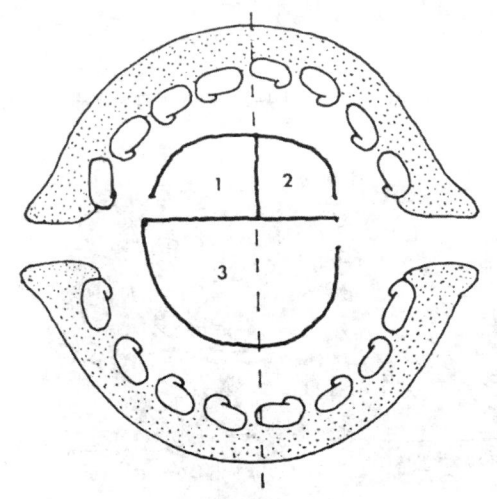

图 4-23 非洲马萨伊人的牧牛部落

形围绕着围场布局。它们通常是圆柱状的房子,圆锥形的顶和一个向复杂中心开放的门;前面是一个小的内部活动空间。轴线上围栏的出入口是领袖夫妇的房子,另外还有特别用于接待客人和休息的其他房间。一般情况下,村庄将自身视为领土连接的焦点,以神圣的树来表现。围绕着一个动物空间的住宅中心式布局是游牧人群的特色。祖鲁人 Zulu 的营地反映着更加游牧的生活方式。他们的圆形房屋被叫做印德鲁 indlu 图 4-24,是一种轻质房屋。这种栅栏村庄本质上与其他所描述的并没有什么不同,即同样采用了圆顶,开有一个入口的圆形防御墙,一个环形的将牲畜围于中心的围栏。

以农业为主的美洲印第安土著部落,其宗教制度是崇拜人格化了的神,因此赋予了人体象征意义的圆形在他们的房屋建筑中也普遍被采用 图 4-25。例

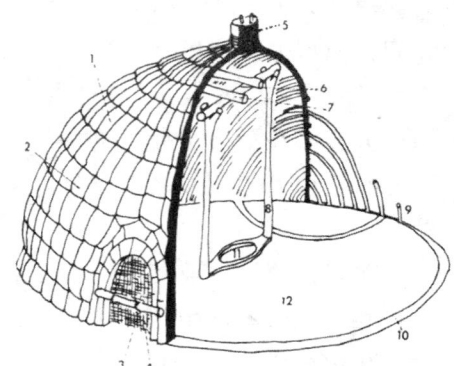

图 4-24 南非祖鲁人带栅栏的村庄鸟瞰及基本结构

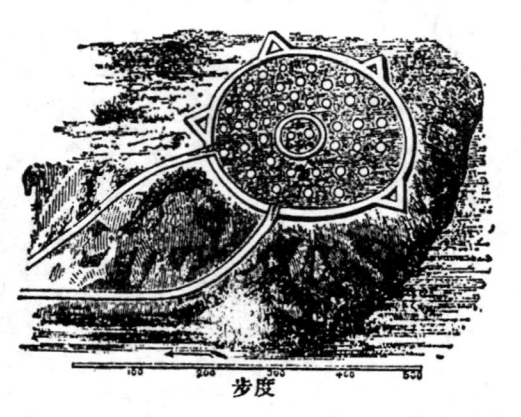
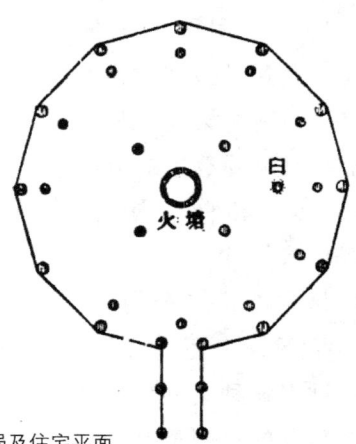

图 4-25 曼丹人村落布局及住宅平面

如在加利福尼亚部落中,萨克拉门托和圣华金树木稀少的平原住宅是半球形,顶端覆以泥土;育空河和皮尔河的库钦人的兽皮屋,其平面也近似于椭圆形;鄂吉布瓦人最高级的小棚屋骨架采用十三根长度为十五至十八英尺的木杆搭成,其粗端分散开成一直径约为十英尺的圆圈固定在地面上。弗吉尼亚和佛罗里达等地的村镇以圆形的栅栏围合,在栅栏上设有一个狭小的入口;而在普韦部落印第安人遗址中举行政治或宗教会议的地方常被称为埃斯图法,它实际是由低于地面的圆形房间构成的,墙以石块建造并且这一形式延伸至今。按照美洲印第安人部落的习俗,圆形的埃斯图法适合在露天集会图 4-26。有时两两相连,有时不相连,代表着这个村子的筑墩人可能分为两个或四个胞族,在这几个露天的埃斯图法中举行宗教仪式和办理公共事物。美国东部阿尔戈魁恩人的部落营地整体为圆形,中央为举行仪式的场所。南美阿根廷柴科人的部落平面布局以三个弯曲向中心的棚屋构成,类似于圆形,此为部落成员举行仪式的场所。

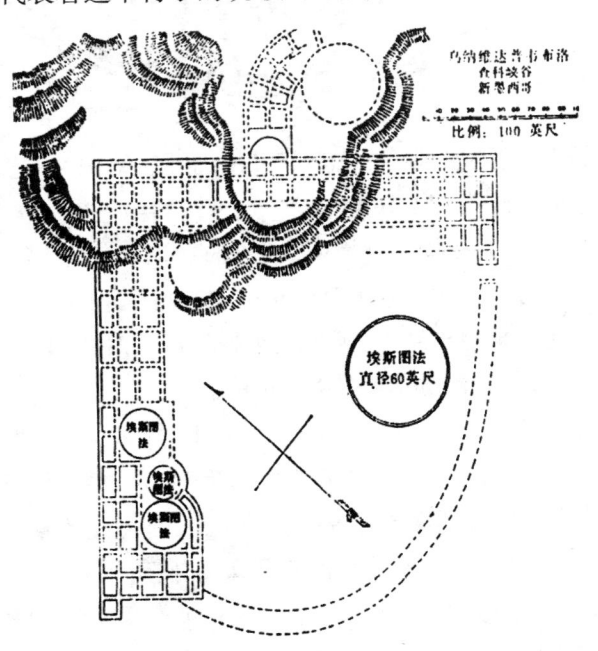

图 4-26 乌拉维达村落平面图

赣、闽、粤地区民居中的圆形客家土楼,是客家先民们聚族而居,为抵御外来侵略而逐渐发展起来的一种山区建筑形式,由于与人体意向的安全图示相符图 4-27。两三岁的幼儿经常会随意涂画一些不规则的圆,心理学家认为儿童所画的圆圈是知觉本身对环境刺激的反应,好似一个"保护性的容器",而被称之为"原始圆圈"。令人印象深刻的客家民居,尤其是圆形土楼,从某种意义上讲,也是源自于这种人们内心潜在的原始的情感。作为最简单的封闭形式,客家的圆形土楼并不是混沌状态的原始

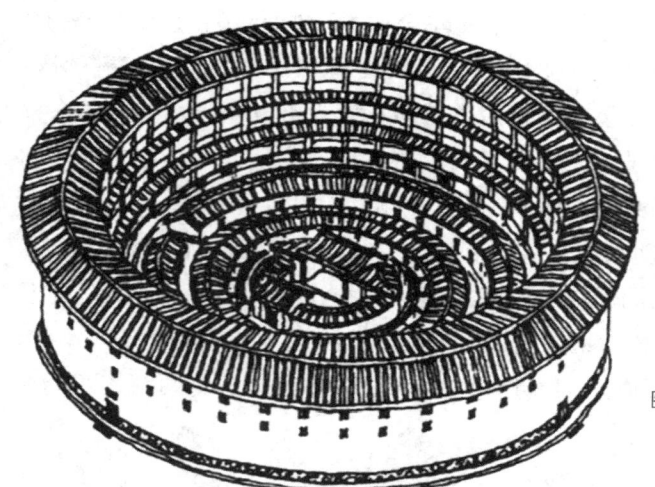

图 4-27 承启楼鸟瞰图

圆圈,而是在深思熟虑后设计出的具有结构性的安全图式。建筑是在空间的内力与外力相遇处产生的。这种内力与外力既是一般的又是特殊的,既是自发的,又是由周围环境所决定的。在为生存而抵御外部环境侵袭的过程中,当内力与外力达到紧张对峙状态时,圆就是一种包覆感最强的安全庇护空间。因此不难得出结论:无论是否处于原始时代,只要内外力量达到最紧张状态时,圆形都有随时被启用的可能性。

老子的哲学里有一个回归的主题,即回归到母体的子宫里。圆似太极,太极分阴阳,似子宫有生育功能,"生"为意向主题。日本学者认为中国传统客家圆形土楼就正像包容着一切的子宫,是母性的象征。客家民居以源于儒道哲学的天地人和谐之美,源于儒家尚雄阳刚哲学的阳刚奋发之美,以及源于道家守雌阴柔哲学的生命崇拜之美这三者作为主旨,民居的胎土,正是风水穴位,即大地母亲的子宫所在,具有"广生"的功能。在民居环境意向上以择吉避凶纳福为主旨,最终目的仍是崇生。其择地也就是找到并确定风水穴位——母体子宫之所在。

由于行为与心理上的需求,在人的四周形成一个椭圆形的"场",就好像一个"无形的罩子",使内力与外力在距人体一定距离内达到一种相对平衡的状态。溯其本源,建筑的安全图示是以人的"人体意象"为蓝本的。这种"人体意象"不是对人形的简单复制,而是从人体整体结构的安全需要出发,根据圆和方与人体的关系,我们可以将圆理解为人的维护图式,体现了强烈的蔽护心理;将方理解为人的结构图式,体现人与环境的对应关系,并具有一定的方向性;再根据人的行动及视、听、嗅、触等知觉构成知觉图式,三者共同构成安全图式体系图4-28。

虽然从表面上来看圆形土楼没有方向性,其实并不尽然。客家人向来重视"天人感应",利用天干地支及八卦和五行相生相克等风水学说,将自然环境中的山峦分为二十四个不同朝向,房屋的住址与朝向都根据一定的方位来建造。如承启楼平面,永定思觉村的圆形土楼等都采用圆形或圆中有方等平面格局,其中饶平县三饶乡的道韵楼、漳浦县官浔乡的省炉楼本身就是一个八卦图的形式,这些都生动地体现了"仰以观于天文,俯以察于地理"的"辨正方位"理论,依据着人体结构图式,使居于其中的客家人无论是参与建造及礼仪等活动还是日常生活,都不会迷失方向图4-29。

向心性和封闭性是古人住居的重要属性之一,而内聚性与怀旧性则是客家文化现象的本源,无论是圆形抑或方形土楼及围屋,都无一例外地体现着这些特点。由于功能设施较为全面,从某种特定意义上,客家土楼可以被视为城市的缩影。居于中心的宗教或政治的核心组织控制着其社会结构,其权力是内向聚合而非对外发散的。就单个民居内部来讲,位于中心的宗祠正是一个发散状的"中心场",即作为"权力域"的代表而辐射到每一个边缘区域。这

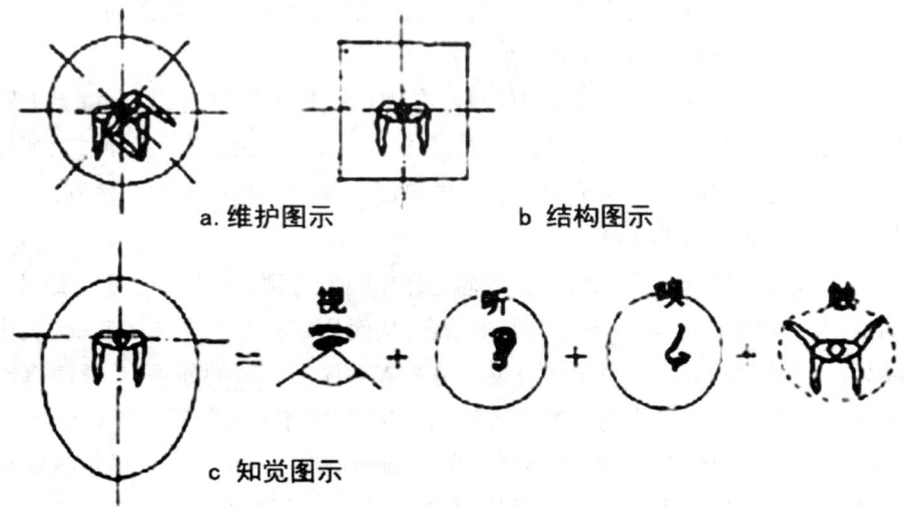

a. 维护图示　　　　b 结构图示

c 知觉图示

图4-28 人体安全图式

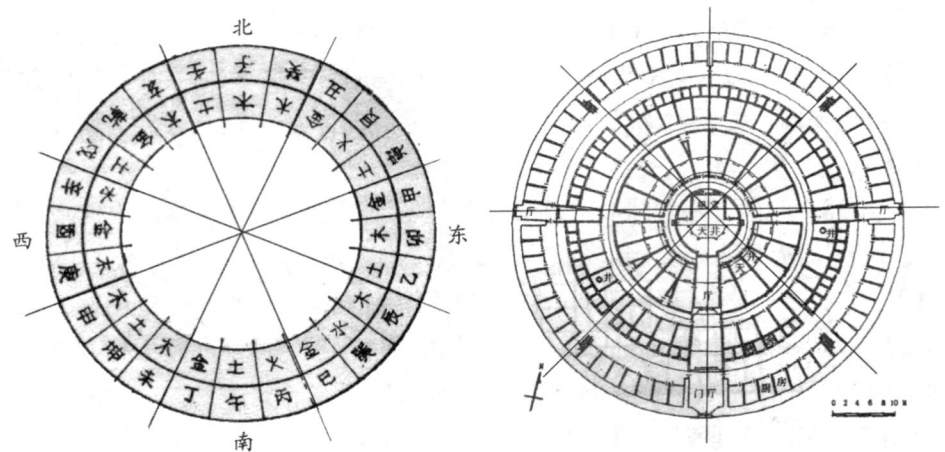

图4-29 承启楼平面分析

种格局既构成既能聚族而居,又能相对分门独户,因此极具亲和力,并富于生气和色彩。

宗教建筑

古希腊与古罗马人追求凌驾于个体的宇宙和谐。他们创造的圆形平面庙宇,覆盖着圆形穹顶,仿佛与宇宙浑然一体,借以表达人与宇宙的整合关系。古希腊人将宇宙世界的中心——"肚脐"置于戴尔菲,成为宗教活动的圣地之一,以此雅典娜神庙而著称图4-30。

堪称古罗马建筑之珍品的万神殿,在现代结构出现以前,具有世界上跨度最大的圆形空间。正殿上的大穹顶,象征天宇,其中央设有一圆洞,象征神与人世界之间的联系。从圆洞里射入的自然光线在照亮内部空间的同时,增加了一种宁静的宗教气氛。

许多宗教建筑采用建筑方形基本上环扣圆形穹顶,表达人类对现实超越的欲望,并在宇宙中与神圣的天国相结合,从而达到灵魂的终极完满。代表作品如伊朗伊斯法罕的马西德·埃·杰米清真寺和埃及开罗的苏丹·哈桑清真寺及阿拉伯也门的萨那清真寺等等,都是采用圆与方相结合的平面进行设计。

在西方大教堂中,也经常出现抽象的圆形母题,如罗马圣彼得主教堂与哥特教堂的玫瑰窗等多处装饰手法中被运用。法国巴黎圣母院南入口立面

图 4-30 公元前 390 年的戴尔菲圆庙

中,圆形、方形、三角形被有机结合为一体并得到高度表现。

　　单纯形式上的翻新,与单纯的功能表现一样,是不会有长久的生命力的,因而也不会具有多大的美学价值。1971年帕斯卡·豪瑟曼的教堂方案实现了意义与造型上的完美结合。这是一个白色的卵形空间图 4-31。顶部的十字架和前部的管状踏步以及周围的六个卵形体,和卵形主体共同构成了一个新奇而怪异的世界,通过人体与教堂空间体量与色彩的强烈对比,体现了宗教建筑的神圣感与崇高感。

　　在米开朗基罗的许多作品中,普遍主题都是人和上帝之间的联系,它被解释为灵魂与肉体,精神和物质间的冲突。中世纪的上帝之城以及文艺复兴时期的和谐宇宙让位于作为个人心理问题的人类存在体验。他的卡皮托里奥广场图 4-32 在限定的梯形空间里,加入一个下沉到周围地面之下的椭圆形,以封闭的梯形和扩张的椭圆形之间的张力为基础,看上去像一个从广场中突破的富有张力的椭圆,他寓意体现上帝被作为宇宙的主宰放置在整个综合体的中央。托尔纳伊将凸起的椭圆解释为象征着世界中心,代表着地球表面的曲线。阿克曼也指出:星形的地面表达性处理,是一种宇宙的象征,相当于德

第四章　建筑中『人体改写』现象及分析

尔斐的世界肚脐。正如罗马人曾用世界的肚脐来比喻罗马努姆广场。空间同时具有扩张性与矛盾性,令人仿佛置身于世界的中心,或赋予个体生命以意义的起始和返回原点。在此,人们可以体会到自身与他从属世界之间的困惑。从而深切地感受到存在的意义。

现代与传统设计中建筑与精神的结合

著名的巴哈神殿 Baha'i House of Worship 图 4-33 是一种以审美愉悦的环境去平衡现代与传统设计的建筑与精神尝试,其建筑常常起源于当地的传统文化,它将所有宗

图 4-31 帕斯卡·豪瑟曼的教堂方案

图 4-32 米开朗基罗设计的卡皮托里奥广场

图 4-33 巴哈伊圣殿

教、艺术、文化传统和人类的精神统一体融入到环绕世界的八座建筑之中。如同其他的宗教一样,信仰者可以进入神庙并找到上帝或神的中心,将我们从本原的世界转换到精神的平面当中,经历着神圣的世界。围绕着世界的巴哈神殿建筑形式都是以一个圆顶在上, 并且在四周环绕着圆形的路径或矮墙。八个半球形建筑代表着神的宽容与理解,它是一个巴哈神殿所信仰的完美概念,并以一种象征的方式表达了对他人的引导作用。其他宗教建筑也常将神圣的领域与圆相结合,朝圣的信徒通常会通过一条围绕着一个神圣物体或位置的环形路线:如回教徒在麦加环游的圣堂;西藏人走的围绕着坡塔拉 Potala 的环形路线,藏传佛教僧人的住宅以及古代中国的坟墓废墟为表达对家庭成员的尊重所环绕的路线等等。

　　巴拿马，玛士日克·阿德卡 Mashriqu-Adhkar 的创造者付出了伟大的努力去包含无限的和永久的表现以及对传统的崇敬，然而他们最主要的目标是为巴哈神殿和整个世界创出神圣地区的感觉。在一个神圣的地方没有方向感，因为所有的路都引导向上帝。在巴哈神殿寺庙中经常有一个环形区域标示着通往神圣领域的入口。由于包含着这种神圣的思想，这个建筑已经变为广受欢迎的地方，在此所有人都能在一个安全的处所直面上帝。就如同在神庙中所强调的，"东方和西方是上帝的，因此无论我们转向哪条路，都可以面向上帝。"

　　不仅建筑本身能够创造出冥想的心情，其周围的场地也能提供一种神圣的感觉。每一个玛士日克·阿德卡都被花园所围绕，它们已经成为几千年来极乐之地的象征。充满着花和树的公园是一种新生命与新开始和精神发展的暗喻。简尼特·密斯克 Jeanette Mirsky 写到:神圣建筑是人类坚持努力去解释出生、生命、死亡、发展与永恒的秘密。每一个地方都可以被看作一种企图将神秘和象征,定论和仪式释为泥土、石头与木头的具体表达方式。

　　在现代艺术中,不规则圆周实例也常成为艺术家表现的主题。如在康定斯基作品《用红强调》图 4-34 的画面中,一团松散且有彩色的圆,看起来像肥皂泡一样飘乎不定。此时圆已经不再是占据画面中心具有意义的图形,甚至

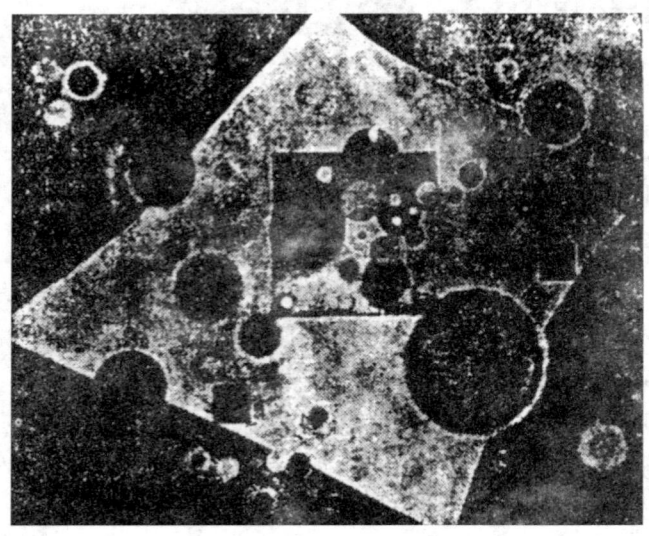

图 4-34 康定斯基的绘画
作品《用红强调》

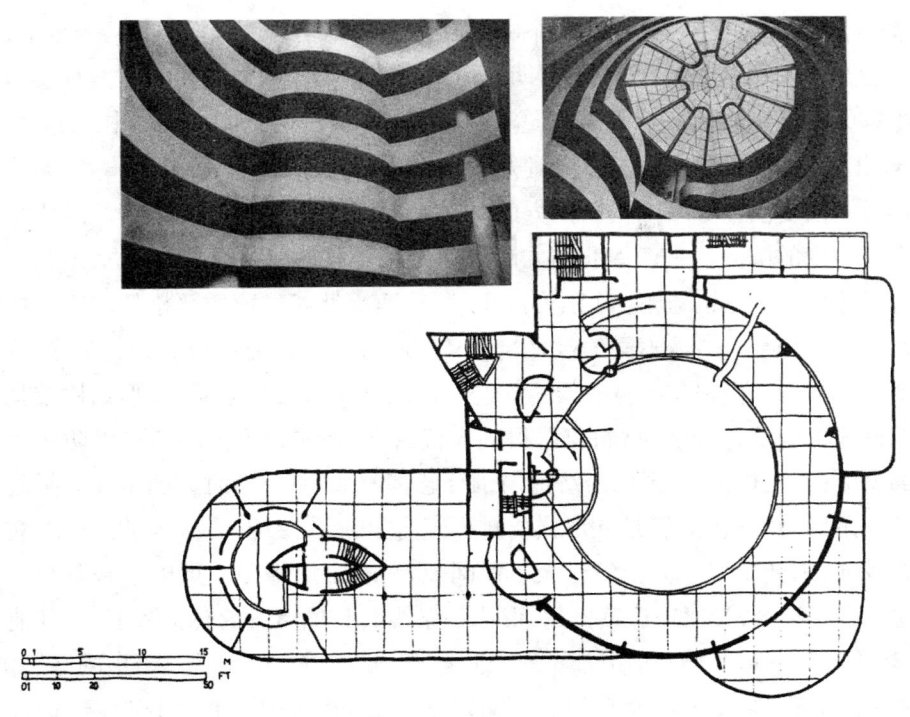

图 4-35　赖特的古根海姆博物馆平面及内景

关于飞碟 UFO 的探索,究其根源也是人们深层潜意识中,通过圆的象征,而求得在纷繁宇宙世界中的心理平衡。

　　赖特的著名作品古根海姆博物馆图 4-35,采用了一组螺旋上升层层拓展的动态圆周,为传统的圆形空间开创了新的表现意境。由于这些连续的圆失去了其原始的单一形体和绝对中心,并且每一层都悬挑出平台,因此变异的圆使建筑失去了原型意向,而进入纯粹审美的领域之中。

圆方之变——方形的象征表达

　　前面说过,圆是人类自我完满的象征,方是世俗事物的一种象征,人类由于他与宇宙间的距离,便用方形来表现自身,重新定义了人类现存状况的实际性。而二者相结合就是要把象征现实生活与物质肉体的基本因素引入精神范畴。在一些较为成熟的儿童画中，往往倾向于将建筑的基本形描绘为方形，然后在上面加上五官，似乎欲借助方形来表达自身的人体特征。方是现实与尘寰的象征。自古以来，人类倾向于将此原型意向投射于诸多符号中。如"井"与"田"二字本身便是中国古人对方形大地的微观缩影。

中国史前住宅平面由圆而方的变化大致可以分为两个阶段：第一阶段是由不规则的圆到与东西南北四方尚未确切对应的不规则的方的阶段，第二个阶段是由不规则的方形到规则的方形，与东西南北四方形成严格的对应。这两个阶段分别对应着不同的观念与意义：前者代表人类自身框架的明确，后者是人类自身框架与宇宙框架的叠合。虽然从建筑技术来看，圆形结构较其他形式更为稳定，同样材料可以得到面积，在半地穴式住宅圆角可以防止角部塌落；与之相比，方形的经济性与围合感都不如圆形，同时其稳定性甚至逊于三角形与六边形，但是从形式的排列组合上来看，由于圆形自足性与独立性较强，因此难以被完全组合而不留间隙；只有方形平面才可以达到既与人体四方相吻合，又便于连续排列，形成一条线或其他形式的转折和围合，其他形状，甚至三角形与六边形都难以做到这点。规则方形的出现是历史的必然，从本源上看，它还应包含着人类早期时间、空间和数的观念的协调发展。通过将人体的四方框架——房屋投射到正南正北或正东正西，并进一步精确化，可以帮助人们准确地辨方正位或掌握准确的时刻图4-36。

考古学家业已证实，自远古以来方形房屋与圆形房屋尽管呈现的意向截然不同，但至少可以同时并存。我国陕西西安仰韶文化中半坡村方形房屋、河南郑州大河村方形遗址、陕西岐山凤雏村西周建筑房屋平面图4-37、38 等即

 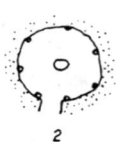 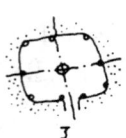 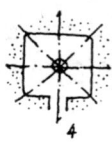 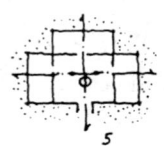

1.利用天然山洞　朦胧的围护感　2.圆形住宅　人类的创造
3.方形住宅　人体轴向性的萌芽　4.人体框架与四方的对应　"天人合一"
5.前堂后室　左右两厢　中心维护层次的增加

图4-36 从天然洞穴到原始殿堂居住形式的"圆方之变"

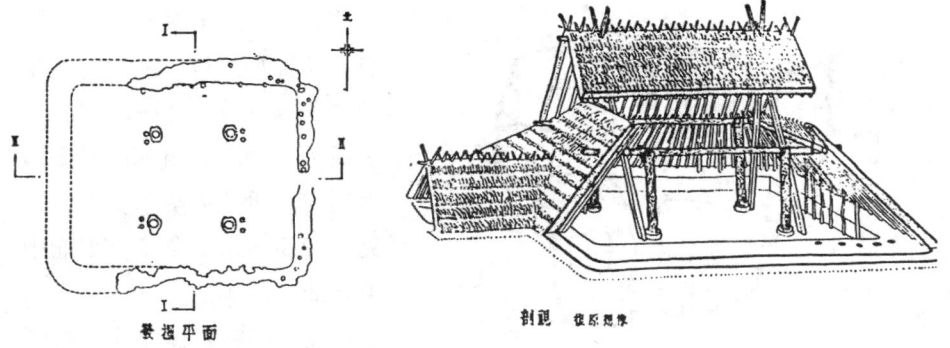

图 4-37 半坡遗址的"大房子"平面及剖面复原想象图

为最好的例证。再如,中欧与斯堪地纳维亚半岛、亚洲加里曼丹地区恩盖杜人的"长屋",平面通常为长方形,有时梯形似乎已成为公认的变体。此外,北欧斯堪的那维亚半岛维京人住宅、非洲马达加斯加东北部比赞诺赞人、尼日尔、马里、廷巴克图等地的传统住房,以及南美哥伦比亚和巴西德赛纳人、加拿大温哥华岛科威求特尔人与诺特克人房屋平面也都以方形作为房屋平面主体。非洲马里土著人还采用方形房屋而聚合的庭院式住宅;加纳阿散蒂人的村落布局,诸房屋均环绕着各自的内院形成近似矩形平面组合为一体 图 4-39。借着单一的方形母题,通过"量"的扩张与

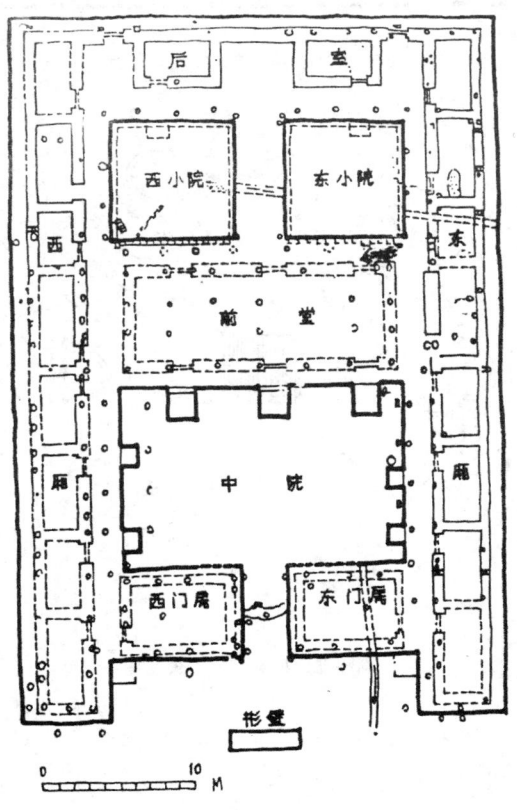

图 4-38 陕西岐山凤雏村西周建筑房屋平面

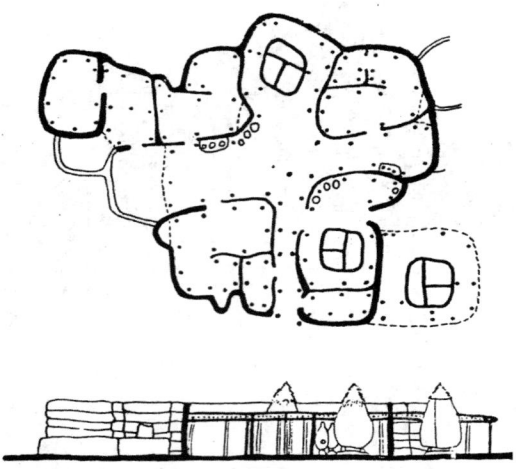

图 4-39 非洲加纳土著人房屋平面与剖面

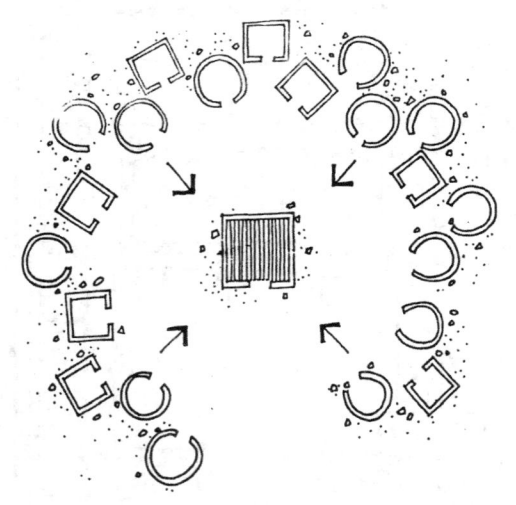

图 4-40 中国新石器时期典型氏族聚落布局平面图

膨胀，由一元至多元而生成建筑。这种形式可以从非洲加纳的塞里普土著人村落布局、印度斯利兰加庙、伊朗的帕赛玻里斯宫、伊拉克萨尔贡王宫和克里特岛的米诺斯王宫平面中得到清晰的印证。

在中国新石器时代典型的氏族聚落平面中，聚落大抵呈圆形，中央为方形的氏族首领的"大房子"图 4-40。中国仰韶文化母系氏族时期的聚落，往往有一定规律的布局。在西安半坡一处聚落遗址中，布局大抵为圆形。聚落中央有一座面积为 $160m^2$ 的方形房屋，居住者为部落首领；在大屋周围分布有许多圆形与方形的小房屋，门全部朝向它，为氏族成员的住所。这种表现方式也被反复运用于典型的美洲印第安人部落营地，非洲喀麦隆的莫斯格姆人和马撒人家族住房平面、美拉尼西亚特洛布赖恩德群岛毛诺人的村落布局等设计中。

罗马景观与聚居地——帕拉蒂诺山的第一个聚居地被称作罗马的四方广场，它被划分为四个部分。一个叫做"脐"的深坑代表着它的中心，"脐"也就是世界的意思，它象征着一种与冥界力量的接触。在此，景观与聚居地的组织具体地表现了一种宇宙图像，而城镇则趋向于一个小宇宙，成为固有宇宙秩序的具体化。

于建筑方形基础上环扣圆形穹顶，表达了世人超越现实尘寰的欲望，通过与神圣天国相结合而达到灵魂的终极完满。这在伊朗、印度、埃及等地的许多清真寺建筑中得以充分体现图4-41。典型代表作意大利佛罗伦萨圣玛利亚大教堂，在穹顶覆盖之下将方与圆多样化平面形式完美结合在一起图4-42。巴勒斯坦的蒂奥马尔清真寺中，沿着中心垂直轴，将圆形穹顶与方形基体相结合，象征神圣天国对世俗尘寰的统治。

圆与方的完美结合，不仅出现于教堂，而且也出现于文艺复兴时代世俗建筑中，成为人们力求灵魂与肉体和谐统一的典型证明。意大利维琴察的罗同达别墅，平面为正方形，四面入口的踏步及通往中央圆形大厅的走廊将十字形意向予以显露。方形基体上覆以坡屋顶，顶端结束于环扣的大穹顶，即沿着垂直中轴线将方形、十字形、三角形和圆形高度统一为曼陀罗布局。罗马的卡庇托广场将一个椭圆形广场和一个矩形的空间叠合一致，以圆和方两个原型母题分别代表着"自我"灵魂与肉体两个方面。广场中央的雕像将圆与方形空间结合为一体，布局完美，创造出一种新的心理情感。

作为古代文明发源地之一的中国，有着悠久的历史和古老的文化传统，入世观念远远大于出世观念。甲骨文中的"邑"字

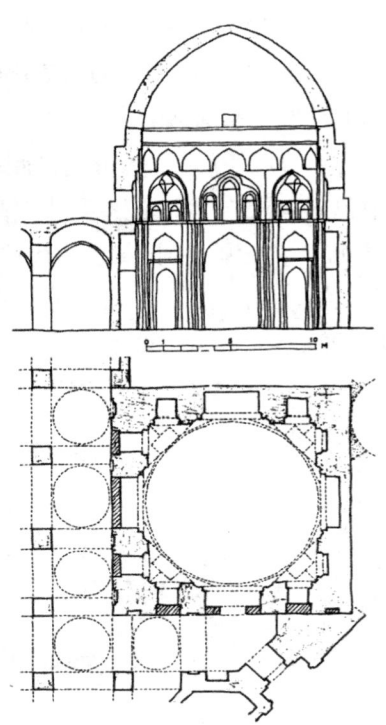

图 4-41 伊朗马西德·埃·杰米
清真寺平面

图 4-42 意大利佛罗伦萨
圣玛利亚大教堂

和"廓"字,"象形"城市的都以圆圈来表示,足以证明中国远古时代存在着圆形城市形态。中国城市布局的演化由新石器时期的圆形氏族部落逐渐变为而后的方形城市布局,并产生"内城外廓"之分图 4-43。因此中国人倾向于将城市布局为方形或矩形。这种形制自商以来被一直沿用到明清,几乎毫无更改,方城中包括"城"与"廓"之别,其中"城"为中心王宫;"廓"为平民住宅。在《考工记·匠人》"营国"中记载了周代都城布局:"匠人营国,方九里,旁三门。国中九经九纬,经涂九轨。左祖右社,面朝后市。市朝一夫。"可见,其都城平面呈方形,每面三门,道路纵横正交,宫城位于当中十字形干道的交叉领域,祖庙、社稷、集市等也都各就其位。这里的方形、十字形突出了统治者的重要核心地位图 4-44、4-45。

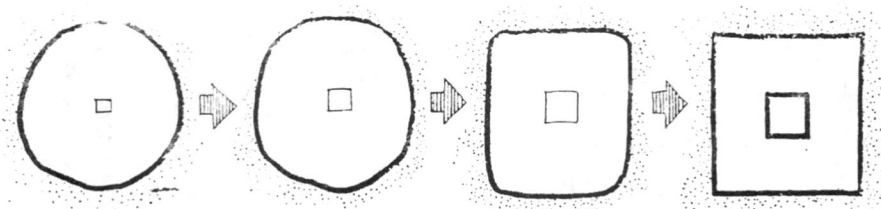

图 4-43 中国城市布局演化　由新石器时期的圆形聚落
变为方形城市布局并产生内城外廓之分

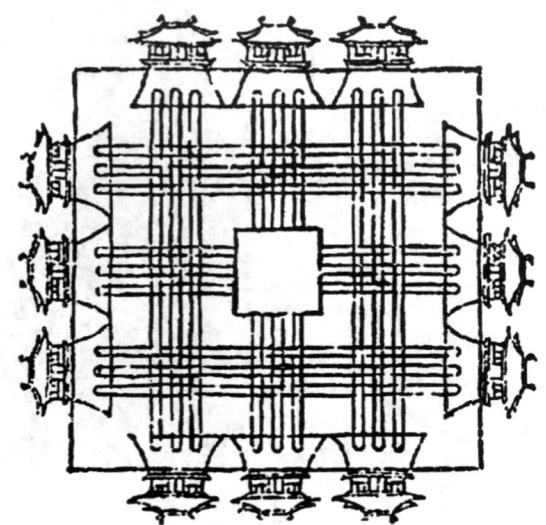

图 4-44 三礼图　王城图　聂崇义

原始住宅形式由圆到圆角方形，清晰地体现在考古发掘的材料中。在最早的圆形平面出现的同时，不规则的方形也已经萌芽。老官台和裴里岗文化中的单人墓葬坑皆为长方或圆角方形，这一标明了人体前后左右的方形与人体相吻合，体现着生者对死者的体贴，进而使住宅形式也逐渐发生了由圆而方的变化。在弥生时代的大中住房也经历一个由圆而方的演变发展过程：在一处遗址的三个住宅平面中，最底层为不规则的圆形，上两层均由不规则的方形构成。

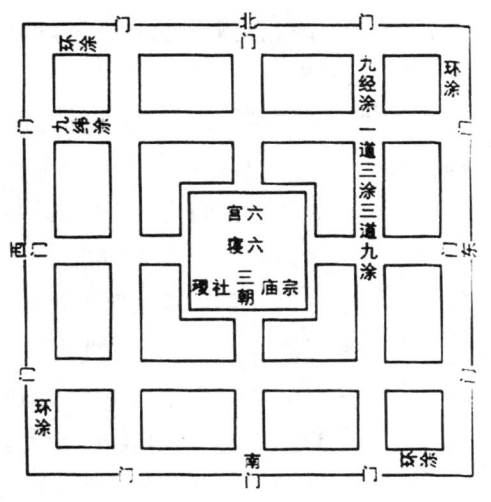

图 4-45 考工记图 王城图 戴震

十字形的表达

超越的希望在十字架中心上移中找到了表达方式，十字架因四臂不等长，西方人称为"拉丁十字"。罗马风教堂的拉丁长十字形平面代替了希腊的正十字形平面，体现着人们把全部希望寄托于教堂中的灵魂洗涤。似乎是蔑视地球引力法则的哥特式教堂，不仅表现在日益增高的趋势上，且凌驾于城市之上，用耶稣的话说："我的王国不在这个世界"。哥特教堂以三角形屋顶取代了拜占庭教堂穹顶，前者是外在整合意向，而后者则是内在整合的意向。由于哥特教堂是在罗马风的基础上

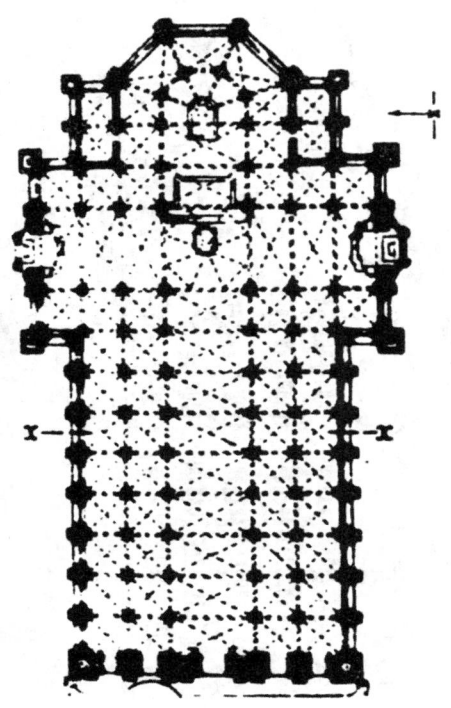

图 4-46 意大利米兰主教堂平面图

发展起来的,因此其平面仍是一纵长拉丁十字形,如意大利米兰主教堂、巴黎圣母院平面等图4-46。

这种拉丁十字的教堂也被比拟为一个神秘的人体,在中国最大哥特式石构教堂——石室中,采用拉丁十字平面,建筑中代表着基督教神圣精神空间的后堂象征人的头部和大脑;左右的两侧厅恰如人的双臂;而唱诗班所在的位置相当于包括心脏在内的胸部;中殿及两侧的侧廊,则相当于身体的下半部分。教堂的其余部分,象征着存在于世俗世界的广大物质空间图4-47。

在拜占庭建筑中,由于十字形平面使得中央穹顶的圆形空间与其覆盖下的立方体空间相矛盾,为解决化方为圆的问题,以达到使信徒超越自身肉体的现实存在,获得灵魂与上帝天国的整合的目的,采用了在十字形平面中心交叉域的四隅,由四个独立柱礅发起四个帆拱作为过渡,再于帆拱上扣接穹顶的技

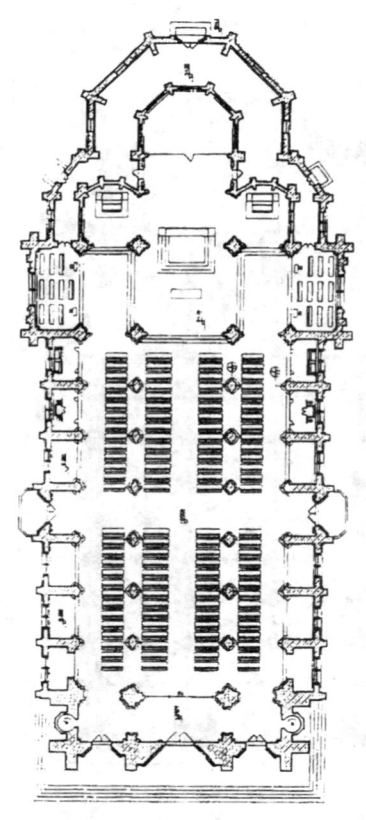

图 4-47 石室平面 南正立面

术使之得以实现。

从远古之时,十字形和圆形的结合便用来表达人类境况的内在方面。在基督时代,十字形被渲染了一层更为神秘的色彩。通过基督的受难与复活,来象征人类境况的戏剧性变化。印度马杜赖大寺庙为印度南部"寺庙城"的典型图4-48,共有四道围墙环绕着中央主庙,外部两道主围墙中央入口处,各设置一哥浦兰门塔,它们两两相对,暗示了十字形的空间存在。同样的布局柬埔寨罗勒斯的巴亢寺庙山平面与埃及开罗的苏丹哈桑清真寺等平面中也可看到。

综合抽象统一体——曼陀罗的象征表达

由人体形态而抽象出的圆形、方形等作为建筑原型母题蔚为大观,为每一文化体系中的建筑,以及所有的宗教庙宇,提供了接纳的"语言"表达方式,而所有这些都可以被综合抽象为具有绝对中心点的曼陀罗所涵盖。曼陀罗作为一种结构,经常显示出四极倾向和具有某个绝对中心;作为一种原型,它不仅出现于东方,亦出现于世界其他各地的文化符号中,这足以证明人类存在的普遍集体无意识观念。

建筑与装饰 在中国汉代出现的藻井中具有圆形、方形、八角形等多种形状,但它们指向性极为强烈,并终极指向具有绝对中心的圆。这一曼陀罗符号,足以形成内部空间的视觉中心效果,被皇室和宫殿所专用,塑造

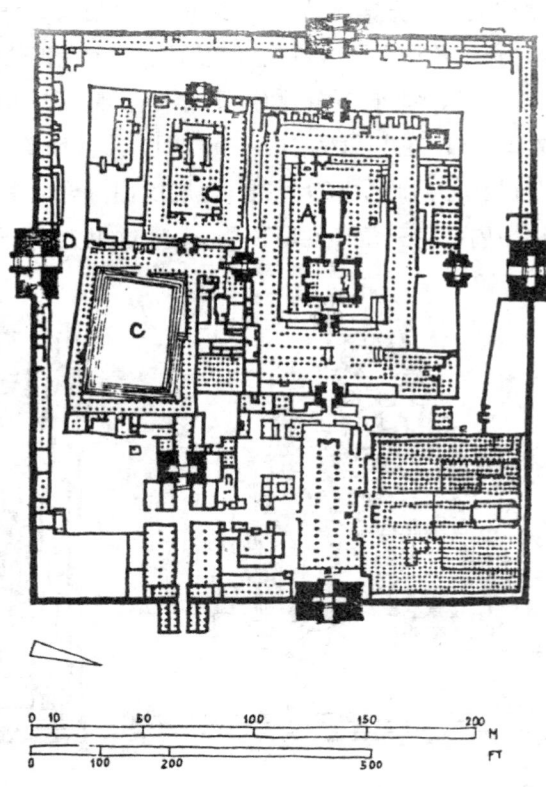

图 4-48 印度马杜赖大寺庙平面图

出神圣与华贵的空间气氛。

西藏的曼陀罗式《坛城》图以金刚萨埵为中心,四周环以菩萨、上师、空行、护天等诸身。整个图示中将圆形、方形和十字形(由通往中央内院的四个城门予以强化)被高度统一于中央的单尊佛像白金刚萨埵之上。另外圆形之内的方形四隅还有四位金刚萨埵化身的菩萨。四极上方是四位密祖宗师。

墨西哥的卡拉考尔庙,采用典型三向度的空间曼陀罗,表现了人类与太阳起源之间的联系,这是一个外在的与宇宙整合的意向。印度科纳拉克的太阳寺由一座内有神殿的高谈阔论高塔和前厅组成。其中前厅采用类似于儿童自我和房屋意向的四个圆形母题,反映了曼陀罗语言的普遍性。塔顶采用逐层内敛的叠涩密形檐,在垂直方位上形成三角形的趋势。

古老印度教寺庙中基部为正方形,向上逐层递减,通过方锥式或叠涩密形檐构成弧形方锥体,屋顶最终收敛于圆球体。整体外立面以垂直中轴线为脊,将方、三角形和圆有机叠置,形成了一个完善的空间曼陀罗布局图4-49、50。

北京天坛的祈年殿中,其布局呈现出与印尼"千佛坛"相类似的曼陀罗语言图4-51。它以殿为中心,最外围方形矮墙象征着尘世和大地,院墙上四个相对设立的门暗示着十字形,三层汉白玉台阶象征着天宇,与祈年殿三重圆形逐渐内敛为三角形的屋顶相呼应。这里方形、十字形、三角形和圆形最后都被

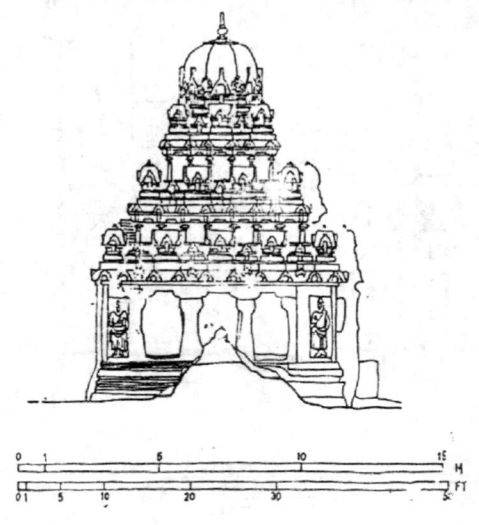
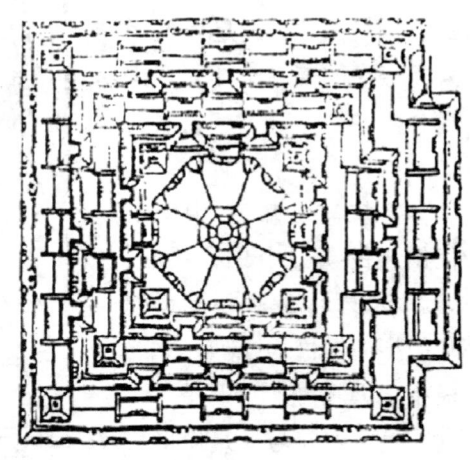

图4-49、50 古印度寺庙立面与平面的曼陀罗布局

紧缩于中心点祈年殿中。天坛的圆丘亦为曼陀罗布局，它向四极发散，然后又向中央最高层聚拢，将方形、十字形、三角形和圆聚合为一体。

　　柬埔寨的吴哥寺整体为潜在的曼陀罗布局，它建于三层台阶上，各层均以方形回廊构成内院的边界。矗立于三层台阶上的金刚宝座式主殿形成的中央主塔，与二、三层回廊四个角塔构成一个可以使人领悟为圆形空间关系，整个天宇恰似其穹顶。其侧翼寺院立面亦由象征着宏观宇宙人的方形、超越尘世欲望的三角形和起源结合为整体的圆形相结合，与大寺院共同建立起外在的与宏观宇宙相整合的意向图4-52。

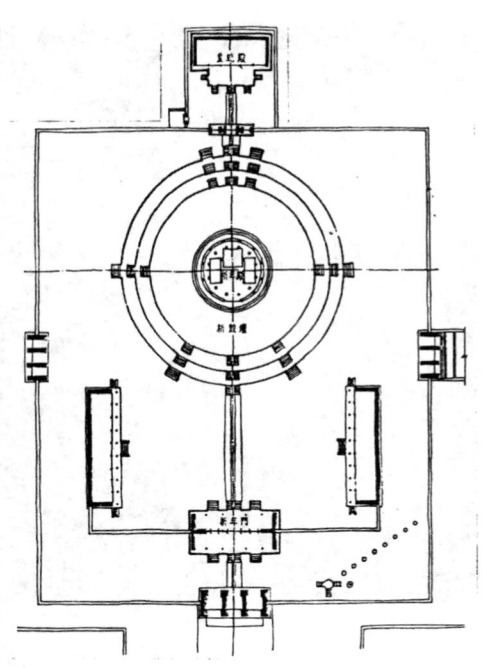

图4-51 天坛祈年殿平面图

　　布拉曼特最初设计的圣彼得主教堂平面为正方形希腊十字平面，十字通廊四壁凸出方形基体所限定的空间框架，在四角上重复了以小穹顶覆盖的较小而相似的正十字祈祷室，并在方形空间之四隅各升起一方塔。它们均以位于空间绝对中心的祭坛统一为整体，在中央大穹顶的笼罩之下，这种空间关系既可以被理解为方形，亦可以被解释为圆形，形成了完美的曼陀罗布局。米开朗基罗在保留其设计风格基础上，将四隅之方塔去掉，并加强了四根支撑穹顶的支柱，进一步强化了教堂的曼陀罗布局图4-53。

　　城市的曼陀罗布局　在上述《考工记·匠人》"营国"中记载了周代的都城布局；实际上，这种"四方分城"的典型曼陀罗布局在中国已早有先例，只是自周以来，更是以一种"礼制"的方式对这种语言进行了诠释。

　　另外，中国人以五行阐释大地四极方位，并将每一极都赋予动物神的形象。将这种手法运用于城市布局中，于四方各设以一相应的五行命名的门，并认为以四神把门最为吉利。但无论如何演变，其中潜在的仍是恒定不变的曼

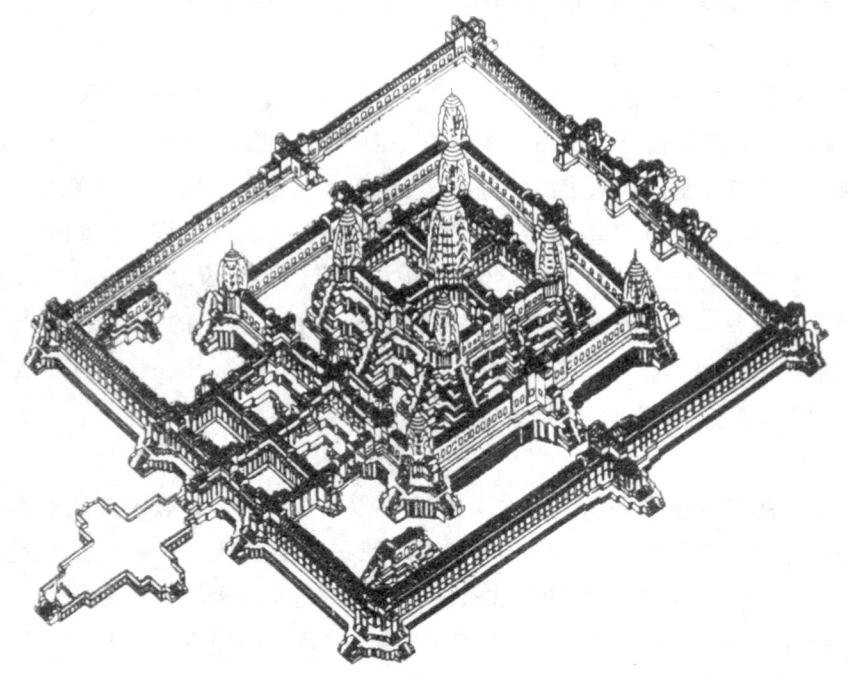

图 4-52 柬埔寨的吴哥寺整体为潜在的曼陀罗布局

图 4-53 圣彼得教堂完美的曼陀罗布局

陀罗结构。由此来看,这一建筑原型如同一个富有弹性的机体,适应着不同形态的文化环境图 4-54。

自文艺复兴时期,欧洲人阿尔萨斯、摩尔、吉奥尔治·马蒂尼、菲勒雷特、斯金姆斯等人都曾先后提出了许多"理想城市"的方案图 4-55。虽然形式各异,但无论设计者基于何种目的(政治或审美),摆脱不了向心式圆形等曼陀罗形式的布局,这充分揭示了人们不曾间断的心理需求,从而将这一原型意向无意识地传承下来。

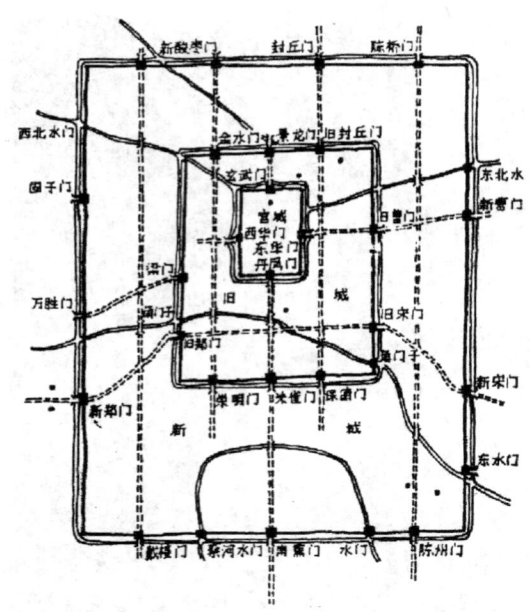

图 4-54 北宋东京开封城布局平面图

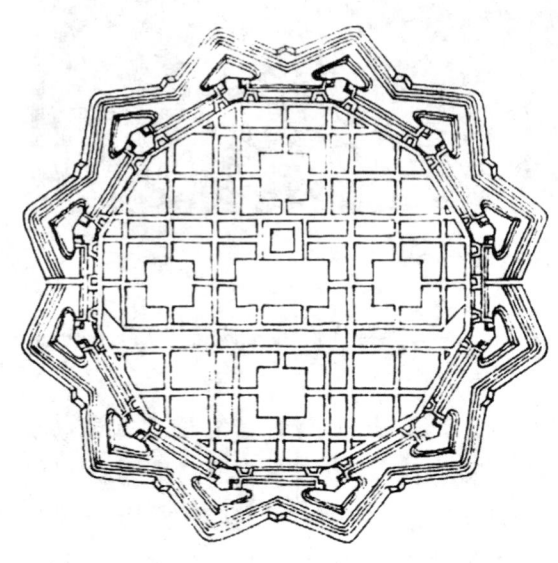

图 4-55 1605 年 A.D.斯金姆斯提出
的"理想之城"方案

其他多元化抽象表达

身体方格网的突破与建筑解构 建筑是身体的反映、投射或产物，建筑线条和身体线条有某种神秘的近似性。在文艺复兴时期"人"被解构了以后，"建筑"也同时被解构了。由于无刻不在的超验幻想，"身体"突破了方格网，例如古典后期的巴洛克动荡不安的线条，晚期现代主义大师勒·柯布西埃的朗香教堂以及"后现代"解构建筑师的反柱网方格。超验的身体曲线一直在动态地突现自我，身体的神秘的"动线"改变了原有的静止与逻辑的柱网。建筑与人同时被"解构"，在场状态与建筑"感觉"共同构成了人与建筑的互动关系。从人、自我、伦理、思想方式等畸形变化角度来形成零散的分裂的人体抽象形态。

人体曲线的抽象化表现

大多数后现代建筑的隐喻都是含混的，黑川纪章从生命体的脱氧核糖核酸 DNA 的自然结构中受到启发，构思出类似螺旋体形态的城市规划方案，体现了建筑师对于生态问题的重视。而矶崎新对隐喻的偏爱则使他的建筑融合了多种历史样式以及丰富的意象和内涵，一些主题经常在他的作品中被反复，比如神柱、几何体原型、暗空间与虚空间，甚至梦露的性感曲线……实际上，矶崎新的北九州美术馆、图书室餐厅和神冈镇厅舍等也都突出反映了这一主题。根据玛丽莲·梦露人体形态优美的曲线，矶崎新构思设计了多项建筑及室内设施，将情欲主义作为渗透于他作品隐喻中的一个重要主题：群马县美术馆门厅的墙面入口门道形状是玛丽莲·梦露的裸体曲线剪影；北九州图书馆餐厅屋顶及馆内曲线型胶合木板椅、福冈市政厅入口走廊立面等也都采用了梦露的曲线隐喻图 4-56、57、58。

图 4-56 矶崎新 北九州图书馆餐厅梦露式屋顶

人文主义建筑学的"人体改写"对原始社会"人体象征"的传承

人文主义建筑学的概念 以人体形态象征建筑，是原始社会人们感知和诠释所见事物的一种自然方式，他们那种通过潜在意识把世界人性化，并以人体及自身意志去了解它的天真的神人同形论的方法，对于以后其他时代乃至现在的美学及建筑学，特别是人文主义建筑学等都具有着非常积极和深远的影响。

图 4-57 矶崎新 福冈市政厅入口
走廊立面的梦露曲线

图 4-58 矶崎新 北九州美术
馆梦露式曲线坐椅

　　人文主义建筑学,是以人为中心,通过不自觉地将建筑赋予人的运动和情
绪,把自身的功能形象投射为具体形式,从而把建筑改写成人类自己的术语
方式。希腊、罗马以及后来文艺复兴时期的建筑都曾运用了人文主义的语言
进行"人体改写",从历史来看,文艺复兴建筑中突出的控制因素不在于材料与
政治,而更加注重的是形式的情趣和给人带来的愉悦感,将人体最喜欢的状
态写入建筑之中。实际上,如同儿童能够运用永恒的假想和"无尽的模仿"来
自发地了解世界;信奉神灵的原始部落也以同样的方式,把所有事物视为具

有与己相似的神力支配,并由此创造了以人体形态为基础的建筑等表现艺术,做出了非常杰出的成就。在此基础上,建筑理论家从人的内在冲动而非外部因素的支配出发,探究建筑的本源,形成富于情趣的建筑观念,建立起了把建筑视为一种以人体及其状态为基础的设计艺术理论,用人体这种普遍性的隐喻宣称了建筑艺术是人体状态所"改写"的建筑形式,创造了系统的"人体改写"的人文主义建筑学理论。

理论的深化与探讨

建筑是自然与文化共同作用的产物。作为文化的产品,它所包含的信息和意义,即特定文化的价值观念和风俗习惯若隐若现地被表达,在指导人们活动和影响人们环境经历与意义的同时,建筑还潜移默化地受到人类自身及文化因素的深刻影响。美国学者阿摩斯·拉普卜特通过广泛而系统地考察人与建筑关系中的文化因素,研究特定人类文化因素对于具体环境形式和意义的影响,论述了人文因素在理解与创造环境中的重要性,使人与建筑环境关系问题的研究具有了更为普遍的意义。在《城市形式的人文方面》一书中,拉普卜特进一步采用信息论的方法,研究了人怎样塑造环境以及人和环境相互作用的机制。他的处理方法是以人为中心,通过研究个人和集体的,自然与社会文化环境的经验,以个人对世界的丰富感知及对其诠释为起点,而把集体视为个人间相同的心理特征和需求集合,构成他的以行为主义为基础的理论。

柯布西耶在著名的《走向新建筑》一书中曾说道:"建筑应该使用那些能影响我们感觉,能唤起我们视觉欲望的因素,同时应以如下的方式来安排这些因素:它们的状况通过优雅与粗粝,狂暴与安宁,漠不关心和兴趣十足直接地影响我们……建筑是人类按照自然形象创造他自己天地的第一个表现形式。"图4-59 由此可见,生命形式与艺术形式具有一种同构性。人既然是一个生命有机体,就具有一种生命永恒的"必然形式"。当人与周围环境发生关联时,自然会将自身生命形式结构投射与外化为具体的对象,从而创造出赋予生命力的"活的"建筑形式。因此运用人体这种具有普遍性的隐喻,是最为合理并易于被人们深刻理解和普遍接受的方式。有学者指出:在人类高级复杂的情感与人性结构中,无疑会包含着低等生物的生命结构。这一观点清晰地解释了建筑艺术中所隐含的具有普遍意义的有机体生命形式。

图 4-59 充满柔情的伊瑞克提翁神庙爱奥尼柱

理查生在 1982 年运用人种学分布的描述得出结论——存在于场所的体验是关于人文的概念,即一种特有的与社会的恰当行为。那些活跃、敏捷和聪明的人类行为被转化成人们在场所中的体验代码。对于他而言,这种被体验的空间现实联系着人类文化的基本原动力。虽然理查生并没有直接讨论过关于人体象征性空间这一内容,但他通过聚焦于如何将"存在于那里"与人类文化学相结合,确保了这一观念的方法论基础,从而得出结论:场所被完全地和社会文化地在空间本体和人文理念两种现实建造中同时展开,并通过二者的辨证关系,发生相互"转化"。

从原始社会到当今建筑发展中的延续

虽然人文主义建筑学的若干要素源自于最原始的需要,但其组织和选择却使它的结构需要和功能与人的头脑意向及肉体功能相匹配,通过建筑与生命体之间的类似性,将多种多样的人类精神、情感、个人经验和想象投射于建筑之上。因此这不仅是原始人的方法,也广泛存各个时代、各个地区和各种形式的建筑创作之中。作为结果,建筑便以我们对自己所见本能模仿的形式出现,并成为人体良好状态的真正象征,从而能够令人感到愉悦。例如古典建筑的许多支撑与被支撑构件中,常会令人情不自禁地感受到负于其上的沉重荷载好似压在人体自身之上,这一感觉在人像柱中被得以具体化体现:柱子上微微凸起的轮廓"收分"充分表现了人体在重荷之下的肌肉紧张感,从而赋予僵硬无生命的石柱以令人惊奇的情感表现力图4-60。我们再以椅子作为研究的出发点:作为人体的一部分,它是对脊柱的模仿;作为人体替身的投射,它是对身体重量的模仿;作为人体感受的表达,它又是整体感觉与知觉的模仿。源于对人体形态及感觉模仿的椅子。由此其各个不同部位也常被冠以人体或兽类器官的名称:腿、臂、座即臀部及背,甚至有时会被直接模拟为身体的造

图4-60 罗马佐卡里宫殿的大门

型。这种表现形式自古以来屡见不鲜，可以说人文主义建筑学正是运用了建筑结构与生命形式的同构性，把建筑本身输入人体的生气、脉搏和生命机能，创造生命和情感的符号，从而更加清晰生动地唤醒我们心中对实体安全与力量记忆的压力及抗力提示与呼应，令人们从中真切地体验到生命与情感的全过程，并最终使建筑本身成为诉诸人类意识的生命体。

随着现代生活的多样化，人们文化素质、生活习惯的改变都必然会深刻影响并反映在人们的建筑观念中，建筑与人的关系也变得日趋密切与复杂。上世纪中叶以后多风格，多流派，多元化建筑思潮的涌现与并存，都反映了建筑观念中"人"的概念的发展，即由以生理学规律为依据的抽象的人演进到以人类文化为依据的社会的人；反映了人主体意识的不断觉醒。因而，它与当今世界文化的多元化潮流同出一源。这使我们想起布鲁诺·赛维的一段话：对现代作品的审美评价标准固然与对过去的没有什么不同，但现代建筑的艺术理想却是与它的社会环境分不开的……人类活动和生活的多样性，物质和心理活动方面的需求，他的精神状态，总之，这个完整的人，肉体和精神结合为活的整体的人，就是现代艺术的源头。

建筑实质上就是要在自然界中定义出一个体现某种文化特定的生存方式的功能。使处于其中的人们产生认同感，使人把握并感知自己的生存文化，进而在心理上获得一种精神归宿。纵观建筑形式的演变历程，可以发现人类对建筑形式认识中的每一次深化，都反映了人主体心灵与客观物质世界在更高层次上的契合。当代世界建筑潮流的总体已更多指向了多元化和人性化，强调人的主体性即对人类自身的探求，深入发掘人们的生活领域，抒发人类内心情感，体现人类生活的种种意向。因此建筑不再仅仅是几何学与符号的描述，而更应被理解为具有人文意义与特征的象征形态。建筑作为一种文化现象，维系着人类生活而存在。随着当今科学技术的突飞猛进，人们越来越重视研究"人"在建筑与城市环境中的主体地位。虽然表现外在于人的物质形态，但建筑毕竟是出于人类自身的需要而创造的，只有把建筑作为与人相联系的观念去考虑，才能在二者之间建立起真正的内在的联系。

"功能主义"常被作为"现代建筑"的代名词而遭受人们的批评。吉姆斯·斯特林曾谈道："在当今美国，功能主义意味着适应工业过程和工业产品建造；而在欧洲它依然意味着为特殊目的而进行的，实质上是人文主义的设计方法。"前者作为五六十年代的主导,在建筑中忽视了人这一重要的因素。由于唯科学主义与现时的崇尚文化,寻求人的生存价值的社会取向相背离,从而使人文主义思想日占上风,作为结果建筑艺术不断趋向于大众化。人文主义重视人的价值,反对工业社会科技对人的异化和奴役,以对人的肯定代替了对机器的崇拜。这种思想使建筑师经历了由居于"神"格的创造者向"人"的毅然回复。后现代建筑抛弃了现代建筑摈弃自然,奉行房屋是"住人的机器"的设计态度和乌托邦式理想,他们认为:建筑艺术应该回归于大众的世俗生活,反映大众的物质与精神需求,为大众所真正热爱。后现代建筑接受了多元并存的时代精神,强调人的价值,重视人的精神需求,将大众共同的审美情趣引导到多样化感性化,并影响着建筑风格的形成。鄙视冷漠无情现代建筑的后现代建筑师将目光转向古典历史和地方文脉,在满足建筑师个人志趣的同时,更迎合了大众的怀旧情绪和民族自豪感,例如建筑中常用的隐喻手法很重视建筑的象征意义,并考虑建筑对人精神的影响,它丰富了建筑的内涵,并促进其实用功能。由于隐喻主义建筑只有让人理解才具有意义,所以它更加关心建筑与人的交往,提倡建筑要与大众交往,反映世俗文化。人作为大自然的一部分,与自然之间有一种深厚而不可分割的情感联系。隐喻主义建筑强调与自然和人之间的关系,并间接地通过暗示和联想等方式表现人体这一自然性主题,甚至建筑构件也常与之密切相关,西班牙的戈地、法国建筑大师柯布西耶和后现代建筑旗手文丘里等热爱大众的建筑师都将其创作触角深入大众和民间,创作出一座座脍炙人口符合大众口味的动人建筑作品。

在柯布西耶早期的一些绘画作品中也有很多曾以人体为主题:1930年在巴黎瑞士学生宿舍壁画中以缠绕在人体周围的手和脚作为魔力象征的表达;1934年创作的《教堂中的女子》表现了一个浮在半透明几何体与有机体上展开翅膀的女人,右翼支撑在一只巨大的张开的手上面图4-61、62。在柯布西耶的昌迪加尔,这只向上张开的手被做成了室外雕塑图4-63,成为城市的象征与昌迪加尔的隐喻,即"新印度的神庙"。"将一只张开的手的象征符号立在正在建设中的昌迪加尔首府的机关部门的广场中间,对印度的意义也许是,迎接新的繁荣,并将这种繁荣贡献于人民。张开的手标志着机器时代的第二个阶段:一个和谐的时代的开始。"由于超越了时代和文化的局限性,可以使人对同一建筑的形体与空间意义产生不同的理解,从而也使建筑变得更为

图 4-61 勒·柯布西耶的巴黎瑞士学生宿舍壁画　　图 4-62 勒·柯布西耶绘画作品：教堂中的女子

图 4-63 勒·柯布西耶"张开的手"
纪念碑草图 昌迪加尔

有趣。柯布西耶 1950～1953 年创作的朗香教堂设计采用新颖古怪的塑性有机造型，创造了一个类似于原始洞穴的意义含混的隐喻空间，被比喻为"修女的帽子"，"树端的云彩或房子"，信徒的耳朵等等。它将教堂作为人类倾听上帝意旨的神圣处所，在人性与神性之间建立起一种神秘的沟通方式图 4-64。

　　日本建筑师石山修武在幻庵的设计中，虽然采用了最先进的工业材料，但依然借助了原始的隐喻来构筑建筑的形式。建筑以墙面代表高山，以圆窗代表日、月和北极星等，而其整体又构成一个人脸的形态，深蓝色的图案和五光十色的玻璃令人仿佛置身于日本传统神话之中，作品充满了迷人幻象和浓厚的人文气息。

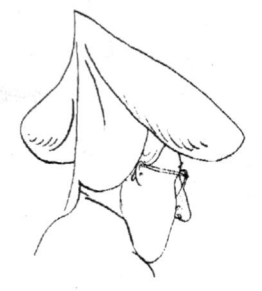

图 4-64 黑勒尔肖根据绘制的朗香教堂建筑隐喻图

从语言学、场所精神、建筑意义等高度对人体建筑的深化探讨

　　"身体"这一术语,包含着它的生物与社会特点,并且被具体化为一种感性经验与形式所限定的"不确定的方法论领域"。以人体为象征性空间是人们经验与意识采用物质形式与空间形式的定位。在空间和场所讨论中定位人类学理论常常受到地理和社会作用的支配,这个主题将会引申到更大程度上学科相互间的讨论与对话。因此在明确了定义身体、身体空间和身体经历的文化解释内涵之后, 研究者开始努力探求象征性空间在相关领域的进化与发展: 包括从人类空间关系学霍尔 Hall 1968、现象学的解释理查森 Richardson 1984、空间定位曼 Munn 1996 和语言学的范畴普然提 Puranti 1997、场所精神、建筑意义等多角度进行探索, 从而使人体象征性空间成为一种通过空间定位、运动和语言理解所呈现出的建筑生命场所与空间创造模式。

　　在空间和文化领域中,理论界一直致力于发展把身体作为对其分析的一个完整部分。这些思索有些已经通过身体对空间结构和权力的历史分析,在许多建筑师的作品结构和社会学家的观念当中得到揭示。但是研究者需要一种上升到理论的形式化,提供日常的物质的基础,以及一个对于身体、空间和文化相互交叉,相互渗透的经验,认识或感情的理解。这些理解不但要求身体与建筑空间的理论、经历相接近,更允许关联在更大范畴的社会学与文化学中进行加工处理。正如象征主义建筑理论家诺伯格·舒尔茨所提到的:"建筑历史有着两条平行发展的线索, 一条是有关建筑物及其实用方面的史实,另一条是象征性的观念史"。现代建筑运动否认人与自然的和谐,强调"建筑是住人的机器"。20世纪作为文化的重建时代,急需一场理论甚至文化对话,使建筑中传统文化蕴涵真正价值得以解放。由此浪漫的人文主义超越了理性意识,令冷静的科学原则变得亲切而不再陌生,它以人的需要为本,即以人的生命体验为中心,形成一种超越历史与个体的普遍绝对体验形式,将人体形态、人类的精神情感等投射于建筑之中,从而使人们在完全认识与理解人与环境关系基础之上,创造出有益于人类居住的场所。

从语言、文化学角度对以人体为象征性建筑的探讨

罗伯特·斯特恩说:建筑与其说是一种创新的问题,不如说是解释的活动。作为一名建筑师,就是要能够用自己的喉舌讲出全面性理解的形式语言。建筑师真正动听的演讲是使他的声音达到激情的高度,产生每个元素每个词意义上的共鸣。遍布于我们周围的每幢建筑都存在着确定的机会,以便重建事物的固有秩序。因此考虑到事物固有秩序的全面理解性的形式语言成为真正后现代主义的共同目标,只是形式变得更为多样化而已。以人体类比于建筑这种单纯的"定性事实",构成了"人与自然的共鸣",也构成了建筑语言的基础。

人存在于语言中,而建筑本身也是一种语言,在人类学中,由于身体主观与客观二元论在决定中的困难以及身体空间物质与表现方面之间的区别,空间分析经常会忽略身体。但是这种人体象征性的空间概念,将不同的理论观念综合放置在一起,强调了身体作为一个物质与生物实体的生活经历和媒介中心,在世界语言学与行为学定位中具有不可忽视的重要作用。

人类的"思想"与"形式"一旦经过语言理解与阐释,便会经过人的"心灵之镜"移植到特有的"文化语境"中。人们习惯于通过自己对世界的解读去理解生存,在这个表现过程中,自我就不自觉地进入了包括建筑在内的一切人类创造物中。因为这些思想语言与形式阐释了人当下的生存状态和肉体体验,人的灵魂、情感、精神世界,所以这种生成与置换过程本身就是一种创造过程。艺术家通常是用体验的方式来了解生存,通过语言作为转换媒介,将语言表意功能无意识地加入身体因素以求转换。从而将之"内化"为一种心理状态和一种存在感。同理,建筑创作语言也毫无例外地被转换为人体元素及生存状态。

以人体为象征性的空间是指人们根据经验和意识，采用物质性的身体与空间形式作为出发点，通过空间定位、运动及语言理解来创造空间模式。它是在追踪了同人体象征性空间相关联的各种进化演变——其中包括对人类空间统计学、现象学、空间定位和语言学范畴的整体性理解的基础之上，对建筑空间创造的进一步完善与深化。

多元化的身体概念

人类是具象化的，每天的生活都受到具体存在细节的控制。布莱恩·泰纳在 1984 年指出人类"具有身体"，同时也"是身体"这样一个明显的事实。但他也警告说生物的简化论将使人们不再关注于身体也是社会的和文化的方式。而实际上，虽然身体是依赖于生物学上的一个单独有机体，它的繁殖、培养存在于其他个体与环境之上，即使是这样的生物个体也是相互关联的，依赖于其他的社会生命。因此，身体最好被构想为一个多重性组织：至少包括社会的与物质的两个身体——道格拉斯 1970；"个体、社会体、政治体"三个身体……或在这三者之上再加上消费主体和医学身体的"五个身体"。

通过对精神病人的分析，霍德·瑟利斯 Harold Searles 从另一个角度提出了对于身体空间构成的看法。精神病人曾对他说："医生，你不知道它（意指建筑）像什么，通过正方形的眼睛看外面的世界"…… 瑟利斯解释这种观点意味着精神病人通常不能够像正常人那样按照空间关系的角度从房间边界之中区分出他的身体，在他们看来身体即房间，窗即成为他们正方形的眼睛与观察外部世界的途径；并且精神病人所有的经验、阅历和与社会的相互关系都是由这种感知促成的。建筑空间被他们的身体所添满，空间的感觉和体验联系着个人的感知和心理状态的收缩与扩张，以及社会联系和外化的倾向。精神分裂病者这种将自身视为空间的曲解，通过分离物质和生物身体的自我；区分在身体、自我及世界其余部分之间可察觉的边界联系，以此来挑战普遍被人们所接受的身体，从而形成了身体、自我、社会表皮（建筑）异质同形的观念。

在西方文化看来，人们"自然地"将空间置于身体之中，即把建筑空间与人体融合为一体，实际上这是一种先于文化假定的事实。人们想象着自己通过"社会皮肤"（即建筑）去感受外部世界；而身体表面就仿佛象征着一种社会的共同边界，从而构成了社会化戏剧上演的舞台。

移动的空间领域

象征性空间是存在于世界的,即实体的与现象学的空间现实,它具有气味、感觉、色彩与其他感官的物理特性。人们使用象征性物体去唤起经历记忆,塑造经验于象征物之中,而后再将融合的象征物回归到经验之中去思考。现象学在空间创立理论中的转变开创了在身体体验中对知觉重要地位的探讨。从这一角度出发,身体变成了使空间客观化具体化的感性过程基础,通过考虑我们如何转换经验为象征,而在一个物体内部重新创造体验。

现象学关于象征性空间的建议,被那些研究个体如何使空间等同于社会结构的学者们进行了调整和阐述。在空间如何变成社会的和社会如何变为空间的双向关系中,亚伦 Pred 追溯了瑞典南部日常生活的微观地理学历史,研究了在土地所有权造成的当地社会结构影响下,每天的行为和活动是如何产生空间转变的。由此推论出空间总是包含着"自然的充当物与转变,它们是与在时空中社会的再现与转变不可分离的"。这种具有洞察力的定位空间战术和运动分析引起对于世俗的人类行为的关注。

人类学家也特别提到了运动在空间创造中的重要性,使空间作为运动载体而非概念化容器。美拉尼西亚的人种史学家在文脉研究中,强调了问候、时间行程、事件定义、人与土地或景观识别中空间定位的重要性。南希·曼 1966 通过考虑空间与时间"作为一种产生具体行动者与陆地空间二者之间相互关系象征性的关联",将这项工作的几个方面综合起来,提取了"行为区域"和"行为基础"的概念,构筑了一种可以被理解为文化所限定的"动态空间区域",物质的感观区域通过在场所中运动的身体而展现出来。我们以柯布西耶的萨伏依别墅为例,在别墅中他采用了两条竖向的交通流线:一条流线为螺旋形楼梯,是沿顺时针方向的曲线型,在竖向的行进中增进;另一条流线为坡道,是沿逆时针方向的直线型,在竖向行进中连续。这两条流线是相互垂直的,且几乎在一点上相切。同时,柯布西耶通过其他方面相当标准的建筑元素极其灵巧的安排,创造了一个高度复杂的空间——时间关系的周期性模式,并主要通过人的身体运动来体验。当人们能够感受到自己的身体运动与在另一条流线上的人相关时,人们可以借助与另一个参与者的周期性联系,敏锐地意识到自身的运动,由此产生令人愉悦的感受图 4-65。

富有典型性的人种学例证,是土著居民根据祖先的法律处理土地的空间
界定,并且致力于研究被建造的特定种类空间形式,以"一种缺失或者界定来
约束一个人在特定场所的存在",为每一个人创造了一种排除或限定区域文
化范围。在他们的道德、宗教法律当中,土著人创造了迂回的路径,通过迂回
的方式,行动者可以开拓出一个延伸和超越他们自身视觉空间领域的消极空
间。这种行为就形成在移动身体之外短暂而重复性的边界,设计出一种在土
地或场所基础之上的限定表现,强有力的地质中心和"特定的"土著场所。(在
此,想象力极大地延伸了身体运动的领域和路径的丰富性。以爪哇岛婆罗浮屠
的一座佛教的窣堵坡为例,作为一处非常特殊的场所,通过绕行的路径到达——用脚一圈又一圈地走
到建筑顶部图 4-66。)

这种分析的重要性在于证明了祖先空间限定的法律力量如何以一种从

任何"固定"中心或场所分
离出来的,行为"中心的,
移动的身体形式"转变为
空间的"象征性方式"。"被
排除的空间"变为产生于
行为移动空间领域和身体
行为世俗空间相互作用之
外的时空构造。这一理论
综合并超越了以文化构成
的空间定位和人际关系距
离的空间关系学概念,以
及通过将人作为一种真实
具体化空间象征的,人类
存在于世界的现象学理
解。在此,身体进一步被构
想为一个移动的空间领
域,在世界上制造了它自
身的场所价值。例如:在基
斯勒·凯斯勒所创作的无

图 4-65　勒·柯布西耶的萨伏依别墅中楼梯与坡道设计

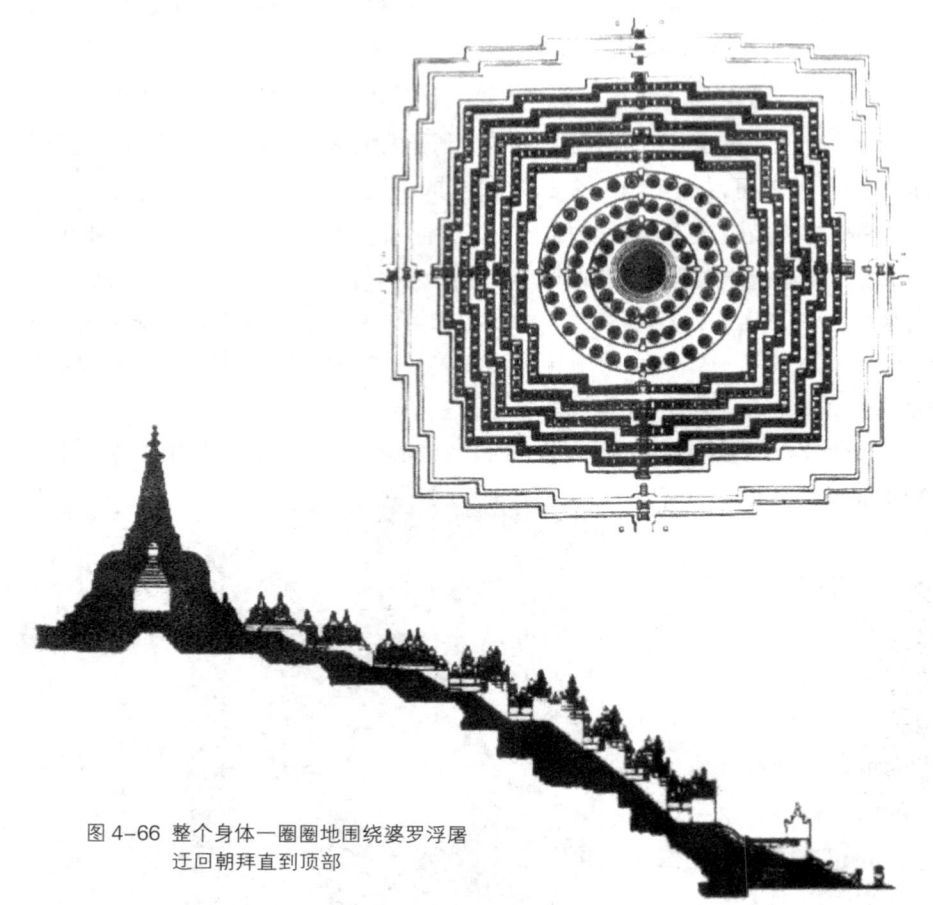

图 4-66 整个身体一圈圈地围绕婆罗浮屠
迂回朝拜直到顶部

尽住宅中,人们不难看出一种在建筑空间与身体之间的对话,以一种新形态
的有机建筑形式,即以生命的基本需求,身体的新中心,形式、尺度、需要和本
能等特征代替了建筑表现的需求,最终以人类身体为基础创造出一个更具流
动性的建筑空间。图 4-67

　　基于南希·曼的通过个人移动穿越而制造空间的思想,斯图亚特·洛克菲
勒 Stuart Rockefeller 于 2001 年在此基础上将移动空间领域修改为一种:由个人
运动、旅行和离开本土的移民跨国界所形成的公共场所理论。他追踪了运动
方式是如何共同构成并再造所在地的研究,并提出了:场所空间,不是仅存在
于景观之中,而是同时存在于土地与人们的心目中,存在于习俗和具体的实

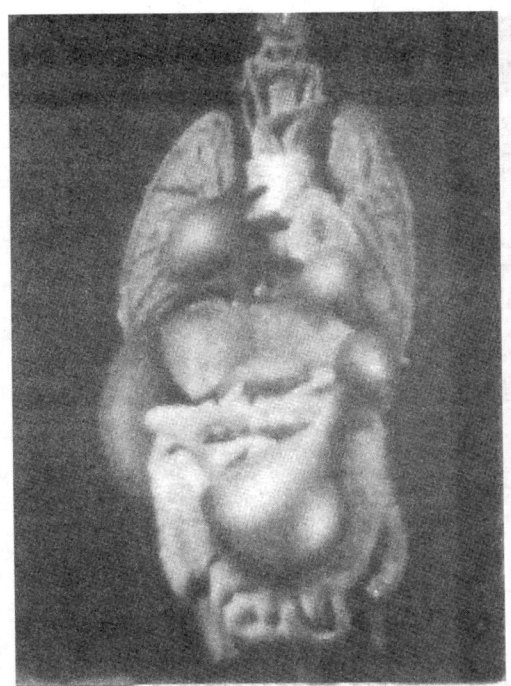

图 4-67 人体模型与基斯勒·凯斯勒
的无尽住宅比照

践中。他使用这种形式化,通过追溯劳动力移民在玻利维亚和阿根廷之间的横越,使行动者的象征性空间如何被占据并创造超越国界的空间理论化。例如,在世界所有的场所之中,雅典卫城是最可能让西方参观者崇拜的地方……即使在许多世纪之后,它仍然是人类所能达到的最接近于将人体与神相结合的一座建筑。那些神庙建筑处于合适的场所之中,而场所又回应着人类的秩序感,这些秩序感源于身体,并且必定一开始就存在于人的身体之中。一旦观者在场所中的移动,那些围合的建筑物以及希腊平原的远景就开始不断重现。可以想象,诸多 20 世纪的建筑师,当他们再次面对这个场所,在其上布置建筑物时,一定会强烈地感受到这个场所的特性与魅力。

身体象征与空间的交互作用

身体与空间心理学联系的早期理论确立是艾利克采用空间形态所表达的生殖形式——即将空间形态归属为性和生殖形式。在对儿童的发展研究对比中不难发现:年轻男孩倾向于修建较高的团块结构,甚至达到倒下的高度;而年轻女孩则更倾向于建立以静态的室内和围合空间所创造的场所。由此得出结论:孩子视野中的建筑空间是由生物的文化的和以建筑形式外在表现中性心理相互渗透构成的。

早在 1955 年欧文就认识到在空间定位中的文化因素。肯定了空间图解是人类定位的基础和一种从世界观角度出发的定位于超越个体经验空间世界的象征方式。爱德华凯西也主张将空间的出现视为一种有价值的概念,而这种价值仅仅体现于空间定位和通常所感知的对身体重要性认识之中。例如:人们常常可以抽象地将人类心理坐标描述为一个以身体为中心而由头部导向的前与后、左与右的直角坐标系,它与同等的身体——中心但严格垂直的上、下坐标相关联。图 4-68 人类学家哈里特·亚历山大曾提到的七个方位,这七个心理坐标被解读为一个神圣的数字,作为世界框架或者世界居所的定位,它们代表着人类向宇宙的最初投影。而后,许多人类学者也纷纷提供了对于身体空间其他精神分析的解释。罗伯特·保罗曾引用雪巴人的神庙为例证:他们内在的经历产生了宗教,在此基础上我们解读神庙建筑作为一种对于雪巴人神秘自我生命的指导,并将之视作一种主观的客体。因此得出结论,即在自我表现与建造的空间二者之间存在着一种内在联系。玛丽亚在 1990 年也

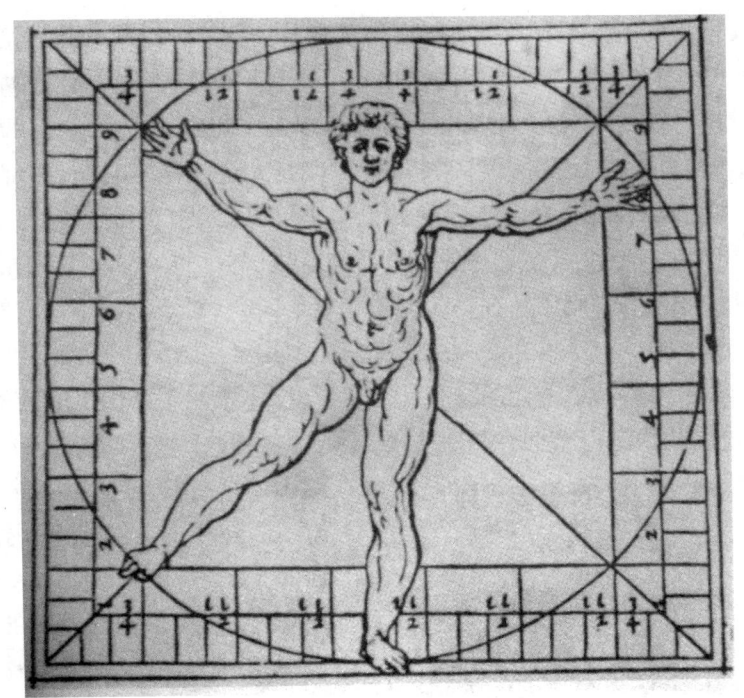

图 4-68 塞尔里奥的人体图

曾建议存在着一种由书写身体和使人在世界中存在自然化的历史社会结构所限定的"最小化"本体，它发现了在身体经验中存在着一种自我表现的描述与表达方式。这并不是生物所产生的性的身体空间和表达方式，而是在身体当中所蕴涵的社会政治与人类文化联系的记载方式。也有些人争论说个人与社会的身体不能被看作自然的，而只是人类劳动自我创造过程的一部分。男女平等主义者则更强调了场所是一个在忽略女性和人身体消极状态下，所采用的一种在社会联系网中行为和媒介的定位。

　　大多数人类学家认同包含于人体中的社会与文化特色，认为"身体技术"获得的习性与细胞体战略，合并了所有使用和形成人体与世界的"文化艺术"。以拉丁术语"习性 habitus"为例：它既可以去描述身体、心和感情同时被运用的方式；也可以解释道德品性如何通过身体行为、社会行为与感情状态、思想意图间的协调被获得，使社会状态和阶级地位演变为每天生活的具体体现。可见，身体习惯体现着文化特征与社会结构，它不仅构筑了人类世界的物质起源,也是创造人类自身世界的有力工具。这些身体空间的人种论运用人体作为一种隐喻手法去表现空间。比起生物有机体本身来讲,此时研究者更多的侧重于作为社会与文化概念的身体,以及文化影响对它的作用与应用。例如:索尔兹伯里的约翰所生活的欧洲刚刚开始进入稳定时期,内部仍然存在战乱与无政府状态,此时有墙的城市似乎可以提供有形的安全保证,因此他所构想是一个现实社会秩序原则的身体等级图像。图4-69 而与之相差一个世纪的德·蒙德维尔则生活在一个比较稳定的时代,对墙有着不一样的构想:在社会危机中,人与人之间的墙被打破,身体各器官试图将它们自己的体液与体热跨区传送,超越身体的组织。德·蒙德维尔跟索尔兹伯里的约翰一样,认为身体结构跟城市结构有相通之处,不过二者导出的城市不太一样。德·蒙

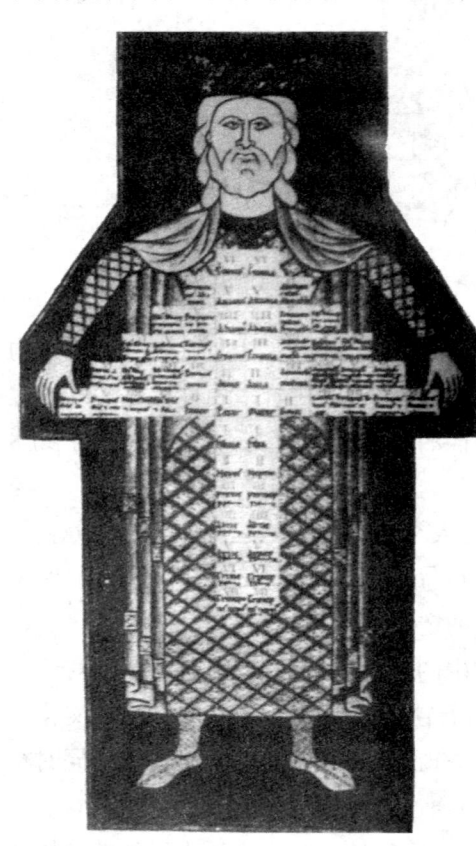

图4-69 索尔兹伯里的约翰的"身体政治"
显示了社会等级 13世纪

德维尔所导出的是一座体热与压力不断在改变的城市,其内部是相通的。譬如那些被自己家乡驱赶出来的外地游民拥进巴黎,在身体政治中,器官会因压力而退缩。由此可见,索尔兹伯里的约翰与德·蒙德维尔二者之间,存在着身体政治想象的鸿沟,前者把城市想象为有等级的身体生活空间;而后者则把城市想象为一个彼此连接的空间。

将身体作为一种空间定位布局,同时也是始于身体象征主义与身体轮廓界限的社会结构间直接关系的沟通媒介。在以后的工作中,研究者分析了人体作为一种隐喻的重要性,并特别强调建筑按照人类经历去表现它的意象的方式,共同探讨了身体象征主义在家庭和邻里范围内是如何被转换为空间的。近来一项"虚构空间"的研究

揭示了隐喻特性如何以束缚并限定身体和个人本身的方式表现空间。文化组织也常常运用人体作为一种空间和社会关系的样板。例如前面提到的多岗以拟人化的术语描绘了村庄的结构，围绕着它在房屋平面上表现了一个侧卧正在生育的人体；并且将人体形态赋予他们的社会结构与建筑。

许多人类学家也运用该隐喻分析解释了人体被联系于神话及宇宙论的方式，并描述了空间和世俗的过程是如何被转换为人体象征主义代码的。甚至还有一些其他研究探讨了身体与城市规划和景观之间的异质同形，在此它们提供了一种富有含义的暗喻，唤起创造物传播文化、记忆、伦理道德和感情。例如：18 世纪的设计师想象将城市设计为一个能自由流动，又具有干净皮肤的健康的身体模式，并认为循环能带来生命的活力。于是，人体的"动脉"与"静脉"这些词便被 18 世纪的设计者运用于城市街道景观的设计当中，并将身体的血液系统作为交通系统的蓝本。法国城市学家如帕特就以动脉、静脉概念来说明城市单行道的原则。在德国与法国参照血液系统而绘制的地图上，王侯的城堡构成了设计的心脏，城市往往环绕着城市心脏而彼此连接。如果城市中的运动在某处受到堵塞，那么整个城市就会如同身体在动脉堵塞时一样而面临危机图 4-70。

现代美国人类学家爱德华·霍尔 E.T.HALL 认为人类具有一种本能的宇宙机械观，并受到文化影响，帮助调整在社会形态中的关联，形成了一种类似于环绕着每个人的气泡观念。他还把与语言相联系的规则应用于所有文化模式行为之中，特别是针对那些最经常被接受的文化方面。通过探讨文化在空间观念和行为方面的影响，霍尔将个人空间根据社会关系和形态类型在尺度上进行变化，最终确立了人们运用文化探讨空间研究中最著名的空间关系学领域。根据接触的亲密程度，他又将人类沟通是互动双方的空间由近及远分为四圈：即亲昵区（3~12 英寸）、个人区（12~36 英寸）、社会区（4.5~8 英尺）、公众区（8 英尺以上），由此为不同空间设计提供了尺度依据，并进而指出影响人们交往的空间距离的 4 个主要因素：相互亲密程度、文化背景、社会地位差别和性别差异，其中第一个因素是最主要的决定因素。霍尔还提出：在一定社会关系中，适当的空间变化可以被作为一种文化特征及其变换方式来理解。

在空间关系学中，身体是一个用多种复合屏障与他人和环境相互作用的空间定位场所。由于被涉及的经验与语言普遍性现象学理论和在个体标准上

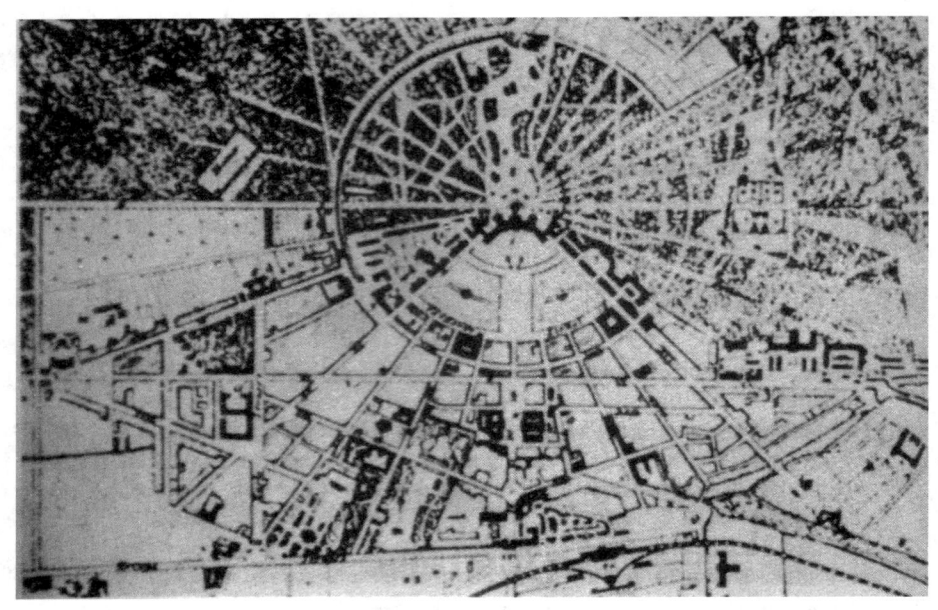

图 4-70 18 世纪的卡尔斯鲁厄　早期的环形城市设计

的文化差异发现不相符,因此霍尔便得出结论:任何分享人类经历的假想都曲解了一种对空间与空间关系文化范畴的精确理解。人们不仅采用不同方式去构筑空间,并且按照不同的方式去体验它们,呈现出不同的感官世界。其中必然存在一些在规定数据类型之外可供选择的片段,由个人通过协调建筑的整体感觉而将之完美化。关于这一点,在汉斯·夏隆柏林爱乐乐厅休息厅的设计中可窥见一斑:室内设计通过瀑布般层叠而下的楼梯,相互之间的上下交错而达成,挑战着人们的传统秩序感与方位感;类似的现象也可见于摩尔/特布尔位于圣巴巴拉的加利福尼亚教授俱乐部。在这两处建筑中,人和路径均被拉长成有点疯狂且活跃的空间构造,空间导致人们身上潜在的方向困惑并强迫其意识到自身的运动和与他人之间的空间关系,有效地调动了人们运用自身丰富而微妙感知体验彼此与空间图 4-71。

从语言学角度对人体象征性空间探讨

　　语言是人类存在于世界形态的重要表达方式之一,它不仅表示或涉及,更是"揭示"了人类存在于世界的形式。作为人类生存超越自然存在的部分,

图 4-71 汉斯·夏隆的柏林爱乐乐厅与圣巴巴拉的加利福尼亚教授俱乐部的楼梯设计

语言表达活动构成了一个语言世界和一个文化世界,使趋向远方的东西重新回归到具体存在,由此便形成了具有可支配意义的被表达的言语,从而使人类真正需要表达的艺术与哲学活动成为可能。人们通过语言实现了以自身为基础,或像波浪那样聚集和散开,以便投射到自身以外的功能。关于言语和表达的分析比人类关于身体的空间性和统一性说明能更好地使我们认识到身体的神秘本质。身体具有自身特殊的"意义",并把该意义投射到它周围的物质环境和传递给其他具体化的主体。身体应成为它向人类表达的思想和意向,在人类世界中正是身体在表现,是身体在说话。例如塞尚在谈到一幅肖像画时说:"我之所以画这些蓝色小点和栗色小点,是为了使人注视肖像,……人们可以在远处料到,一种绿色和一种红色融合在一起,就能使嘴变得忧愁,或者使脸庞带有微笑。"正如我们将看到的,内在于或产生于有生命身体的一种意义,显现贯穿于整个人类的感性世界中,我们的目光因受到身体本身体验的提醒,将在所有其他"物体"空间中重新发现表达的奇迹。

然而,如果将通常的语言理论体系作为一种空间模式被采用的话,将不会把重点强调放置于语言体系单位上,而是更加着重于语法的联系,因此在"空间关系学"中,语言学家就必须运用转变文化空间关系学的人种论和转变文化描述的语言学。例如:通过词汇之间的渗透、身体运动以及二者同西萨摩亚群岛生存空间相互作用的实践调研结果,1992 年杜兰特对以上观点进行了证明。他检验了包含在仪式问候中身体运动的行为后果,阐述如果没有参照这些运动而使用的词汇将不能够完全被理解,从而证实了存在于语言、身体运动与空间三者之间的密切关联。人类语言和空间,通过一种相互作用中的渗透,使置身于其中的参与者们不仅能够聚集关于彼此与环境的信息,而且更能使他们意识到自身实际处于与社会等级相关联的位置上,并准备采用一种特殊结构形式与之达到相互间的协调一致。这一分析重新解释了包含着语言、空间定位与身体运动的语言学模式之中的"空间关系学"。

那么在围绕着人类迁移的象征化空间和居住空间之间,是否存在着一种能够被包含,被象征,并且在定位行动中被规定的特殊结构关系,以及是否存在着一种在个人身体和居住空间表层二者之间共存的特殊形式呢? 我们以加利福尼亚的某一环境为例:在这里,这种相关性表现不仅被用于为孩子们的身体建立一个休息场所,而且也包含着一种再造远方空间的企图。这一空间里没有家具和墙,并且涵盖着文化行为的不同规则,这样便通过对于其他受人尊重的长辈或客人所居住房屋中存在和移动的一种文化,以及具体的感情与道德约束方式等,由语言和身体运动共同打造了一个社会与文化相关联的空间形态。因此由语言、身体运动、空间定位、居住场所和远方故土的一体化融合,作为文化连通性与社会化表达,综合了多种具体空间方面的元素,为人类学家提供了一种从人体物质形态中所引申出的,对于建筑空间富有指导意义的理论基础。

亚里山大的建筑模式语言

奥地利建筑师克·亚里山大认为:"每一完整的富有生命力的社会,都有其自己独特的区别于其他的模式语言。进一步说,社会中的每一个人都有一种独特的语言。"他把建筑模式设计方法比喻为一种语言,模式就像语句中的词汇,它们在使用中获得次序与结构,而词汇的组织既可能是散文也可能是诗,他所追求的是富有诗意的建筑。从理想化角度出发,这种模式是某种原型的东西,具有不变的性质。在《模式语言》中他曾说:"这里的许多模式是原型的东西,能深深扎根于事物的本质之中,它似乎会成为人性的一部分,人的行为的一部分,五百年以后也和今天一样"。

亚里山大还明确表示:建筑模式语言应基于人的爱好、需求和行为,这实际上是功能主义的一个新分支。在他看来,自然生长的城市之所以生气勃勃充满生命力,是因为其间充满了富有人性活力的模式。而人才正是改善现代城市乏味单调状况的"调味品"。由于人本身是丰富的,他们必然需要一个满足情感的丰富世界。亚里山大企图通过模式语言这一"调味品",为城市注入活力。工业社会以前的传统建筑物和城镇是美丽的,充满着生命力,究其原因在于它们遵循着一条延续了几千年历史至今依然存在的永恒之路。只有受控于这条永恒之路,我们所创造的建筑物与城镇才会生机勃勃而富有生命力图 4-72。

任何东西都是有生命的:无论是人类自身还是建筑物、动植物、城市和街道。建筑和城市的产生就如同所有的生命过程一样,其规则来自于人本身,而非其他元素。这种方法其实是从人类自身产生秩序的一个过程,它不但唤起我们对已知事物的感受,还指出未知的事物是我们自身的一部分。建筑优美的力量也同样存在于我们每一个人,你应该相信自己有创造出优美建筑的能力,这种能力存在并根植于我们每一个人自身之中。它指导我们如何克服自身懦弱,放弃固执己见的想法,完全出自本能地去显现我们自身的东西,从而

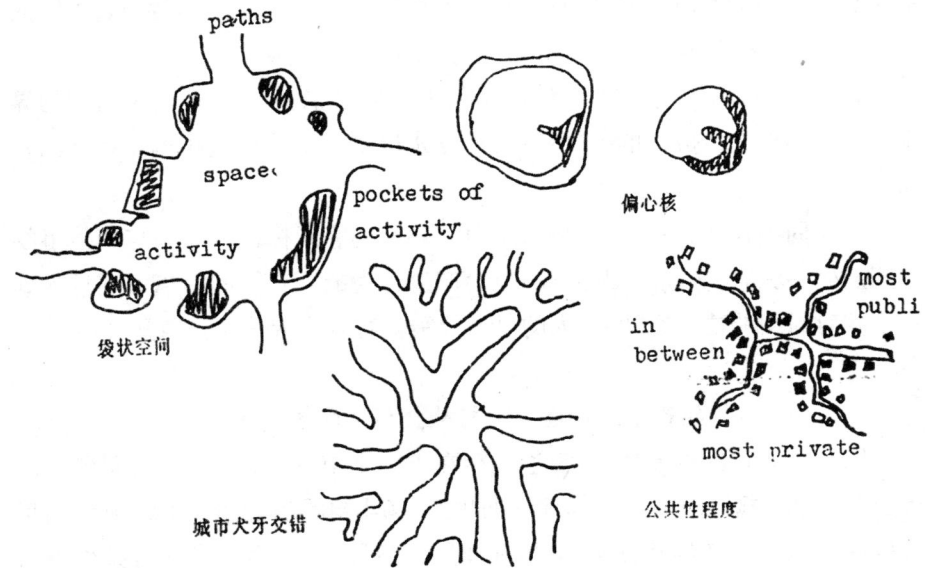

图 4-72 亚里山大《模式语言》中关于空间领域的一些图示

设计出具有生命力的建筑物。这也是该方式最终成为永恒之路的原因。

然而实际上,由于关心环境中纯几何学方面的运算,人们常为一些规则概念所束缚,以至于害怕自然事物的发生,因而导致人们很容易忘记场所的生命与精神,忘记自身在场所中所经历的事件。基于上述原因,我们必须摆脱那些歪曲自然规则的非自然形象,掌握模式语言的方法,正确处理好自身同周围环境之间的关系,以人类自然的方式去行动。同时,要使建筑物生机勃勃,就必须要学会忘却自己的主观意识,处处显示出纯真与自然的本质,建立起一个充满活力的场所——空间、建筑物或城市模式,使之成为更加富于生命的活力整体。

从场所精神对以人体为象征性建筑的探讨

物体的"场"即它能被人察觉到的极限距离。从物理学角度看,最小的"场"是人触及的范围。"场"在极限之内的变化形式无穷而微妙,很难确定具体的尺度。只有将人——这一活动标尺引入并参照,才具有实际意义。因此,"场"概念引入的真正目的在于定义人在空间中的准确位置。当然,受现实生活中具体环境的影响,很少真正存在完整意义上的"场"。万事万物间,不同的场可以穿插、重叠、包容,彼此间存在的关系也十分复杂。

自古以来,场的概念就应用于建筑的方方面面,它具有对特殊场所的界定及在空间形态生成中的引导作用,使建筑形式与具体场地相得益彰地结合为一体。

人体周围存在着所谓的"场",是对人存在的客观标识。当人与其他事物之间发生关联时,彼此之间的"场"也会产生行为的相互影响。当人们进入到一个相对封闭的建筑空间后,人的"场"便被包容其中或是接受重塑图 4-73。

建筑中的物理、心理、社会与生命场概念

场是物质存在的基本形态之一,存在于整个空间,并作用于空间各点的接受者。这一概念最初源于物理学的规定,场本身具有能量、动量和质量,场力也像物理力一样具有方向、力量和作用点三种属性,而且在一定条件下可以实现事物的相互转化。

原初意义上场所是人们生活的建筑空间,由特定地点与其上面特定形式

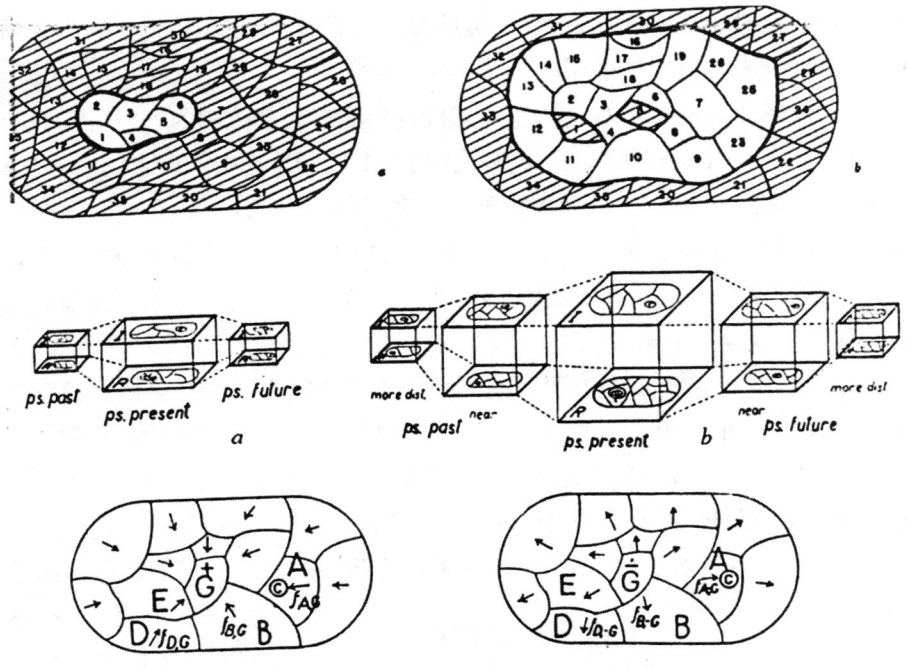

图 4-73 库尔特·勒温关于场论的部分图示

的建筑物所构成。与物理意义和自然环境中的"场"不同,建筑场是在特定人群与特定建筑地点、建筑物相互之间复杂积极作用后,在记忆与情感中所形成的富有意义的整体概念。场所即意味着人与自然环境作为和谐整体所创造的本真建筑环境,其本质在于使人们能够安定下来,从环境中体验自身与世界,并建立起人类同周围环境积极而有意义的联系。

在建筑学领域内存在的"场"的概念大致可以划分为三类:一是建筑心理场,是人脑与外界事物的偶合,它是生命现象的一个方面。其要素为:使用者和设计者关于平衡、稳定、紧张的心理机制,流体特征,外界刺激物,以及由建筑形态实体产生的正、负化统合。在建筑创作实际中运用手法包括:连续、整体和穿插。二是建筑社会场,其特点为:抽象形式与具象形式的整体性;创作过程的心物合一;空间中气氛和场所的特征;客体的"提供性"和主体的"感知能力"。三是建筑的物理场,这里将建筑的实体与虚空部分都看作是能量与点的集合,采用爱因斯坦的 $E=mc^2$ 公式,将物理力与心理力、实体和文化统一起来,将建筑场理论框架建立在通讯、信息理论和概率论之上。在以上三者关系中,后者比前者具有更高的层次与兼容性图4-74。

"生命场"一词源于对气功和人体特异功能在局部范围内产生特殊效应的解释。目前,生命场在医学界和科学界尚是个处于争论中的概念。蛋白质是构成生命现象的主体之一,为维持整个生命组织的巨大功能,必须有一个保持DNA结构本身稳定性的系统。生命场正是以人为中心,生命体与外界进行物质、信息、意识三个层次的交换过程,在这一范围内有生命与无生命物质均会受到这一过程的影响。

在人类对于生命现象的解释中,"气"是中国传统文化中许多概念的宽泛综合,它是"场"的前科学概念,中国传统的"气"概念与"场"相近似,并常以气说看待风水说图4-75。作为生命最基本的意义,气是生命之源,也是人体活动的原因和体力源泉。中国气功中有"天地大宇宙,人体小宇宙"之说,这导致了人类整个世界观的改变,宇宙的全部现象成为了一个不可分割的整体。由此人体内外之气可以循经络上下贯通,并不断与外界进行交流。人们对气功的研究更进一步证实了生命之气的物质存在。

天人相应是古典哲学的重要特征之一,天、地、人是不可分割的整体:"在天为气。在地成形,形气相感,而化生万物"《天之纪》。"人以天地之气生,四时之法成"《素问·宝命全形论》。"人与天地相参也,与日月相应也"《灵枢·岁露》……人是靠天地等自然条件才得以生存,因此人的生命活动规律,也必然受到自然的影响

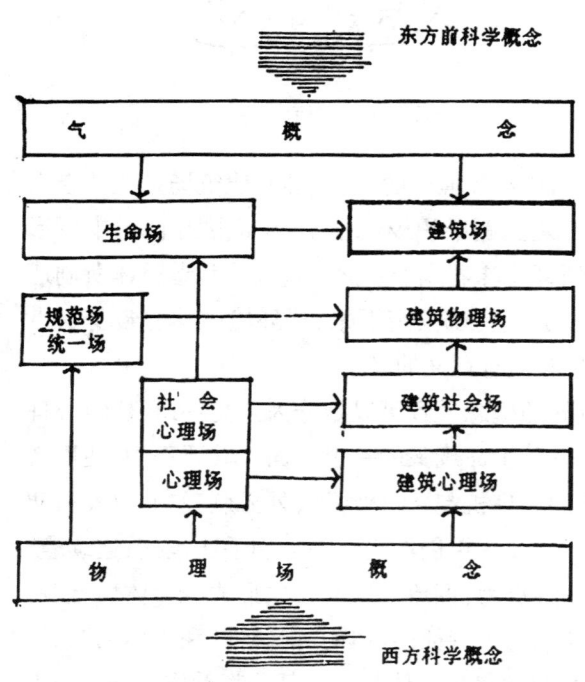

图4-74 建筑场概念发展东西方比较示意图

建筑空间与人体表现

与制约,与自然存在周期变化规律息息相通。古人的感性经验得到现代科学研究的进一步证明:甚至环境中极微量元素和电磁场都会导致人体功能的重大变化,影响处于其中的人与动物的精神状态与行为图 4-76。

　　与之相应的"天人合一"观念也越来越受到现代科学的支持。从这一观念出发,人择原理、时间生物学、人体气象学、地磁生命学都可用来扩充我们的

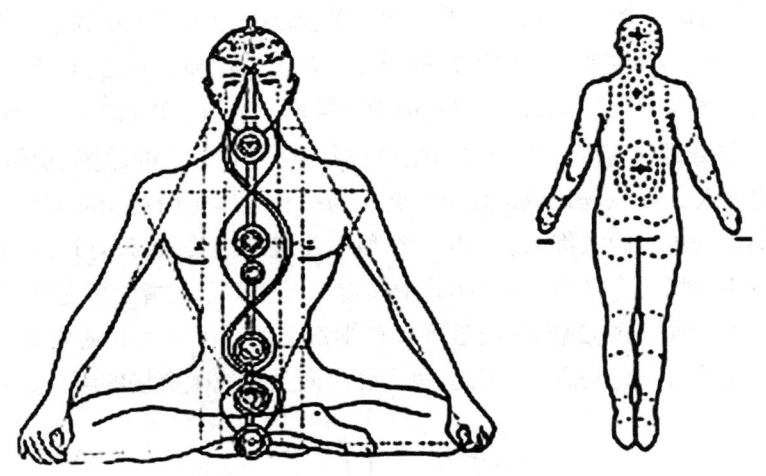

图 4-75　气功是人类用以延年益寿、修身养性的特殊身心运动形式

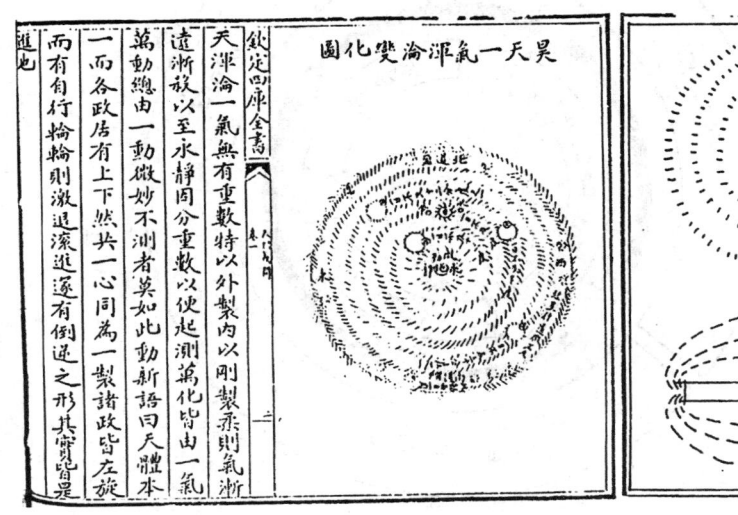

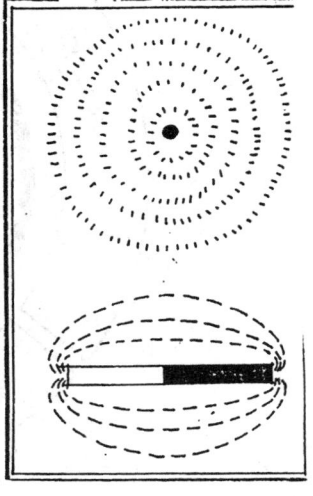

图 4-76　用气表示天体变化好似物理学中的磁场表示方法

建筑观念。建筑场中能量、质量、信息量的动力过程在与外界能量交换中,受到外界自然力的影响;空间中的每一点也分布着自然力场,并将波及生命场的数值。只有当宇宙场、建筑场与人的生命场达到相互一致时,才能实现人与环境的和谐共振共鸣,即真正意义上的"天人合一"境界。

由于生命现象包含了心理、社会和物理等现象,生命场居于最高层次之上。建筑场是生命场的外化,生命对建筑的反映是建筑在生命场中的投影。追溯建筑场的场源主要包括以下几种:形态、社会文化和自然力,它是存在于时空世界中能量、质量和信息量交互运动与转换的过程。在建筑场中,空间中的每一个部分都对应着一个确定的生命现象数值,它与人的需要、价值观和素质息息相关,并且场效应最终可以转化为一种人体生命场运动表象的能量。任何抽取的单个因素都无法产生整个城市建筑结构关系,只有它们的整体才能构成生命场的广义体现图 4-77。中国传统"气"概念是指生命现象以及一切由此衍生的明喻或暗喻,它与近现代科学意义的"场"有着相通之处,气有了生命意义才会有时间意义。因此,生命和时间是构成生命场的两个重要因素。

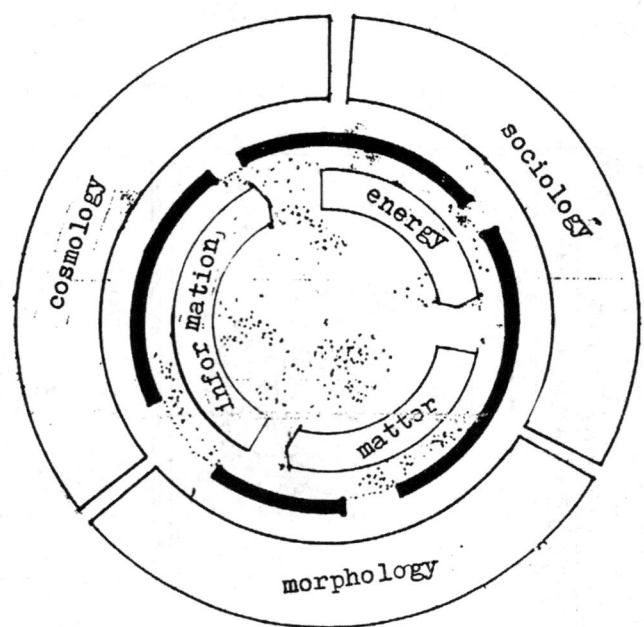

图 4-77 Physical environment 建筑场构成示意图

整体建筑结构的共同作用都可以被视为是一个场,它是生命场的一种广义体现与外化。建筑的场效应最终可以转化为能量并作用于人,产生建筑在生命场上的投影,促使生命场形成某种运动。

一个优秀的建筑空间应该具有与人们心理上的默契,是心理空间最忠实的保护者和最完美的物化现象。中国传统建筑空间中的心理因素:围蔽、向心性、择中以及风水说中的气与形、阴宅与阳宅等也都与心理"场"的概念密切相关。

意大利建筑师曾将巴洛克建筑比拟于周围存在着力场的行星,并且提出城市中也存在着相互作用的场。舒尔茨认为:场的概念是将空间状态表现相互作用的诸力体系运用于自然科学领域,建筑的场由保持力动均衡状态的诸力所构成,其间场所、路线、领域所统一的整体共同构成一个称之为"场"的东西,内部各种图形相互干涉,空间变成了一个力动的流线。同时也用以说明社会心理状态中人的位置。后期巴洛克建筑就以中心、方向、区域共同作用,创造出一个统一的建筑场图 4-78。"场论"提供了一种基于人功能要求的设计分析方法。它是一种灵活的可以由人操纵的几何形式。一个场就是一个空间单元,或者一种环境模数,建筑师可以用它来组成建筑。

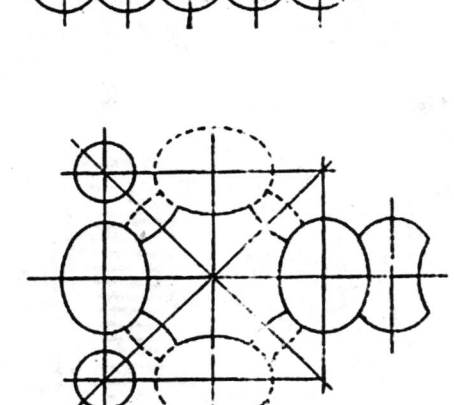

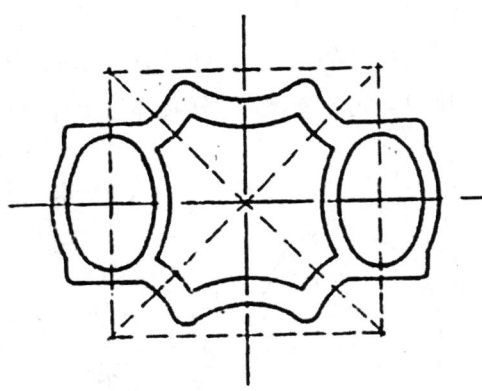

图 4-78 巴洛克教堂的建筑场体系分析

"自我之镜"与建筑空间中的整体场效应

　　从美学角度分析，建筑和空间形体总是从基本几何形体出发组合而成。各种基本形和线条对人产生移情作用。在舒尔茨关于建筑语言的论述中，形态学在拓扑学和类型学之下专门用来处理构筑形式，并使基本类型建于特定场所。

　　从文化层次来看建筑空间大致可以分为三个层次图4-79，最表层是可见可触的人类物质产品，即社会形态(观念制度)在建筑中的物化；中层是心与物的结合，即社会化的人建造和使用房屋的方式；深层是心，即精神文化，对应于社会中的人；其最表层受到中间层次的控制，而后中层又受到心的影响。心是建筑场效应的接收器，物是一种场的容器，即场源。社会文化通过心、心—物、物三个层次影响到建筑场。特定的社会文化气氛决定着特定的时空，它影响着建筑形态和人们的使用行为。

　　实际上，人对环境的把握是通过感知进行的。感知具有多重模式，它是个主动而非被动的过程，人与环境二者之间是动力关系(相马一郎)。以建筑场施加于生命，其能量、质量、信息量可以直接作用于人之生理。在《秩序的性质》一书中，亚里山大论述了整体性的现象、结构、过程和产生以及由此推出主客观同一，心物同一的宇宙观，提出判断事物是否整体可以看它在多大程度上是"自我之镜"的观点；并从大量事实分析中推衍出：每个整体中都有一个具有生命力的存在，从任何合理功能准则认可的整体事物，正是那些能够最好映现自我的事物。这样物体之整体性可以以"自我之镜"的程度来衡量。他将

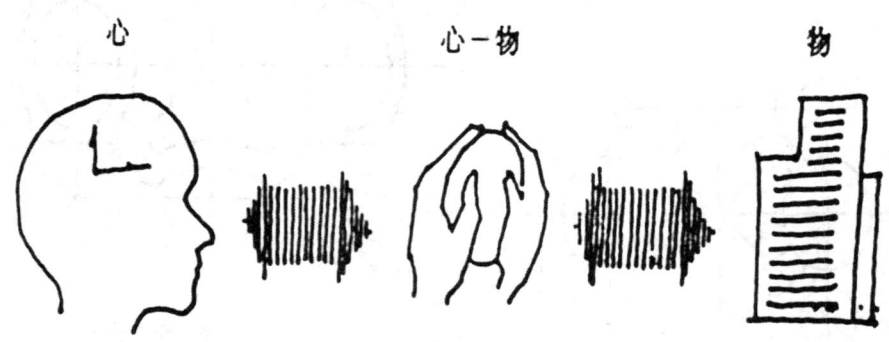

图4-79 建筑空间的三个文化层次

场视作中心,强调心与物的结合。这种心与物,精神现象与物质现象的结合,社会科学与自然科学的统一,正是所有科学家与艺术家所追求的最高境界。原广司、芦原义信等人的观点也同样将建筑、景观联系着习俗、宗教、社会文化等内容,从而将其提升到社会的高度。

亚历山大的心物合一"自我之镜",原广司"场"中人的意义无不与人密切相关。由此看来,建筑中的生命场是以人为中心,生命体与外界进行的物质、能量、信息交换过程,即人生命现象的一种推广。近年来生命与宇宙全息律的研究发现,生物机体的许多细胞彼此之间是相似的,如同全息照片中的任何一部分,都能重现物体的全部图像。任何一个生物系统都可以被视为包含它自己在内的整个环境大系统中的一个全息元。以人体系统作为建筑场的全息元,可以更好地触动人们生理、心理对于环境的感知。这样,如果以人体作为建筑的象征性表达方式,无疑便会通过它所创造的建筑场与人的生理与心理达到更确切和完美的互动与共鸣,形成具有正价的效应,引发对人们的巨大吸引力,并在建筑周围环境中形成引力磁场图 4-80、81。

人性化场所的创造与意义

人类生活在充满意味的世界里,体验意义便构成了人类的原始需求和心灵本能。诺伯格·舒尔茨指出:存在的意义蕴含于日常生活之中,而并非某种强加于人们日常生活中的东西。每个人都生就在某种特定的含义体系里,有必要让人们对含义更为敏感。因为对含义的体验成为了人的基本需要,所以从某种意义上来说,人的成长就是逐渐认识到存在含义。场所是人与环境相互适应,相互渗透的产物,也是人与人,人与环境相互沟通的产物,其完善程度取决于建筑形式所体现文化心理结构的深刻程度及各种意象在环境中的理想表达。由于具有以人为主体的空间基本属性与特征,因而它不同于欧几里德的多维物理空间,它是经过人性化处理,将人类生活中的各种元素综合投射于空间形态、界面和构件等物质媒介上,使空间富有意义。当建筑形式结构与人的文化心理结构同构对应时,置身于"场"中的人们,便可以清晰地感受到社会文化背景,建筑功能,物理性质等场所意图。

构筑场所不仅要能遮风蔽雨,组织生活,更应该给人以心里慰藉图 4-82、83。建筑之所以区别于绘画,在于它创造了人类的领域,分隔出内外并赋予内

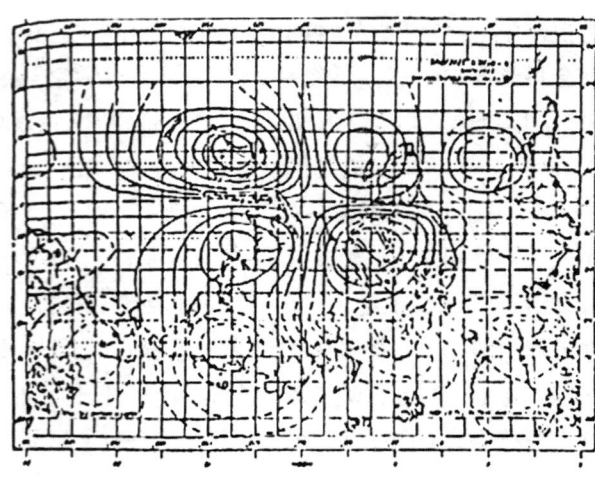

图 4-80 格林威治时间早六点
地磁流自然力的影响

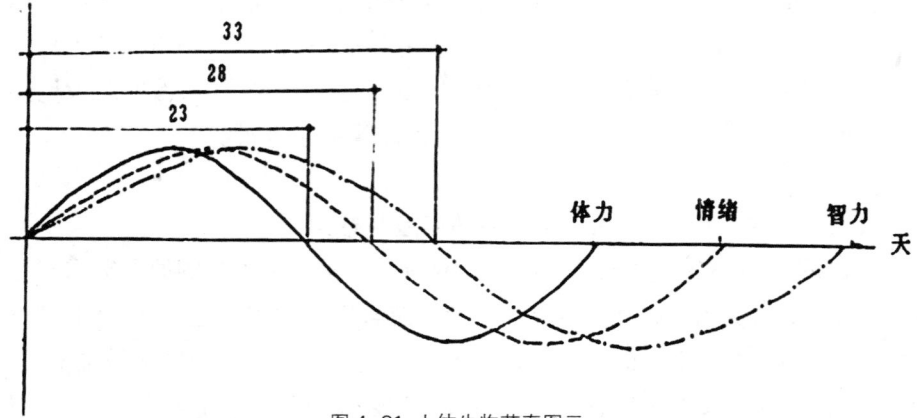

图 4-81 人体生物节奏图示

部某些秩序,使该处成为一个社会群体的"场所"。因此,场所是具有人之意义的空间。社群成员依据建筑的象征手法揭示了其社会文化的意义,从而使人们所拥有的一席之地变得熟悉而可居住。正是这种社会文化的共识使建筑成为有意义的集体表征物,作为文化心理结构的凝聚物,场所的本质特性在于与人心灵的沟通。每个人都可以向这个宽泛模糊的世界里投射主体意向,在其中找到自己的位置。伊朗建筑师迪巴曾在他的设计准则中提道:"我对建筑的兴趣远远不只是它的体量和尺度,使我着迷的思想之一就是影响和加强人的交往活动"。场所宏大的精神内涵体现为一种特定的环境气氛,当人们融入这种特定心灵空间境界时,便能够感受到深刻的人生体验和情感。在建筑哲

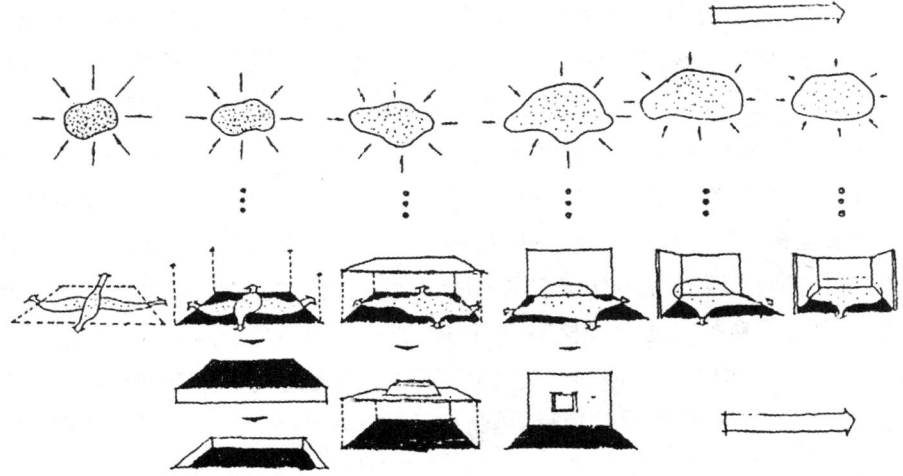

图 4-82 人类心理空间与建筑空间　松弛与紧张变化的关系

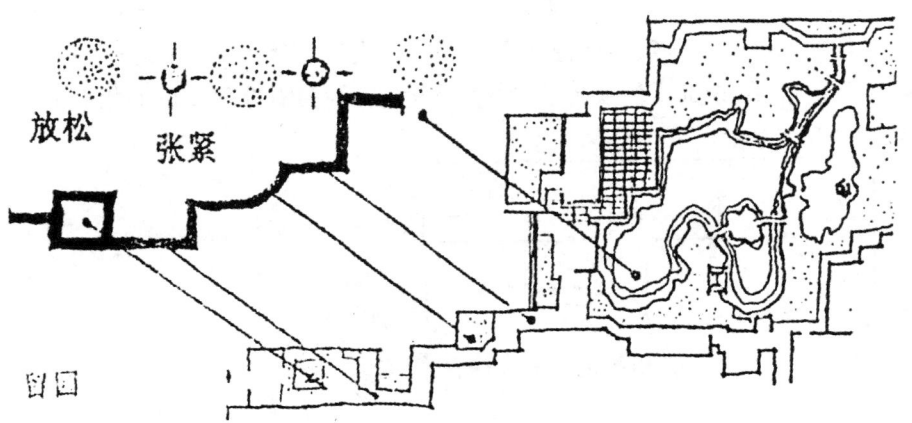

图 4-83 人类心理场在环境中的变化

学家路易斯·康看来,科学技术是理性主义所能解释的,而艺术单靠逻辑推理或公式演绎是难以获得最佳答案的。因为事物所具有的精神抽象特征是"无可度量"的。当建筑真正变成人类生活的一部分时,就会萌生出无可度量的品质,其活生生的精神就十分强烈了。

同构对应是场所实现人类共鸣的基本条件之一,这样建筑形式就自然会体现出与人类心灵的沟通,完成其人性化使命。建筑师不再自居为建筑的创造者,而是将心灵融于其中,去感受并聆听它。这种有意的开放性是让人以本己的心去体味去感受建筑的永恒意义与价值途径,令人们能够悉心体验自身所处的场所图4-84。场所、路径和领域都是存在空间的组成要素,它们由人与周围环境的相互作用而决定,体现着"自然的","人类的"和"精神的"特征,这些特征与物质、社会和文化的种种概念密切相关。自古以来,这种环境的特征可以被理解为"地方之灵"或"场所精神"。其中,自然的特征包含着基本方位和太阳周期;人类特征包含着阳刚与阴柔,性格与相关特性,以及人类行为和交互行为;而精神特征则涉及到信仰与价值等更为抽象的因素。由于这些特征在范畴与结构上的类似,因此它们之间可以相互指代。如在希腊神灵的"人性"中同样具有相应的自然属性,被特定的地区所供奉。这种同构现象意味着由特定形式所表达的自然和人工场所能够满足人们物质与精神方面的双重需求,这也表明了只有当人们设法赋予场所一个具体特征时,才会获得存在的立足点。

场所反映了在一定地区内人们的生活方式与自身环境特征,通过建立人与世界的联系,帮助人们立足于世界。因此它不仅具有建筑实体的物质形式,

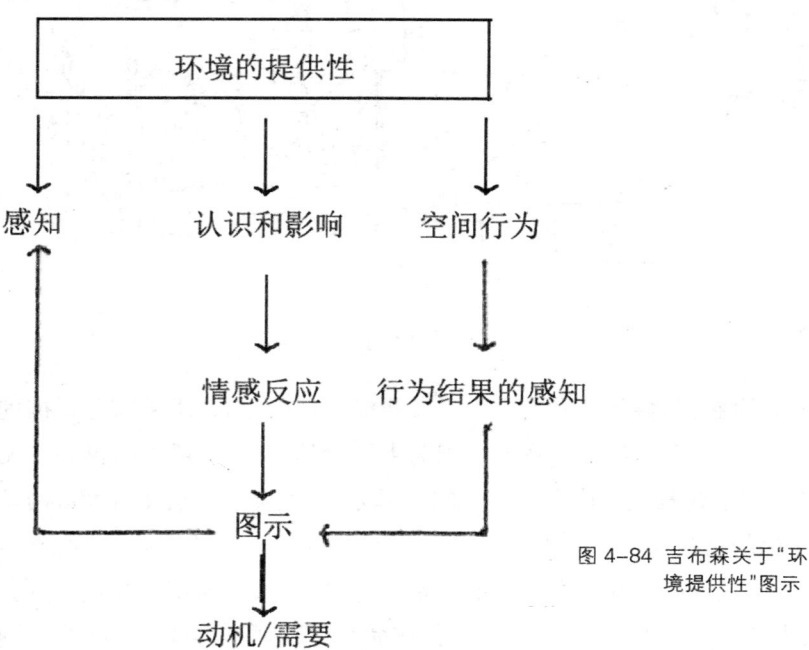

图 4-84 吉布森关于"环境提供性"图示

还具有超越其上的精神意义。直到今天，在任何一种文化中，最重要与具有决定意义的仍然是场所的精神。

建筑场所，作为一种本真的建筑环境，不仅具化了人们的生活方式，而且还揭示出人们存在于世的真理。人类与自然的和谐关系是天然和必须的，这种关系不仅存在于物质和生理上，更渗透于人类的思想与精神之中。在从人体等自然获得生存与发展恩赐的同时，人类也从自然形态与人体本身的天然结构、特征及对人们生活经历的影响中，获取了与自身存在密切关联的意义和价值，将场所具体化为人们生存状况的艺术品，本真地体现并有力地揭示出人们具体生活状况的气氛。这种由特定地点和其上建筑物具体结构与特征所构成的总体气氛就是场所精神。准确描述和把握场所的精神，对于人类理解和创造建筑环境具有十分积极与重要的意义。

场所的精神与结构是密切相关的，作为一种总体气氛，它比空间和特征具有着更为重要更为广泛与深刻的意义。通过揭示人与环境的总体关系，有力地体现出人类存在空间的尺度与意义。人们不仅能从感官上，更是从心灵上认识和理解自身所处的具体空间环境，这种理解通过定位和确认两种方式得以实现。定位即让人们在具体环境中找到自己的确切位置；确认即人们将自身存在同具体环境相联系，将人类生理结构、文化、精神状态等投射于所处空间环境之中，从而使人产生强烈的归属感。

如同任何人身体当中都具有自身中心，场所是我们体验存在和事件的目标及焦点所在，同时也是人类自身适应与占据环境的起点。作为与外部环境相对的内部，场所为提供心理的安全感而不得不具有一个界定的范围，由有限的尺度导致了一种集中的形式，因此场所基本上都为圆形，从而建立起人类存在的安全感。

除此以外，空间关系的基本语汇表明人体本身，加上其上下、左右和前后的维度关系，共同构成了一个心理上的坐标系。因此任何场所都包含着"方向"和"开口"，这些方向还与自然现象中的重力、原点等密切相关。最简单的人类空间存在模型可以被概括为一条垂直轴线贯穿的水平面。其中的垂直轴线是从一个宇宙区间迁移到另一宇宙区间的原型，具有超现实的意味，因而也被称为"世界之轴"；而水平方向则代表着人类行为的具体世界，在某种意义上，所有的水平面都是均等的，它们共同构成了一个无限延伸的平面。人通过选择路径而赋予空间独特的结构。由于它们的确立在一定程度上都建立于围合或组成要素的相似与邻近之中，所以领域就是场所。通过采用自然的方向将世界划分成领域，使古人获得了立足点，这样人类世界的任何一点均可以被放置于一个普适的万有的图示体系之中，令人类不再感到迷茫图4-85、86。

在具体空间环境中场所的精神是在人与环境互动过程中完成的，是客观物质环境经由人类精神意识的转化。我国明代画家祝允明认为："身与身接而

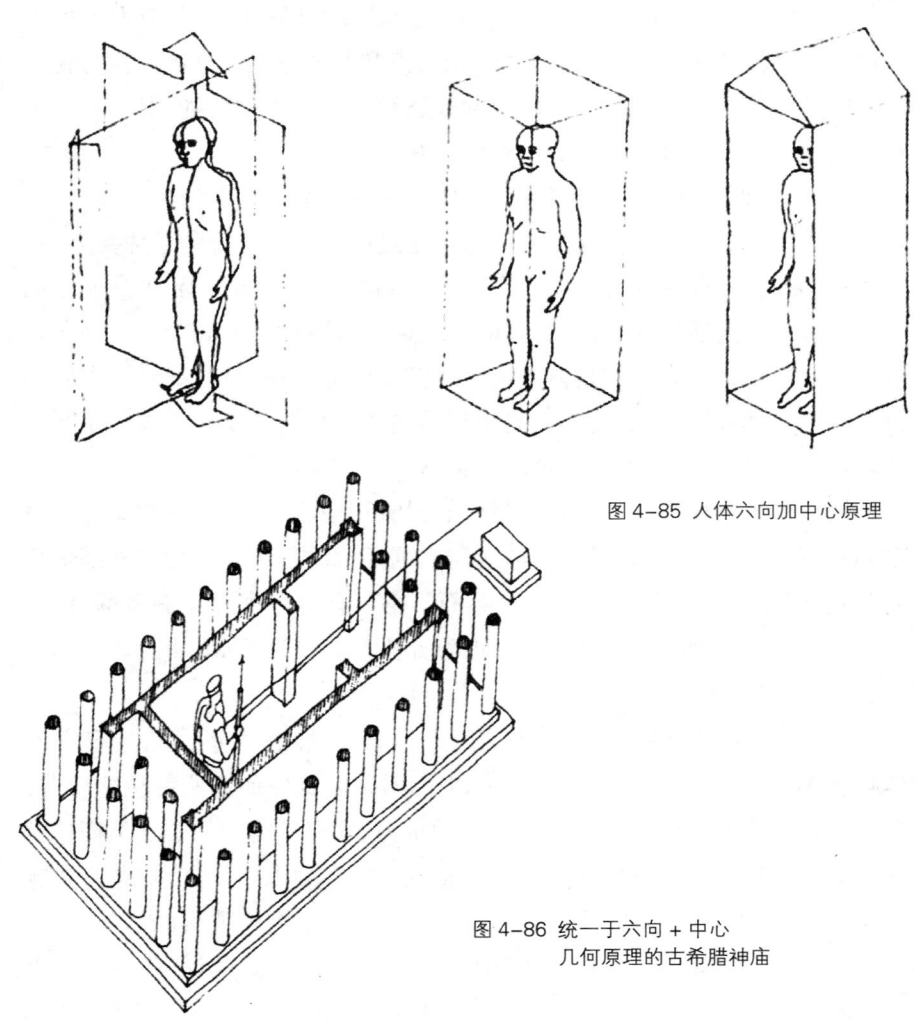

图 4-85 人体六向加中心原理

图 4-86 统一于六向 + 中心
几何原理的古希腊神庙

境生,境与身接而情生"。人类只有将自身生命渗透入场所之中,才能从中达到主客体的心灵沟通,拨动人心灵的共鸣。归根结底,场所须具备可识别性,为人们在情感上接受与认同,并因而成为人类主体意向对现实物质环境的投射,成为建筑形式与人类文化心理结构同构对应的产物。例如:当别人提及或者我们想象身体的某部分时,我们就会在相应的部分感受到一种接触的准感觉,这种感觉仅仅是人这部分身体在整个身体图示中的显现。我们不会把被感知物体的意义归结为"身体感觉"的总和,但是,我们说身体有"行为",所以身体是这种奇特的物体,它把自己的各部分当作世界的一般象征来使用,人类就是以这种方式得以"经常接触"世界,"理解、感知"这个世界,触景生情,发现这个世界存在的意义。

场所本身具有一定适于变化的容量,这取决于场所的精神,所谓控制容量就是使环境的变化发展始终与场所精神相一致。为达成这一目的,我们必须保持、尊重和创造性地发展在历史中形成的环境结构和形象特征,创造性的发展多元化的形式表达同一主题,以形式变化而本质不变的方式来延续体现同一场所的精神。这与罗西所推崇的类比设计思想相接近,使人们从新环境中仍能感受到历史和过去,并将历史与现实结合为一个有机整体。例如:在世界上所有的场所之中,雅典卫城是最有可能让西方的参观者崇拜的地方,也是世界上最精心最复杂的场所之一,并且即使现在这里只是一堆不成形的石头,它的力量保持永不衰竭。那里的神庙在许多世纪之后,仍然是人类所能达到的最接近于将人体与神相结合的建筑。两千四百年前,它的外观并非如此。帕特农神庙是着色的,局部着明亮色。雕刻也是着色的,台阶上堆满了奉献的匾额,也许还有一堵墙遮住了从山门的有利地点看过来的帕特农神庙较低的部分。但是,至今这里总是保留着一种秩序,使场所的意义清晰起来;那些建筑处于合适的场所,场所回应着人类的秩序感,这种秩序感源于身体,并且必定从一开始就在身体之中。可以想象,所有那么多20世纪的建筑师,当他们今天面对这个场所,在其上布置建筑物时,一定会强烈地感受到这个场所的特性与魅力。

随着对建筑形式认识的深化,使建筑师更加能够积极地面对复杂多元化的世界,通过对人类自身的认识,创造出反映人类情感与精神意向的具体物质化场所。

从建筑的意义出发对以人体为象征性建筑的探讨

建筑的意义 舒尔茨指出,抽象概括和归纳机制形成了人的基本需求,人的成长可以理解为逐渐意识到意义;凯文·林奇也提出城市意象的三个组成部分,即识别、结构和意义。卓越的设计有助于识别,而意义有助于使事物显而易见,被集体和个人所共享;拉布普特则指出:意义不是某种与功能分离的东西,而是功能最重要的部分。艺术作品的目的是为了保存和传达那些经过体验的存在意义,这些意义是日常生活中所固有的,由自然与人类属性的关系、过程和行为间的相互关系构成。在某种程度上它带有时间和空间的恒定性成分,即通过将其链入自然与人的多维复合结构,而给予人们个体的存在意义。任何意义都需要特定的"场所"才能表现出来,而场所特征也是由这种表现决定的。最初人们体会的意义来自于"存在空间",它形成了人类活动的框架。它不仅是由物理因素确定的几何空间,更是由人们体验到的特征、过程和相互关系所决定的。这种空间通常不是匀质与中性的,而是具有定性的、动态的等特征。

诺伯·舒尔茨在《西方建筑的意义》前言中提到:建筑是一种包含大地景观、聚居地、建筑及其诠释的具体现象,是一个独有生命力的实体。几千年来,它帮助人们获得了时空中的立足点,从而使人类生存具有意义。这种源于自然、人类以及精神的现象建筑存在的意义被人们通过场所、路径和领域等具体物质元素按照一定秩序与特征转化为空间的各种形态。由此可以得出结论:建筑的定义不仅仅用几何学和符号概念来描述,而更应当被理解为富有含义的隐喻和象征性形态。

象征性表现的意义与实现方式 建筑环境包含着一系列人与自然构成因素间的关系,其中空间是环境里最重要的部分,它是物质与人为因素的结合,包括社会性的行为空间,多种含义的象征空间以及主观性的心理空间。

使用建筑的基础是感知建筑,拉布普特从人文角度出发,坚持环境感知是信息编码和解码过程,环境起到交往传递的作用。这种方法以人为中心,通过人对世界的丰富感知与理解,研究个人与集体,自然与社会文化环境的经验。他认为意象是对外界部分现实的个人心理描绘,也是个人经验的积累以及对于自己和世界的主观认识,而所有的意象又都是通过象征性图式来表现的,它们控制着人们的感知。由此得出结论:广义的象征主义是交往传递功能中的一个因素。

　　建筑本身作为一种物质对象,加在它上面的信息符号只能以朦胧的暗示来表达其观念形态。象征的意义,主要是通过一种事物引发对另一种事物的联想,这种联想是对人的感染力所致,而非本身符号形式意义之所在。通过具体的形式特征而产生抽象精神意义是以二者间结构特征之契合同构为基础的,而不求质的完全契合。建筑只是用外在于内容意义的现象去暗示它所表现的内在涵义。这就使象征艺术,成为了把单纯的客观事物或自然环境提升到精神的一种美的艺术外壳,同时用这种外在事物去暗示精神的内在含义。例如,位于德国南部一角草地上的维斯教堂,是世界上真正神秘的场所。它的平面设计源于对人体空间感的表达,使人易于联想其耶稣基督的身体,从耶稣脚部那夹峙着圆柱的凯旋门到耶稣头部金色神秘的圣殿。人们从前廊步入圣殿,然后在教堂对称的身体里做礼拜活动。这样的建筑使置身于其中者能充分体验到神性的引领与精神的升华图 4-87。

　　象征是建筑的形式结构与文化心理结构同构对应的联系媒介。象征的方式常以异质同构得以实现,它能够使场所映射出文化心理结构,触发人的深层心理反应。建筑师对任何一个象征性借用符号几乎都倾注着强烈的主观感情色彩,它是主体心理的对应物,并以含蓄性的特征引发人们通过表面看见其深层含义;通过向内看到向外看,产生类比和联想。以日本著名建筑师菊竹清训 2005 年最新博物馆建筑作品——九州国立博物馆为例,建筑的入口看似一个平凡不起眼的小山洞,进入之后乘上高角度上扬的手扶梯,再接上光影变化万千的输送带隧道,以此象征着高科技的时空隧道感受,使置身于其中的观众身体仿佛要开始一场穿越时光的旅行,从而动态地体验着博物馆的空间,令博物馆不仅具有让人容易靠近的单一功效,更是充满着许多富于动感的开放空间图 4-88。

　　因此,它可以产生超越形式之表的多义性和模糊性。象征手法之所以受到当代建筑大师的青睐,是因为通过象征可以帮助人们建立充溢人情味的环境氛围——场所,通过将人类的心灵世界映射于外在的物质环境之中而实现空间的人性化。正如舒尔茨所定义的:建筑形式最终将归结为一套特殊含义的具体表现,这种含义最终以文化、社会和实体意义而定义;象征主义的目的

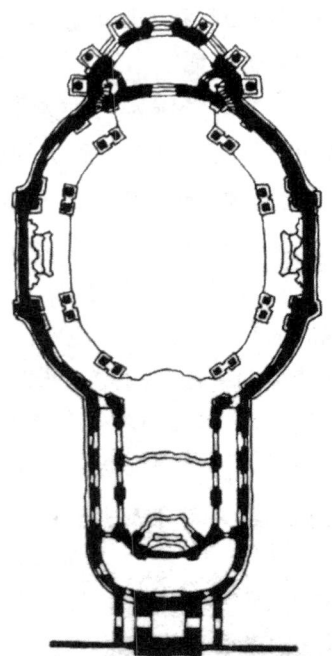

图 4-87 维斯教堂外观及平面

图 4-88 九州国立博物馆(菊竹清训,2005)

就是要表现各种环境层次里的含义,这就是建筑的真正目的。

　　环境意向是观察者与他所处环境之间两向过程的产物,它提示了环境特征和关系,观察者通过自身极强的适应能力和目的选择,组织并赋予所见物以一定意义,这样所形成的意象限定并强调了所见物,且意象本身在不断交织的过程中,对照经过过滤的感觉输入而得以体验<small>凯文·林奇</small>。人对建筑形式内在的深层的意义领悟,借助于符号形象的媒介,在自己头脑中构筑了一个渗透着自身观念的意向,从而在自己的心灵中重新构造起一个象征的世界,并以此为契机,对所新创造的意象展开经验的联想与情感的表现。只有此时,建筑形式才能与人类达到统一。总之,建筑形式以符号形象象征性地暗示出了它的内在意蕴,人们常常于借助这个符号形象作为媒介,使之成为自己经验和情感象征的表现对象,借以领悟建筑形式的深层意义。

　　人体象征空间探索的意义　人类是生命世界的一部分,因此他不可能完全创造出异于自身的世界,同时这一世界的意义也必然存在于同周围环境的联系中。人造物以一种新的方式将自然元素及其意义联系在一起,通过人为的聚集将自然元素从其原始状态中提炼出来,根据实际需要组织成新的形体。人体象征空间作为将人自身和周围环境空间有意义地联系在一起的物质,聚集了世界,具有揭示生活目的和意义的功能。人们往往可以本能地从人体形态与结构特征中,提炼出相应元素,移植到周围环境中,将自然与人类的特定关系体验在这一整体环境中充分显示。

　　建筑形式的探寻强调人性化的处理和意义的赋予,将人自身世界的多种因素反映在空间形态、界面、构件等感觉体上。现代建筑运动以时空概念作为理论基础,而将人文因素排斥在时空之外。此后的人们认识到这一局限性,同时也领悟到建筑真正的目的不仅在于世界真理的投射,更在于"场所"的创造,即人们意向中的空间创造。当代哲学家马丁·海德格尔在他的《建筑、居住和思索》中写道:"空间"的意义究竟何所指?"Raum"意指一个明显而自由的地方,可以安顿,可以住宿。这里说"空间"是一个被界定的场所,明显而自由……结构主义抓住空间与人不可分割的关系,将建筑看成是表现人类环境的空间关系与特征的象征性系统。这意味着把一个地点转化为映射"人"的特征意义,一个具有特定性格与意义的存在空间——"场所"。至此,人们对建筑形式的认识与分析进入了"场所"的新阶段。建筑形式已不再局限于单纯形式美感和物质功能的体现,而是要力求创造一个令置身于其中者能体会到人类希望与意志,帮助他们发现存在立足点的精神庇护所。例如:在 1977 ~ 1988 年间匈牙利为 Visegrád 自然中心设计的 Farkasrét 祈祷堂中,设计师 Makona 在谈到该设计方案时曾明确提出:由于每个人对"自己是谁?"这个问题都从胸中发出自己的回答,我于是把 Farkasrét 的墓园祈祷堂设计成一个胸的形状。一个人的中心是他的心脏,所以伞骨应该就在那空间心脏的位置撑开。这样的结果,令整个建筑看起来就好像一个大人里面躺着一个小人图 4-89。

挪威建筑理论家舒尔茨在《场所精神》、《存在、空间与建筑》、《西方建筑的意义》等多部著作中均强调:建筑是赋予一个人"存在的立足点"。他将场所解释为:"人类的组织所在地",建筑即建立场所,从中强调了要扎根于返归建筑之本真,在同环境的和谐相处中获得存在的立足点。在《存在、空间与建筑》中,舒尔茨引入的"存在空间"这一概念与客观具体空间相区别,将建筑研究

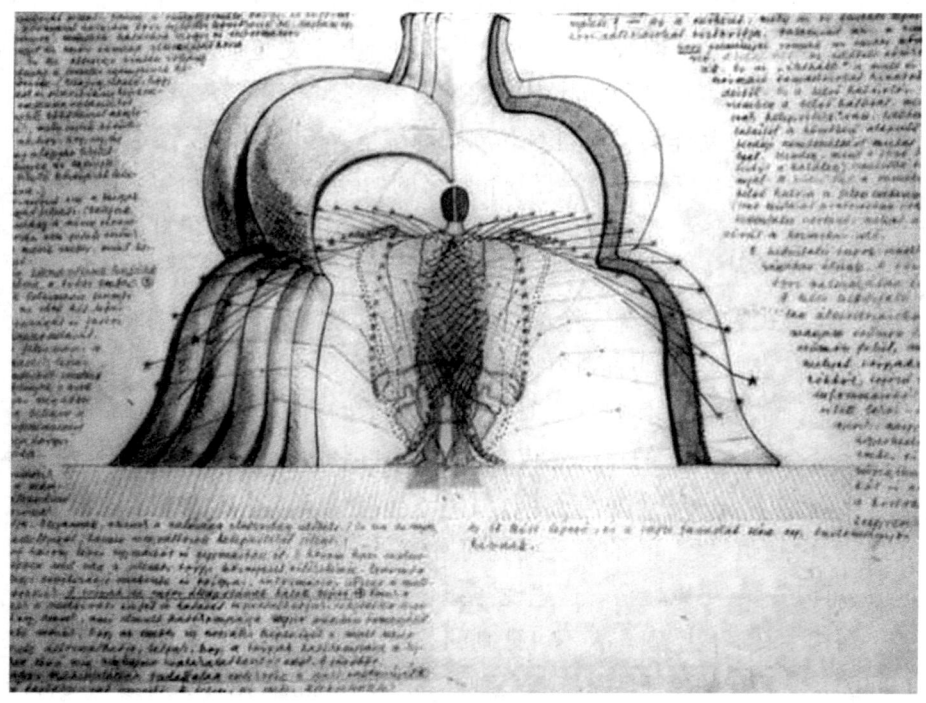

图 4-89 Visegrad 自然中心的祈祷堂

同人的存在属性明确联系在一起,表达了一种人与环境之间的基本关系。在《西方建筑的意义》中,舒尔茨又以主导建筑风格的发展演变为基本线索,从建筑与人类关系角度出发,阐明了一种新的建筑观,即以明确建筑形式来具体化人类存在的意义,力图强调人们的存在及其意义。他的论述如同海德格尔那样具有一种稳定不变的结构,而不同的建筑风格正是对这种结构创造性的诠释。舒尔茨考察了西方艺术中从古埃及到今天所有的重要时期,在居民区和城镇文脉中审视那些主要的建筑案例。建筑在古希腊、古罗马、哥特等不同的文化时期被看作当时流行的宗教与哲学信念的物质表现。例如神庙和教堂,通过它们的结构来为人们提供一种精神上的安全感,使人们感到自己融入到整个世界之中,由此对体现在那些迥异的建筑风格中的信念进行了深入发掘图 4-90。

　　以德国哲学家埃德蒙胡塞尔的现象学原理与马丁·海德格尔的以存在哲学思想对建筑进行分析应用为基础,舒尔茨在 1980 年出版的《场所精神》一书中创立了建筑现象学并对之进行系统研究。它采用凭直觉从现象中直接挖掘其本质研究方法,其目的在于探索建筑本源认识其意义,它不仅注重建筑的物理属性,更关注于建筑的文化与精神作用。这不仅是考察建筑现象的一种重要方法,而且也创建了一种能认识建筑深层涵义的新方法,为进一步保

图 4-90 诺伯·舒尔茨——西方建筑的意义

护和创造出富有意义的环境奠定了坚实基础。

作为建筑现象学的一个基本出发点与核心,"场所精神"一词源于拉丁文,表达了一种始于古罗马时期的观念。任何独立的事物都有自己的"守护神",场所也不例外,具有着自身独特而内在的精神与气氛。舒尔茨不仅从现象、结构等方面,而且还从精神、意义和历史等角度深入探讨了场所与人类之间内在而深刻的联系。建筑就是场所的创造,它使人们的生活形式和意义以更为明确有力的方式显露出来,新的历史条件所引起的环境变化,并不意味着场所结构与精神的根本改变,相反,许多事实表明场所发展的根本意义在于充实场所的结构和发展场所的精神。与人类文明相伴的建筑历史,所具体化的超现实意义包含在建筑所聚集的"秩序""事物""特征"和"光线"之中,它们分别与天堂、人世、人类和神灵一一对应。人类在现实世界存在的根本意义就是要守护而非破坏这个"四重奏"。这种思想带有浓厚的神秘思想,成为场所的精神与意义所在。尊重与保持场所精神并不意味着简单固守与重复具体的结构和特征,而是一种对于历史的积极参与。具有稳定结构的社会使人们的心智获得充分自由的同时,多元化的表现激发人类建立起将以自我表现为中心的思想与周围空间环境创造相结合的表达方式,从而在人体形态与精神参与环境创造的积极过程中,使人类获得了存在于世界的牢固基础,这正是建筑环境场所最根本的目的与意义所在。

以建筑场为核心的建筑现象学分为自然环境、人造环境和场所,其中场所是自然与人造环境有意义聚集的产物,场所不仅是人类的寄居地,而且也是人们精神与心理的重要依托。在舒尔茨看来,人造结构和含义包含着两层内涵:一是反映人们对自然环境的理解;另一方面还体现着人类对自身的认识。因此涵盖了特定自然环境和具体生活状况产物的人造环境所包含的精神价值,已远远超越了物质和功能上的意义。以具化自然现象并与之建立积极而富有意义关系为主要目的的人造建筑,以显现、补充和象征三种基本方式与自然环境相联系。象征具有一种源于具体状况而又超越其上的特性,它与某种带有普遍性的意义相联系,能够将人的经历与体验从特定环境与场景中提炼出来,并将这一含有特定意义的人造环境移植到另一环境之中。因此自然元素正是人造环境的原型与启蒙,通过对自然元素的模仿、借鉴和移植,人造环境将之具体化与物质化。

在建筑现象学中，先验的自我是人们从现象中发现本质的唯一保证，因此它在本质上是主观唯心主义的产物。虽然如此，现象学中那种直接面对事物本身并将人类意识与事物普遍联系的方法，强调主观意识和精神能动作用的思想，以及注重人类活动目的和意义的态度，对于研究和揭示建筑的本质与意义都具有十分积极重要的指导作用。

根据本文上述内容所提到的：身体、空间和文化的人类学理论运用广泛的哲学及认识论的传统——从霍尔期望的实证哲学到在这种空间关系学理论中围绕着身体的文化空间尺寸进行测量，即个人空间根据社会关系和形态在尺度上进行变化，并最终确立了人们运用文化探讨空间研究中最著名的"空间关系学"；再到理查森的存在于场所概念中的现象学身体，即通过现象学关于象征性空间的建议，致力于研究个体如何使空间等同于社会结构；更进一步说，人类学家还运用了一些来自于其他领域的理论，例如南希·曼运用了"行为领域"和"行为基础"的概念，构筑了一种可以被理解为由文化限定的"动态空间区域"，来发展她自己对于一种移动空间领域更为基础的感受，使物质的感官区域通过在场所中运动的身体而展现出来；甚至1992年杜兰特还检验了包括在仪式问候中身体运动的行为后果，从而证实了在语言、身体运动与空间三者之间的密切联系，从来自于语言学的人类学，以及将这些概念与运动和空间语言综合起来而获取了他的思想。

但是，在这个分析过程中更有意义的是研究者将这些多元化的观点带入空间与场所的人类学领域，而在该领域以往身体因素常常被忽视。更进一步地，这些研究者以一种新的与创造性方式描述了他们对于身体、空间和文化的理解。这便允许我们理论化，并想象身体作为一个会运动，会说话，存在的与文化的空间。它所唤起的理论上强有力的身体、空间、文化概念表明了：人类学思想中以前分离这些知识领域的根本转化；并且解释了许多从个人身体和具体空间的微观边界到社会与政治力量的宏观分析之中困扰我们的问题。这种象征性空间的综合概念，既强调了人类身体在空间中隐喻性的物化作用，也诠释了身体空间所反映的人类交流，转换与竞争的社会、文化结构。以罗马的城市创造为例：文艺复兴时期的艺术家丢勒在研究了维特鲁威的作品后，对以方形和圆形搭配下可以绘制出无数小方格图样感到十分震惊，这也就意味着：身体的各部分可以在整个几何体系中精确定位画出。万神庙的地板就显示出这种格子状的划分:它仿佛是一个西洋棋盘,由方形石块以建筑物的南北为轴心铺成。罗马人一旦要建立或者重建一座城市,都会先决定某一个点为中心,类似于身体的肚脐。从这个城市的肚脐开始,设计师开始测量城市空间。如同西洋的棋盘一样,中心方格具有很重要的战略价值,万神殿亦然:万神殿的地板也有这样的中心点,其中心方格刚好位于圆顶之眼,可以穿过圆顶让人看到天空的正下方。在决定了中心点之后,设计师就可以界定城市的边界,他们在地上犁出一条被称为"pomerium"的土沟,意即神圣的疆界。如果超越了"pomerium",就表示延伸太过而让人体变形。在此中心点具有深刻的宗教意义,因为罗马人笃信:在这个点之下,城市连接着地下的神祇;在此之上,则与天上光明的神祇相连接——众神控制着人类的事物。城市的中心点乃是城市几何学的计算点,而肚脐又是充满着高度情感意义的人体诞生标记,二者在罗马城市设计中的契合使身体、空间、文化达到形态与意义上的高度统一图 4-91。

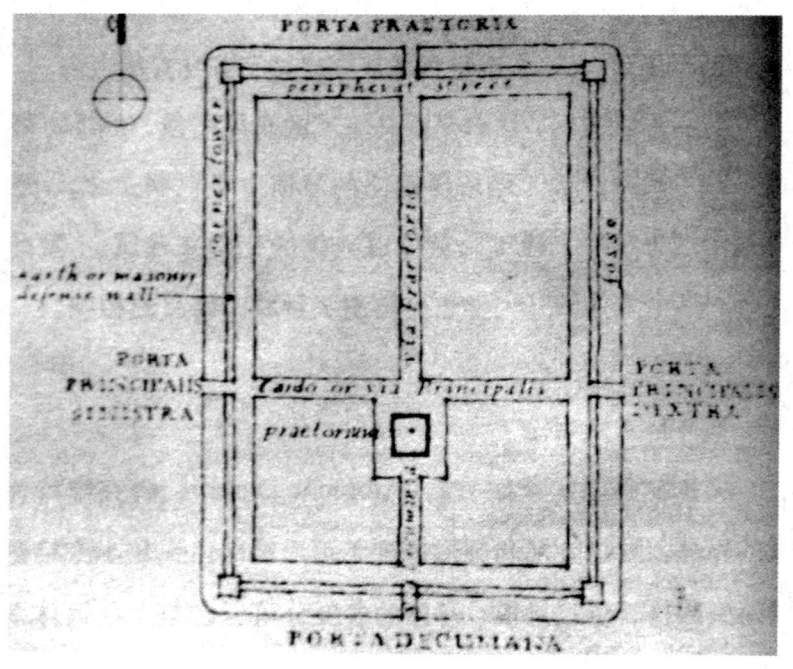

图 4-91 罗马要塞设计图

第五章　秩序的突破——
失序·重构·再创造

　　将人体的形态与情感赋予建筑,或将人类自身的功能形象直接与间接地投射于建筑,使无生命的空间与材料充满活力,是人类自我表现的本能意识之一。黑格尔认为"建筑学可以被理解为是自身物质的表现,而在表现的过程中可以采用人体象征的手法"。乔弗莱·司古特亦指出,"把世界人性化并用与我们自身及意志相似的方式去解释它的天真的神人同形论的方法是建筑学的基础。我们把自身与建筑外表等同起来,从而使整个建筑不自觉地赋予人的运动和人的情绪,将自身改写为建筑术语。这就是建筑的人文主义,把我们自己功能形象投射为具体形式的倾向。"作为结果,以建筑为媒介的身体,被转化成一种在建筑内部的旅行,无生命与有生命的物质在此寻找到了一个新的汇合点与连续性。探索从维特鲁威到当代建筑的"生命力",不难发现:这种最初始于人类原始需要的人性化建筑模式,由于技术的侵入和膨胀,不再仅仅作为一种秩序和形式测量的模式,而具有了更高度的敏感性、灵活性、智慧性及与人的交流能力。

　　当今,我们生存的世界不再由根深蒂固意义上的场所组成,而变成了由"开放"的不同根基的大量碎片组成。随着传统场所概念的消亡,大量的场所遭到冲击瓦解,社会中的"多元论"状态必然要产生,新的信息媒介也使我们经历了一种打破我们归属感和统一性的状态。虽然表现的手法五花八门,但从人体象征角度出发考虑事物固有秩序的意义表达,这种对世界全面理解的形式语言并未改变,它证实并重建了事物的固有体系,唯一改变的只是当今形式的虚无解释。借助于建筑语言,作为意向而开始工作的凝聚想象力,揭开了真理的本源,表达了在自然与天、地、人共同构筑的世界之间,我们自身存在的真正意义。

西方古典时代的有序理论与文艺复兴理论的变革

维特鲁威人体比例观念的延伸

古罗马的维特鲁威通过将人体尺度完美和谐地内接于圆与方形,将人体直接投射于建筑,建立了以人形比例关系为基础的建筑模型。建筑从人体中衍生出其权威、比例和构图。此后, 维特鲁威的理想身体测量被各个时代的建筑师解构和演绎为不同语言、色彩的万花筒。

正是维特鲁威的理论使人体的客观秩序与理性的数学, 客观的自然,神圣的和谐性相匹配,从而奠定了文艺复兴时期的艺术基础,成为激励文艺复兴理论的主要来源。16 和 17 世纪的探索与开拓,宗教的分裂和哥白尼的改革,导致了再生宇宙的和谐,并唤起了一种全新的世界观与思想体系。

众所周知,将人体的概念作为人的小宇宙和神的大宇宙间的协调模式,是文艺复兴时期的艺术与建筑设计的支点。文艺复兴的理论家们,从阿尔贝蒂到菲拉利特和莱昂纳多,都赞成这种建筑与人体的类比。对他们而言,建筑是名副其实的人体,他们确信情感的天生本能允许人们调整空间比例,使之成为与宇宙相和谐的部分,并先后提出了:巴西利卡具有人类身体的形状和尺度;城市具有人类身体的品质、尺度和形状;人体包括洞、入口和导致它的恰当功能的深层空间……在这里建筑被赋予有机的性质,从而成为人体的替身及人体功能的象征。

个体心智度量与科学数字度量的融合

维特鲁威测量语言的转变 维特鲁威对人体的描述和影像图解是激励文

艺复兴论说的动力，但是在两个时代和两种不同的语言之间，毕竟会存在一些新的和革命性的转变，建筑不再简单依据于人体的尺寸。荷加斯的美学分析驳斥了在数学与美之间完全对应的规则，提出了美不是客观的质量，从而肯定了美或任何其他的感情都属于主观的敏感度。作为反对比例美学争论的新观点，人类凭借眼睛的直觉，可以同时看到所有三维景象，并察觉到空间比例的和谐关系。在此，眼睛替代了理智、感官和理解力。客观和谐的范围被知觉的主观现实性所逐渐破坏，比例完满和绝对的性质遭到其相对性质的反对，正确的判断被逐渐建立于使用精确可视角度有效观察空间的基础之上。

　　例如从对维特鲁威的图形解释来看，虽然同样将人放置在一个圆和方形中，但莱昂纳多更多偏重于强调一个在纯的度量的几何轮廓与人体不安和富于表情的身体轮廓(肌肉、皱纹和头发)之间清晰的区别。在人像特征的基础上，创造了一种紧张平衡的关系。当几何形状在尺寸上变为两倍时，他又采用两倍的人形尺度，使身体空间与普通空间在形状上保持确切一致性，因此加强了整体动态的平衡效果。

　　理性研究与自由表现　在这一时期，绘画的主题是清晰的，不再单纯拘泥于身体的和谐比例，而是追求更高水准的和谐，一种保证与均衡两种秩序或相反特征间对照的和谐。客观的数字，规则的测量以及主观的身体三者被融为一体。这种比较存在于绝对的普遍的几何学和与之相关具体的脆弱的身体之间。它是一种使个体心智度量与科学数字度量间相碰撞的和谐证明，清晰地表达了在莱昂纳多与维特鲁威之间的区别，为解决理性与科学个体意识度量与集体度量之间的碰撞，提供了一种和谐证明的基础。线是巴洛克时期占主导地位的重要特征，对理想主义研究中理性主义与新古典主义的毁灭都负有着不可推卸的责任。这条"反叛之线"逃脱了寻求感情与情感的纯粹秩序，在美学体验中变为毫无争议的主角。它所产生的能量和轰动，形成直接影响人类精神状态的能力。

　　将身体看作一个测量体系，通过数学的眼光来注视这个世界，是科学调研与正确表达现实的工具，它不仅是透视学范例的物质基础，同时也是构成艺术思想与现代科学的物质基础。但当直接被包含于建筑形式中时，人体就形成了一种独立于主观感觉的和谐保证，一种数字化的，可以被表现且具有普遍性的和谐。其中理性研究与自由表现并存,体现着权威与合法的独特创造。它不仅将测量转化为规律性的问题,也把人体美转化为一种和谐敏感的表现形式,最终形成一种从工作模式到实践应用规则的保证。一个符合客观规律的思想被题写在主观的核心之中,秩序与理性的原理得到充分肯定,并提高了它的个性保护。

时代演进中西方人体失序在建筑中的表达与评价

生命灵魂与空间关系的对话

在弗洛伊德的 1900 年出版的《梦的解析》之后不久,亨利·凡得菲尔德提出了在身体的生命灵魂与空间关系之间的对话。此后,更多的哲学家将这种发展趋势归因于使用抽象几何形式和自然有机形式所形成的一种独特的心理学矩阵母体,解释了它作为人类精神的双重需求。形式与感觉的一致性,被多样化的以及不稳定的宇宙, 在有机与无机形式间紧密关联与相容性的思想所取代;透视的理性解析也被一种新的建筑语义学与心理学解释所取代图 5-1。

因此在 19 世纪晚期和 20 世纪早期,人们不再把身体作为一个感知系统,而是将其视为心理的系统。在具有无限可能性的时代,身体变成了一种额外的测量方式,一种超越它本身限制的可能性方式。从身体中心崩溃到封闭艺术形式的瓦解失序,包豪斯艺术所表现出的独特性是十分明显的:它以生物的机械体作为探索新空间的工具,结构和空间的几何形状在此变成了一种自然与文化,技术与生物的会合领域。住房被视为子宫的替代物,在比较机械类比中,心脏被比作泵,神经系统比作线路,脑系统被比作计算机……图 5-2 由此打开了一个与有机形式相适应的建筑新趋势。

出现在舞台上的包豪斯艺术是一个通过空间而被延伸的身体,也是一个将服装与布景相融合的身体,解剖与空间的几何形式变成了一种自然与文化的几何形式,一个技术与生物的融合区域,由此向世界打开了适应有机形式的建筑新趋向。建筑用基本的生命需求替代了正式的表征要求,作为满足精神均衡基础最低限度的质量：所有建筑条件包括光、空气、卫生、健康、人体工学和精神分析的功能主义等等，都是对于身体中心、形式、度量、需求和本能同一问题不同侧面的反映。

　　强化的混凝土及钢结构和弯术处理等新技术帮助实现并刺激了两个研究领域，形成一个与身体的对照关系，这是一种在新精神阳光照耀下，同一个新躯体而非肉体的比照。这个身体已经失去了一定性的自我，是一个处于不稳定中，焦躁不安，不平衡的与直觉和本能的身体。

图 5-1 达利作品中的人体解构

建筑与景观设计中的 人体失序现象

　　在人体符号之下，建筑开始了迫切的需求去拆散和暴露身体，开放肉体，取出内脏，膨胀变形，去穿越神经错乱的大脑，并且努力探索超越有机体的潜在事物。这种失序的建筑不再服从于中心和稳定，它的边界变得模糊，形式变得隐喻；它的力量更多地存在于碎片与破损的暗示之中。由此建筑通过有组织地被技术所

图 5-2 蓝天组 心的房间

延伸,连接着生物节奏和被信息流通所环绕的宇宙媒介,将简单依据于人体尺寸度量代之为一个全新的"我们化身的出现"。

20世纪60年代出于对社会现实的不满,迅速成长的流行艺术及媒介以令人激动的乌托邦形式表现自我,发现了建筑与作为其隐喻资源的解剖结构二者之间的相似性,并将其作为人们掌控中的新建筑的象征性资源,从而使建筑呈现出一种敏感、灵活和可调整的结构。这种趋势发展到80和90年代时,身体作为一个复杂的系统,已不再能够产生一个普遍与决定性的设计标准,而是更多让位于围绕着生物通讯技术及动态适应能力而展开的建筑探索图5-3。

这一范畴,将身体的关键点作为一个变化的,参差不齐的折叠变形地貌系统,以及不同点并存的新逻辑。在该系统中,联系与相互作用的能力超越了形式定义和测量的可能性。它变成了一种过渡而非障碍,使身体与景观在极端形式下强调了空间作为一个复杂化领域而非形式的错综运动。

图5-3 尼古拉斯·格雷姆萧,英国伦敦 与人体骨骼关联的车站设计

城市和领土的失序表现 失序与不可测量作为开放解构或一个物体计划的特性传播，具有领土分解性，移动性和处于不稳定平衡等复杂特征。在极端物质分解的实质性和一个多维性质的历程中，灵敏度成为联系感觉和相互作用能力的媒介。它的流动性作为研究放纵形式的可能性受到空间条件的限制。参差不齐的不规则几何形和脱离秩序、测量以及领土版图的混乱动态语言，开放城市的思想成为身体的质量测量。

随着现代社会的多元化发展，城市化现象在一个逐渐发展的巨大地区中蔓延，以一种很少联系着领土本身的方式，综合着其他因素。郊区与市区里所存在的问题变得日益明显，其内部边缘经常是模糊的。如伴随着城镇疏散，城市不同的部分被淘汰或迁移，无用的人造建筑与这些建筑区域动植物新陈代谢的混合物自由再生，产生了一种特殊类型城市废弃物。对比这种新型的近郊环境，传统仪器的几何测量方式感知功效和设计功能无从下手，因此迫切需要一种从根本上的语言的更新。

当前由于城市与非城市之间的界限已变得模糊性，一个新起点已经在城市中出现了。因为城市在财富与饥饿之间，战争与和平之间缺少测量，失去比例地划分，而成为了一种与具体距离不相关的边缘系统。由于地区参差不齐的特性，促使我们从西方的系统工业区域或历史城市中心解放出来，去动态反映一个城镇的复杂性，与来自于世界其余地区的区域重建相混合。因此，城市必须尽可能戏剧性地面对面发展；与此同时，全球与新千年后殖民地城镇发展也应被纳入重要的考虑范畴。

一个城镇艺术与领土研究实验室斯塔克 Stalker，将罗马的结构与银河系碎片的结构进行类比，设计并促成了一种新城市思想：通过不间断的"城市漂泊"，来穿越并绘制那些小城市。将在整体组织间渗透的无意义系统连接到一个被限定的"当前区域"之上。区域在这个过程中被改变，在测量，控制，规则限定之下，即转变为其他事物的限定之下，应该怎样处理这一环境呢？首先要去考察而非忽视它，更重要的是围绕城市废弃物，对其材料和空间进行自我表现建设，推翻它的残渣本质，使它远离空洞，给一个区域带来光明，成为一个城市景色新的动态中心。

失序城镇中的建筑形态 场所是自然、社会与历史的许多力量共同作用的结果,在失序城镇中多元化的建筑形态既扎根于过去,又着眼于未来,明确了人们在时空中的位置,帮助人们寻找到了自身的立足点。这是限制边缘不平衡点,挑战新城镇艺术的要点;它的进展是源于新的反理性主义或假想的包豪斯运动空间构思的,是概念化的计划探索,超越了土地艺术的特性和动能性城市的形式主义批判,在复杂性与直接性之间定位计划,寻求有效的手段,这样建筑能够开始在没有压制的,动态的,开放的,矛盾与混杂的本质情况下与城镇现象同步发展。

在此基础上,一种全新的多元主义建筑正在发展过程中,其目标在于重新唤起人类对建筑环境有意义的整体体验,这种建筑并不是设计出来的,而是生成的,因而环境成为了相互作用的器官组成的动态整体,变得更富有表现力和活力。如汉斯·夏隆的柏林爱乐乐团音乐厅作为城市建筑的可行性范例,回归到人类行为"占据场所",以及场所特征与行为意义间相互作用的基本关系上,它被视为一个流动的音乐"器官",通过活的器官及其衍生物所组成城市景象,使城市环境得以有机处理。

现代主义初期人们曾在心理与生理上同时脱离了自己的场所,而加入到对开放空间的征服中。鉴于此,今天的人们有着一种潜在而强烈的"重返家园"的期望。场所、路径和领域概念在多元化建筑中重新获得了重要地位,使建筑体现着"土地之灵","作为一个世界中的世界"。在近二十年来,许多建筑师在不放弃开放空间概念的前提下创造城市的内部空间,将城市结构看作一种全新开放的"生长模式",该思想也被艾利森和彼得·史密斯等人引入到建筑思想中。如路易斯·康在费城设计的理查德医学研究楼中就详细体现了当建筑被想象成生长模式时是如何构成城市环境的。

开放生长的概念在最近十年的乌托邦式设计中达到了极限。由彼得·柯克 Peter Cook、格林、哈伦、维布和克兰顿组成的阿基格拉姆集团将波普艺术、科幻技术与城市建筑设计相结合,强调个人权力与创造的能动和主动性,注重个人权益的自由主义倾向。这一发展线索在彼得·柯克的许多作品里具有非常清晰的体现。他揭示了分层巨大结构隐喻手法的崩溃,建筑不再是在基地上移动和行走,而是溶解在里面,创造了独特的"溶解建筑"。其 1988 年创作的西柏林外之路 Way out West Berlin 图 5-4, 在废弃的城市区域建立起一个地下文明社区，建筑在地层之间自由滑动,逃避了权限与控制,并且以纷乱失序的自由形式融入到整个城市的景观之中。阿基格拉姆集团提出了以人体骨架式的巨型结构作为提供水电等基本设施的服务设备，而后再将住宅、办公、商店等不同功能单元插入该巨型结构中的设想。在这里城市被构想为一个可以扩展的三维基础结构,预制的或自己建造的住宅等单元可以任意插入与分割,其构成部分是可移动的,它们甚至可以被拆开重组并在不能适应要求时随时被抛弃。典型代表作如彼得·柯克的"插入式城市"和哈伦的"行走城市"等。

随着现代人类生活的改变,在地球与天空的空间不断增加结点——等候

图5-4 彼得·柯克的西柏林外之路

空间、休息、会议的区域，进入并且离开网络。这些共同构成一个处于移动中不安定的存在状态，也越来越经常地成为公众或半公众半私人生活的轨迹，在人、物品和交流手段之间交换的场所。这就解释了为何购物中心、飞机场和高速公路的服务被装配提供连接着新城镇功能的服务，使之成为一个划分了区域但联系着社会的汇合点。

景观地质学中自然因素的介入 自然因素——岩石和植物，作为在袭击之下被毁建筑的一部分，极其活跃地与建筑"神经质"地杂交，将自然与人工相混合，贯穿并牵连为一个独立的，几何学的，非限定的，参差不齐的风景。它失去了秩序化的控制，被一种神秘野蛮的自由所弥漫。

为了处理好这一局面，建筑师从多角度提出自己的见解。其中，伍茨的主张是较为全面的，他将建筑视为一种文化、社会和政治改革的工具。作为斗争工具，建筑反对权利、重力、时间和每件事。他称"建筑是一种政治活动"，从社会政治角度出发对建筑现状进行分析与批判，认为目前西方建筑师实际上是现存社会政治结构的缔造者，隐匿地遵循表现着阶级之间的压迫关系。伍茨对现存建筑状态持批评态度，他的批评态度是打破一切的态度，这位站在建筑学边缘形而上学的建筑师将想象发挥到极致，其作品形象真实而令人震撼，创造出令人耳目一新的虚幻世界，同时使人感到一种精神上的解脱。

伍茨的创作是以自我命题的方式进行的，表达了对于现存建筑状态的不满，打破因循守旧于现行常规、秩序和习俗的社会形式，反对建筑权威，注重个性化、自由化探索，努力创造一种新观念下的城市与建筑图5-5。他宣称："人类的天性就是去创造和构造自然。我们必须创造世界以便彻底地在其中生活"。"在我的作品里有一种承诺，那就是不仅对那些为现存生活方式服务的建筑感兴趣，我更感兴趣于一种尝试，一种新的生活的可能方式。"它是一种有计划性的无政府主义，一种彻底远离阶级等级，远离所有普遍意义上的封闭及所有形式与物质的自由政治行为。它的狂暴动荡的空间充斥着城市的自由区域，临时的自治区域地带，充斥着废弃的"地下柏林"图5-6或者"巴黎天空"图5-7。

伍茨认为他所创造的这种社会与传统社会不同，它没有传统秩序、结构、中心与等级关系，生活充满刺激、冒险和探索与"实验性生活"精神。在伍茨的世界中人们得以发现一种所谓的乌托邦"理想世界"，表现出一种完美的令人新奇甚至恐慌的特征。其中"地下柏林"和"空中巴黎"是最为引人注目。"地下柏林"创造了一个崭新的地下世界，城市建筑由薄膜金属构成，并以十分精巧的机械和材料进行分割。这些地下结构类似于精密的机械仪器，它们同地质力学和地磁力的频率相协调，通过机械获得人与宇宙之间的和谐关系。在"空中巴黎"，伍茨又设想在巴黎上空采用那些由薄壳材料制成的机械片段与构件相结合的构造手段，悬浮于空中，与飞机不同的是，它们并没有引擎，而是引用"磁悬浮"概念，借助于地球磁场而停留于空中的飘浮物，同时这些飘浮于空中的轻质结构又与地表相联系。这样整个城市被一种紧张的战略魅力所侵入，来自于城市底部的

图 5-5 伍茨 场地上的自然空间结构

空中房屋好似奢侈的流浪者营地，它不受法律与重力控制的规则与自由运动，令人备感新奇。

他的建筑乌托邦不仅是解构的，而且也是开拓的。他呈现给我们的城市好似无器官的身体，一种对于组织结构的挑战，被强加于区域的设计之中。除了大尺度的城市社会方案，伍茨也试图尝试在那些较小的独立结构体系中去验证他宏观构想的合理性。乌托邦被建立于独屋村庄中想象的，不合文法的，扭曲的力量之上，运用了最低程度的文法和最大限度的自我表现能力，该结

图5-6 伍茨的"地下柏林"

图5-7 伍茨的"空中巴黎"全景

构内外没有梁柱支撑,结构由建筑形式衍化而来,其内部并无功能划分。盛行的失去测量的自由变形,超越了象征主义类型学,在一个参差不齐的设计中丧失了中心和边界,重构了地表的折叠层次,山的破碎轮廓和云的流动变形。

哈迪德的设计与建筑方案和性质通过一种单一的力量线索与投射,以一种不同的方式,虽然形成了类似逻辑的部分,但逃避了不能停止改变的景观。方案的线索,作为一种围绕空间设定线索的解释,追踪张力和能量的分解与破坏,形成打破均衡稳定性的,自然与人工力量的交互流动。其代表作香港山顶俱乐部设计,被分层技术层理,通过添加和连续层的积累取代了来自于山边的土壤,并且形成了新的地质学。在维也纳卡努特姆 Carnuuntum 博物馆设计中图5-8,圆形的露天剧场代表着真正的思想宣告:建筑通过伴随地形趋向人工平台的表达成为了一种对风景的延伸。观景楼揭示了它的力量结构:被腐蚀的墙凹凸不平的形式,人为地强加了对自然风景的极度限定性。

以人体为基础的建筑失序表现 柯布西耶标准化和有节奏的身体被运用于大量的房屋设计实践中,表达出一种基本的破裂形态。身体的精确延伸,极有可能在时间与空间中错位并导致整体建筑的破裂,甚至最终导致建立于身体模型基础之

上单体概念的消失。以这种感觉，柯
布西耶的"模数人"1942～1948代表
着制约倒塌的最后防线，这重新肯定
了维特鲁威的数字原理：即人体数字
作为一种客观和不可改变的肯定性
因素，一种在人与世界之间依据于合
法和单义标准，客观和不可改变的测
量方式。在具有无限可能性的时代，
身体具有了一种连续超越现实和所
有其他测量方式的可能性。从被视为
所有事物的中心出发，它已经演化为
一种预设现实规则的解构的人类学
测量方式。

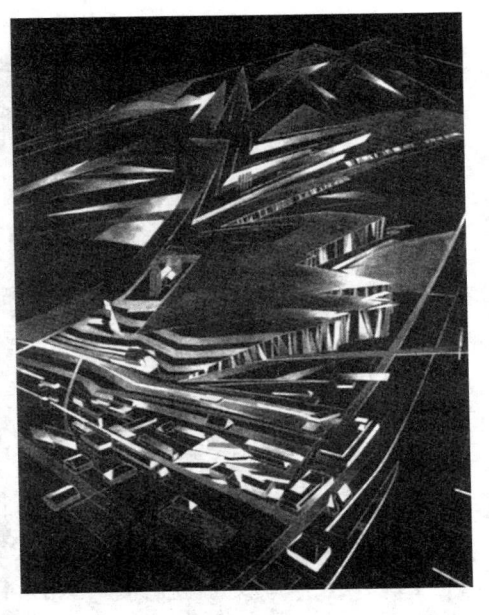

图 5-8 哈迪德的维也纳 Carnuuntum
博物馆设计 1993～1995

当现代运动受到合理化问题的
困扰，建筑与城镇形式中错综复杂的
动态的和无秩序的特点无疑是最为迷人的。在豪斯·拉克维也那集团 Haus-
Rucker-Co 与蓝天组 Coop Himmblau 图 5-9 所提出的实验性设计中，空间探索计
划和更加神秘的身体器官的有机组织，共同成为激发他们建筑创作的直接资
源。皮亚诺和罗杰斯的蓬皮杜文化艺术中心，可以被概括为构想建筑而非砖
石建筑，它在一定程度上实现了类似于人体结构的分解。此后，建筑对人体的
精确铭记或形象模仿在很大程度上被抛弃，而代之以流动易变的形式作为身
体的特征，形成一种与周围环境的连续性发展关系。

如同一幅没有中心和秩序的画，建筑中日渐增加的失序与参差不齐的混
乱边界同样具有不可测量的特点，成为设计方案中最清晰和最具特色的瞩目
之处。从这种意义出发，英国的建筑师所形成的阿基格拉姆 Archigram 建筑电
讯派的设计技术和巨大结构的张力比由维也纳集团 Viennese groups 所建议的
物质刺激包含着更为重要的基础。这种发展趋势逐渐将机器与人之间，身体
与身体之间的接触缩减到一个亲密的联系之中，提供了一种多元感受刺激的
实质性尺度图 5-10。阿基格拉姆提出：生活的基本规则已经"被认为是由于技
术的进步和个人流动发展的可能性"。实际上导致了一种"永久的拒绝"，一种

图 5-9 蓝天组 维也纳顶楼设计

发展的"对于知识的好奇心与期望,它可能导致世界运动类似于早期的游牧社会"。在景观与建筑之间, 他们在复杂多变适应性强的自然形式与几何图形之间寻求一种新的结构逻辑。这种由技术所导致的复杂性与灵活性概念,打破了以基础为底盘的概念,揭示了大地的多层次,折叠与稠密,以一种丰富的形态给建筑形式注入了新的生机。阿基格拉姆建筑师采用具有颠覆性的"战术机器",伴随着不安定的"机器"游牧生活,向着一个建筑变革的概念发展,在不稳定,可变的与适应性强的自然形式的几何图形景观与建筑之间寻求一种新的结构逻辑。其工作计划好像空中一个被 UFO 和宇宙飞船所占据的外星空间。如在彼得·柯克的"插入式城市"中部分是可移动的,它们甚至可以被拆开重构;哈伦的"行走城市"中有许多结构可以被在望远镜中移动或沿着气垫滑行……

里伯斯金的方案如同一个在不稳定均衡之上变化的水晶,显现出一个多面的世界,形成了复杂与不可预测的萌芽。无论是作为城镇景观抑或作为风景被阅读,图像都是混杂因素的无序添加,积累到最初的分解形式,特别的密度与深度计划,像一个考古学所发现的部分被分层累积着。作品的完整性如同城市处于危险之中,不仅不受到方案的物质性的约束,而且也包括打破的,在每个方向上的设计与重叠部分的图形再生,使人很难定位自己和理解方向。"不可视的"是最首要的记忆,像难以理解的事件,不能被安抚的戏剧性事实等。失衡,无尺度和凹凸不平正是里伯斯金设计中最引人注目之处。该方案具有复杂与不可预测的特点,建筑不再受到完整与秩序性的约束,而代之以混杂因素的无序添加,积累到原始解构形式,并投射于城市的每一个方向之上。其代表作犹太人纪念馆以纳粹大屠杀的痛苦记忆为主题,将方案平面定义在线与线之间,在一个五角星形上,随着蜿蜒曲折的纪念馆路线,与大量被

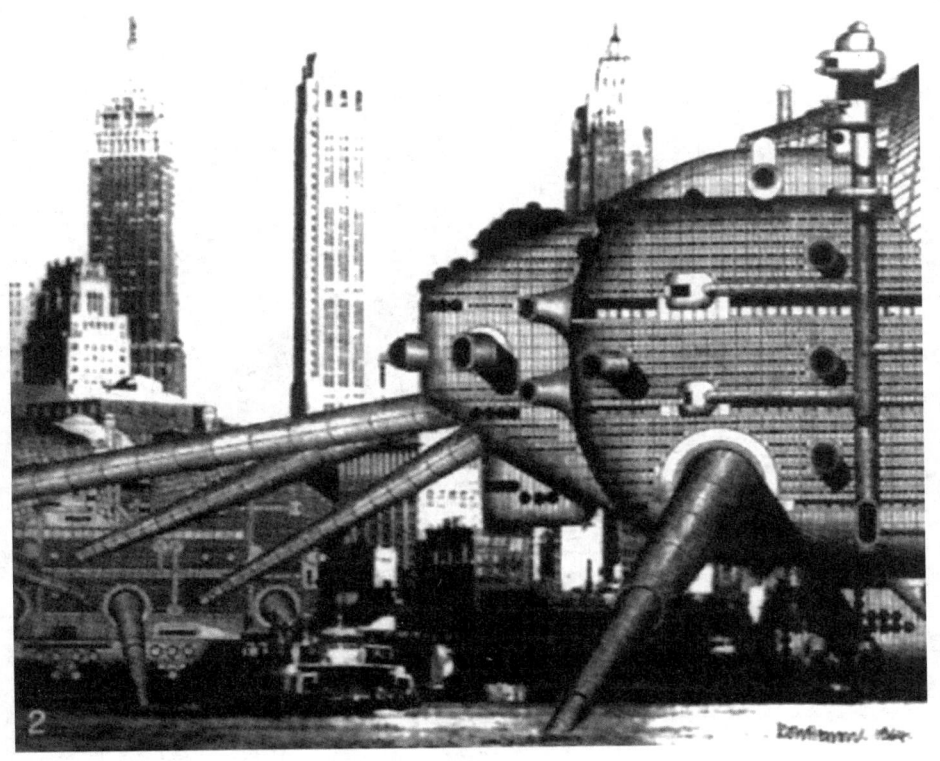

图 5-10 阿基格拉姆的行走城市

打破为碎片的直线错综复杂地交织在一起。博物馆的入口被引申至地下,整个空间围绕着它移动并会合于空旷的深处,而这种开放相对于整个城市来讲不过是一条狭长而锋利的裂隙。整个方案好像漂浮在海上的废址和遗骸,但在现实中是大量的线、标记、伤疤与碎片。这些线被扩充为一个在可视与不可视二者之间相反参考的重要程序。在里伯斯金的犹太人纪念馆设计例子中,以人体为基础的建筑呈现出失序的状态,而"没有什么被显示"必须为视觉构成并提供结构的逻辑图 5-11。

　　总体上看,平衡和不稳定或临时性的思想是当代建筑一个显著的特点,它的策划从限定范围向参差不齐的边缘转化,已逐渐脱离笛卡尔的精密与严格的体系,通过一个变形的图像,即一个传统语言所表达具象建筑模型与复杂的自然现象相互作用。

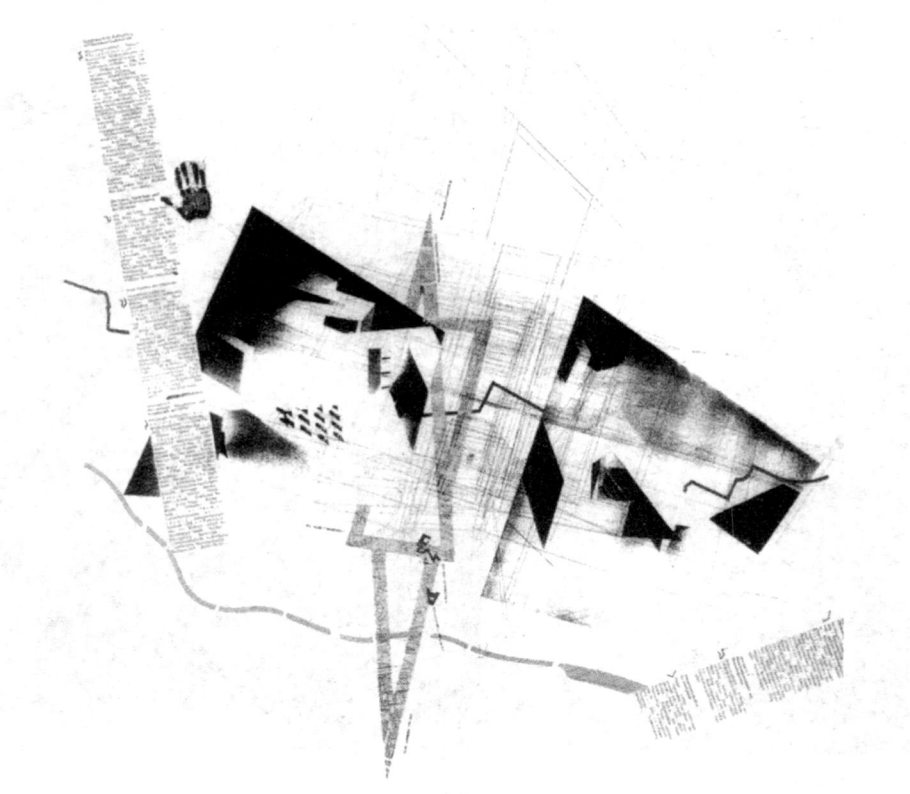

图 5-11 里伯斯金的犹太人纪念馆

生物技术发展与当代建筑空间的会合

自 然 本 能

　　处于移动中不安定的存在是当代世界的真正焦点，这与建筑逐渐倾向于从物质的世界移开而接近于水流、运动、联系的发展趋势相一致。那么如何使建筑设计方案更能够体现出时代空间特征的活力呢?平衡和结构不稳定或临时性的思想是当代建筑一个显著的特征,设计师在努力摆脱笛卡尔精密严格的设计思想限制的同时,正在努力寻求一个与复杂自然现象相互作用的具象的建筑模型。我们以 1985 年由建筑师 Javier Senosiain Aguilar 设计的墨西哥城有机住宅为例:在设计中,表达人与其环境的一种和谐关系一直是建筑师最深的关怀和愿望。这个建筑设计的理念是从人类基本需求中产生的:一间可以换衣的卧室和浴室,进一步一个不太私密的空间以供社交生活。它同时也引发了一个对地形的拓扑研习,特别是出于对树的考虑,使它们在工程后还能被保留下来。所有这些因素几乎不可避免地导致了一个有着类似胚胎外形的柔软的建筑空间。为了实现这个流动的线形,设计师选择了压力喷浆的加固构建。与常规手段相比,这种遮盖地表的壳形构建仅需要 1/3 的建材,而且在墨西哥这样的高原地区为住宅提供了一个特别怡然和稳定的内部气候图 5-12。

　　与此同时,作为生命所在地的身体,变成了建筑中通过与周围环境的信息交换而不断调整自身并与之相适应的模型。原有的稳定几何形被依据于地壳混乱,失序运动和在时间进展中形态学模拟的逻辑所取代。作为一个母系形态尺度的研究，建筑显现了一种隐喻的本质。当代建筑作为一个外部结构即相当于身体外部，与

图 5-12 Javier Senosiain Aguilar
设计的墨西哥城有机住宅

内部空间形式、规则即相当于身体内部混沌状态的结合体,在有形与无形事物的边缘之间进行着不懈的探索。

　　最重要的历史事件已经以定位的方式被改变,未来发展趋向将会出现一种表面的革新,一种人工制造的表皮结构。类似于其他生物,如贝壳体、花蕾、鱼鳞或蛇皮外表,鲸的腹部或山,运动或壳体的分层等等。这些结构可以直接通过它的毛孔吸收氧气,并且通过光合作用转化成有营养的化学物质,对于重新设计的身体而言,它能够淘汰许多多余系统和非功能器官。

设计实践应用

建筑空间与人体表现

　　在"法兰克福大学生物中心"图 5-13 的设计过程中,埃森曼运用了 DNA 在蛋白质合成过程中的三种机制:复制、转录和翻译作为建筑布局的主要构思,它以一种连绵起伏的波浪形式创造了一个具有尺度和意向的空间形式。这一手法通过形状的改变而被连续运用于加地斯会馆 Cadiz 和辛辛那提的阿诺夫 Arnoff 中心设计之中。日内瓦 Geneva 图书馆设计结合运动中无秩序的几何形,追踪人类早期理想图形的记忆,打破了原有的功能布局概念,形成"实际房屋"方案基础。这种构成的复杂性产生了极端的流动性,结合思想上的模糊和形式上的消失,形成连续的,从有限到潜在的,从可能到想象的设计形态图 5-14。

图 5-13 彼得·埃森曼的法兰克福大学生物中心

夫兰克·盖里 Frank Gehry 的建筑语言出自集合、装配、非团体组织及非组织的灵感,自然与技术的魅力,朴素的美学和雕塑感,简单的形体与扭曲的主题。位于克利夫兰 Cleveland 的路易斯住宅设计图 5-15,结合盖里和菲利普·约翰逊

图 5-14 埃森曼的辛辛那提大学设计、建筑、艺术与规划学院

图 5-15 弗兰克·盖里的路易斯住宅

Philip Johnson 的精心策划,向人们展示了建筑令人吃惊的效果。一个正交性的建筑被打破,而变成了螺状与贝壳状等生物的表面形态,使建筑倾向于一个被包围和层叠的洞,其自由的形式逐渐打破了权威性的设计方案。在这一形式里,方案形成了身体的重要和动态的特征部分,环行与变化的呼吸节奏,内脏深处隐藏,但是连续的运动……它是在变为一个动态和信息相互联系的电子模型之前,一个具有独立因素的个性化设计。

在罗马教堂的设计中,将改变性质的液态水晶作为隐喻和变化的图形、思想、形式和视觉的计划。一个变形的比喻,改变的形态,有形与无形事物之间的相互作用,概括了功能要求、设计与上下关联的现实类型中的变形计划。超大的表面,大屏幕墙的深层结构,构成一个与世界相联系的开放的教堂,创造了一个在现实与虚拟世界之间的新桥梁。

葛列格林的研究中心目标是建筑组织的解构,寻求一种当它变得更为无组织时,建筑所获得的具有物质性和生命力的流动以及灵活形式。从欧几里德的僵化物质形态中解脱出来,通过物质自身叠合,寻求那些内部结构线,在相反方向上引导组织向着物种的变异和分化方向发展,这一手法在建筑的几何形态与用地的山志学二者之间是毫无区别的共同事实。在格林的例子中,我们可以讨论一个指向起源的物质运动内部结构的范例。

增强环境共生行为的再造思想和典型自然环境的变化均衡是约翰·弗雷泽研究背后指导的启发。他将身体作为生命的所在地。而弗雷泽的形式与物种的普遍情况指导思想正是广泛根植于生物和自然科学的发展结构的构成。

特别是发展到 90 年代期间,景观与建筑设计不断改变体积和外表,许多

令人惊奇的非正式形状代替了可测量的空间, 它们表达了失序、动荡、收缩与扩张等运动,从而形成生命体系重要的动态特征部分,其目标是通过对建筑组织的解构,寻求一种当它变得无组织时所具有的物质性与流动的灵活的生命形式图 5-16。

图 5-16 柏林会展中心

电子人体与未来建筑发展趋势探索

当代电子技术的发展

实用计算机技术,以一种依据于形态学过程的模拟逻辑取代了形式逻辑与形式之前的几何形状。这种逻辑起源于一个胚胎的核,通过身体的形成而进化,它具有一种在以多种信息相互作用为特征的已知环境过程中自我产生和自我表现组织的能力图 5-17。从 20 世纪 60 年代以后,由于逐渐有效地使用计算机,令由伽利略和笛卡尔精心策划,并由牛顿完成的现代科学概念计划,最终遇到了危机。

实际上,从巴加斯的计算器到计算机发明,其间已经历了一个极端重要的转化,即它超越了纯粹的计算功能,能够在所编程的详细部分展开工作,这种革新导致了一种明显的专业化。进一步说,这种专业化实际上是对于生命系统智能化典型灵活性倾向的一种替代。通过创造一个完整平台,能够同时管理不同信息资源和知识,且具备根据视觉信息去识别一个物体的基本行为能力图 5-18。

通过电子学的发展,世界被逐渐转变为一个对社会参与者开放的事物间相互依赖的完全领域,使我们每个人都身处其中,并且从空间的任何点都可以达到。在这个范畴中,所有的媒介都是转化经历为新形式力量的积极暗喻。电子学所允许的最有力转化并不是一种虚构的身体,而是我们沉浸在整个

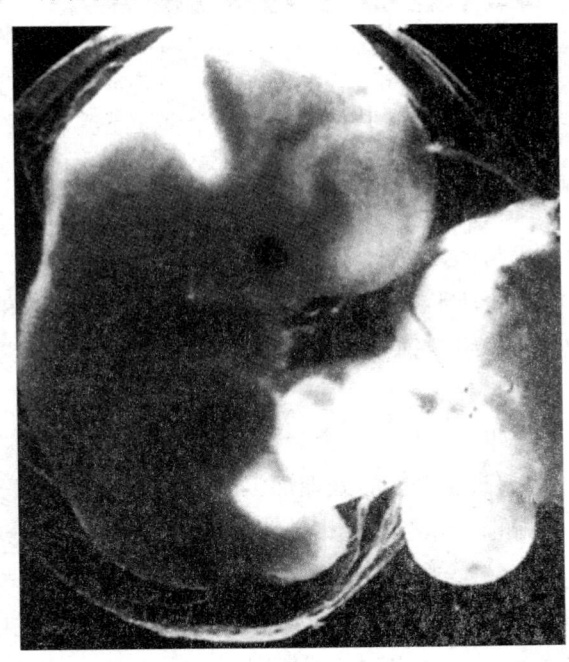

图 5-17 母体子宫胚胎

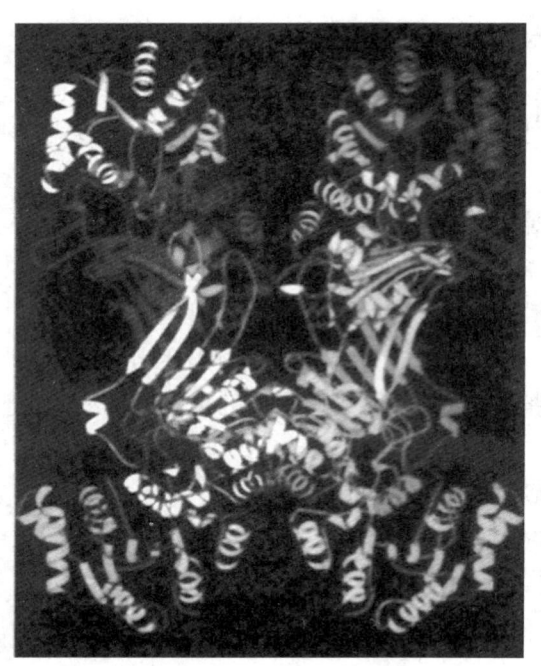

世界中的真实的身体，一个由来自于第一次科学革命的数学规则所控制的身体，我们可以从中获取身体外部与内部，世界和宇宙每一部分，得到从无限巨大的星系时空到无限小的原子空间的体验。

电 子 人 体

随着时代进步，同机器物质方面相联系的愿望变得更为明显。其发展可以被联系到一个可使用表面空间方面的逐渐缩减，减少机器与人之间，身体与身体之间的接触至一个逐渐

图 5-18 人基因染色体三维 X 光结构

亲密的联系中，并且提供了一个多元感受刺激的实质性尺度。

当代电子技术的迅速发展正逐步渗透到各个领域,从信息媒介到行为空间,使建筑可使用的参数不再仅被人体生理学和它周围的环境所限定;信息技术与遥控系统则更使人类超越空间距离的局限性成为可能。将人体与技术相融合所形成的电子人体,是联系着生物节奏和被信息流所环绕的宇宙媒介的有机组织;同时,由于数字信息的清晰本质,更允许我们同神秘的自然界进行直接对话。

如果只是给一个结构上被构想为刻板建筑的机器增加感觉器官是远远不够的,这仅能够处理加工它所设计程序的部分,而不能去表现物质世界的极端的灵活变化性。为了获得这种相互关系,机器必须变成一个能够储存信息,并引导自我运动的身体,即必须通过掌握被我们称为身体逻辑的感觉逻辑,而作出根本上的改变。这个问题,已不再是来自本体二元论心理划分的暗喻,而是通过存在于空间中的身体和它的深刻特点更具人性化的心理暗喻。这意味着它取代了以整体和联系方法控制过程的分析与逻辑。

事实上，如果将上述计算机与我们头脑的构成进行对比，很难从中发现有效的类似性。由于人类头脑中不可能包含着象征一个程序或中心仪器单位的任何事物，因此将计算机智力作为一个可以实现整体模拟操作系统的信念已日益引起人们的强烈关注。依据这些考虑，从无能的传统机器到处理物质世界极端纷乱和不可预测的本质，使设计不再是一个抽象的数学范畴；而是以一种开放，适应与革新的建筑为特色，对于一个在结构上不同于生物结构规则的抽象机器模型，进行重新检测，建立一种企图人为模仿生命和智力原理的物质形态。

由于人脑由几个平行子系统构成，并且它的建构组成了一个量相对简单的单位——神经，通过传送活动并抑制和改变其传导性合成的联系结合点连接在一起。因此模仿脑结构和功能原理是取代传统计算机程序化、连续化和无感染性质的最佳方式，其根本意图在于创造一个由神经编程所使用的策略，使之能够意识到前后关联，功能灵活性和具备其他的生物典型能力。在那里，所有单位不仅是平行操作系统，没有 CPU 去调节机械装置，也没有功能决定的典型传统计算机。与此相反，系统通过经验进行自身调整，作为合成数量去调节已知参数，允许实施最适合于完成特殊任务的表现。当然，这并不意味着神经系统可以满足并获得新的敏感机器的研究范围，相反在许多方式上它强调了包含在这种方法中的极端困难与不确定性。举例来讲：在纳米时代，更多的可能性出现了。人们设想将微小的机器人心脏医生放入人体血管，代替大量的手术设备，甚至设想派遣数以亿计的纳米机器人进入人的大脑，以代替虚拟现实眼睛。如果人需要实景，那些纳米机器人就在一旁待命；但是如果你希望进入虚拟现实环境的话，纳米机器人将关闭电子人真实感官传达的信号，并使用电子人在虚拟环境中可能得到的信号替换它，于是电子人的大脑便会感觉似乎进入了虚拟环境。电子人使人类构建和重构了自己的身体与记忆，通过以机械方式、电子方式和其他方式扩展的身体和记忆，使人们进行感受、行为、学习和了解。而且，这种扩展是没有明确界限的。

电子人不是一个封闭在完美圈子里的维特鲁威式的人，而是从他自身的视角出发来看待这个世界，以及考量所有的一切。电子人不会像建筑现象学家那样，作为一个自主的、自给自足的、生物化身的主体，遭遇、客观化并回应所处的环境。通过一个彼此递归的过程，电子人构筑，也被构筑。电子人的流动的、可渗透的边界以及其无线分支的网络都在不断地参与这一过程,从而在空间上不断扩展。

实际上,电子人在某种意义上也可以被解释为有血有肉的人,他的感觉联系着他的能力,控制着他自身的性质。从把人体作为生物机械系统到将其作为生物电子系统,是一个从正规对应的拟人模式到将人体与空间通过机器电磁相贯通的新形式的根本飞跃。这种远程的会合,不仅使自然人工化成为可能,而且也实现了人工的自然化。在这一过程中身体的关键点被视为变化、失序、层叠的地貌系统,其中联系与相互作用的可能性远远超越了实际度量。

电 子 空 间

当代建筑设计过程的实质,使一个正规的模型被完全毫无关联地发展成为一个在秩序与混沌之中均衡的流动的空间。因此建筑器官构成的不可能是在电子空间之外其他类似的形式。

在电子空间中的生命形式可以采取更大的自主权,将研究推向逐渐自由的领域和思想的自主权,从而对居住世界产生新的计划。对于马克思·诺瓦克 Marcos Novak 来讲这是作为一种新的建筑感觉,设计的实质是在已知世界的边缘工作去"建造思想的新领域"。这就解释了为什么他最根本的发明是实质性空间,并且最关键的设计主题是过渡:在现实与虚拟,三维与多维空间之间的相互混杂。在这里,较小的器官实体变成了扩张尺度和暂时性空间图5-19。并且他进一步探索了实际的空间领域:身体问题变得更为中心化,它扮演着内部三维空间与思维尺度空间两个世界的跨越的门槛。

电子空间:胚胎在母体之外,如同宇航员或行走在地球之外空间与网络中的人类,置身于现实之外和虚拟的旅行之中。实际上,人们发展他自己的技术能力,延伸他自己的领域越远,离开他最初的出生地就越远。它使人类逐渐进入一个新的虚拟范围, 从地球和出生地的原初物质性中逐渐解放出来,并且为这样的进步而加冕,清晰地强调了人类所征服的已远远超越了实际的可测量距离。

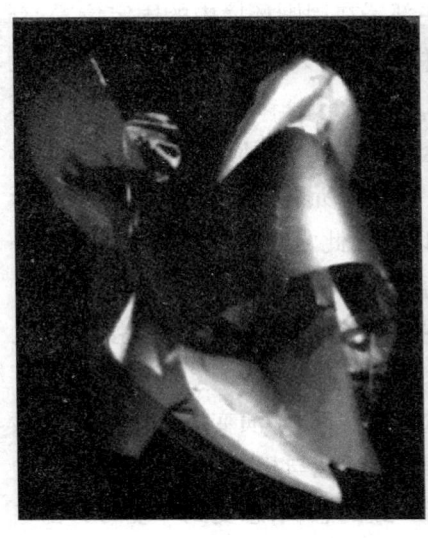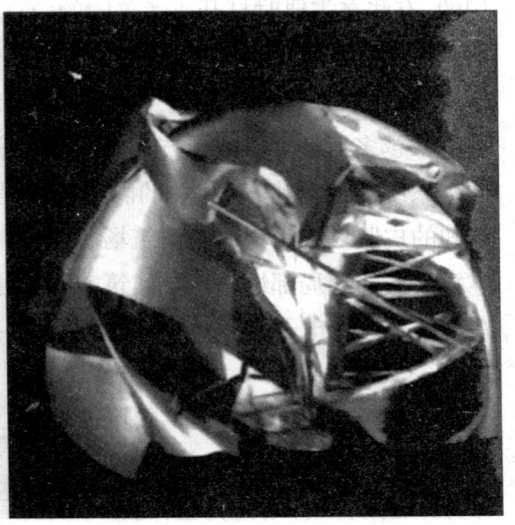

图 5-19 马尔克斯·诺瓦克 Marcos Novak 的信息驱动形式 1998

身体、建筑与电子信息间的相互转化

一个机器可以毫无疑问地解决极端复杂的数学运算法则,但如果要求它去识别房屋的居住者,跟踪他们的行动并解释他们的声音、手势或表情,抑或将墙从障碍物的角色转化为一个来自于环境的信息媒介,却是难以做到的。如果由电子学带来的革命,导致了在复杂的人类生命与活动中新组织的灵活性,我们现在可能已经向前更迈进了一步。在从机械学到电子学的转化过程中,一种新的转变投射到机器上,并携带它进入生物领域,努力探索这种技术与生命新联系之中的新程度上的跨越,从而延伸了人们行为的新领域。在电子时代,人的神经系统通过电子技术被扩展,利用铜线、光纤以及无线频道把人的大脑连接到分布在全世界甚至世界之外太空的电子记忆体、处理节点、传感器和制动器。它不仅能感觉到必要时候的可见光,还可以感觉到红外线、紫外线和超低亮度的光线等,能看见最微小的物体,能捕捉到远在声音频谱之外的声音,以及敏锐地感受到气味、振动、加速度、压力与温度变化,同时还可以感受到任何感兴趣或觉得重要的东西。电子和机电界面通过皮肤防火墙,同手、眼、耳连接起来——偶尔还会连接其他器官。有些界面是永久起作用的,有些在需要时打开或者关闭的;有些部署在周围环境中的固定位置;有些则可以随身携带,佩戴或者微型植入人体。于是,人对场所和事件的体验就不再依靠把眼球精确定位于"选定地点文艺复兴时期透视观察法的绝对要求",而是越来越多地依靠以电子方式接入分布全球的多模式感应和报告系统。随着这个系统的逐渐密集,相关的隐喻不再是一只无所不见的眼睛,而是能不断感知的皮肤。人类身体与建筑场所、事物以及彼此之间的交互关系具备了根本意义上的超局部性——在建筑空间中通过电子感应和通信以及高速旅行,在时间上通过电子和其他形式的存储,这些都被认为是现代化的重要特征之一。

很难否认由于电子提供的可能性,建筑也正倾向于演变成一个具有敏感能力的动态的与发展的,并具备生物体本身,灵活性与相互作用性的身体。这种身体,作为一种结构类型,能够形成前后一致的意识,感受到环境的更替或人类的出现,并且通过激活正确的行为与之相互作用。从而将消极力量转化为积极力量,达到与环境和人们的思想诉求相一致。对于建筑师而言,存在域以及人与场所的不稳定,要求他们从根本上反思建筑的基本原则。传统的建筑空间组织策略的关键在于建筑计划——列出清单,标明空间需求、确定房屋面积、技术要求和邻接需求。但是 21 世纪的建筑无需顾虑如此僵化的计划,更多地追求摆脱束缚,致力于创造灵活多样的人性化居所,为电子设备支持的游牧化居住服务。在此,建筑可以不遵从稳定的标准程序和空间模式,而是成为具有持续性、强度、变更性和地点特征等特点的,不断改装的空间事件集合。

虽然这种更新的关键慢慢被认为是建筑与电子成分间的整合,但机器处理和解决空间与物质问题的困难促使我们看得更远,并且呼唤以机器根本转变为首的新的敏感性边界。这种转变要求空间对于电子系统来讲更加智能化,以视觉的空间的和感觉的隐喻逻辑代替古典分析和语言逻辑是十分必要的。

在解剖学和急剧上升的神秘形式之上,建筑设计表明了依据于生命本身通讯动态适应性的能力,之后的几十年里,身体与建筑的深层或解剖结构的直接关联将在很大程度上被抛弃,而采用赞同支持确立新关系的其他方式。无论是真实的抑或隐喻的,都以流动易变的形式作为身体特征,并且形成一种通过电子信息流与周围环境的连续性发展关系。

当建筑形式没有机会引发突变,也不具备通过与环境相互作用的变形能力时,对于从它这种不可动摇的固定性中解放形式的第一步,可能就是通过地质学的变形。这种方式,意味着主要相关的几何形状可以被拉伸、折叠和扭曲,直到它达到一个消失点,即一个将其液化、溶解,变成非具象点的过程。在这个点上,一种必不可少的仪器不仅被用于构成并控制这些复杂的几何形,而且也包括它们的概念。很明显这是一个非常复杂的电子环境,在此信号可以被识别,并具有一种可以超越时间被操作的意义。在设计过程中,通过计算机动画,在有机体和环绕它周围的被想象的流动力量之间相互作用,引导并产生适当反应或形态学变形。

事实上,从 70 年代人们就开始使用机械修复术重新设计身体来扩展它的潜能控制论,探索身体功能,限制及可能性。运用助听器、电子眼、电子肌动描记器、脑的电子信号甚至被吞入身体内部的微型摄像机等多种设备,发射出以电子信息来联系人造肢体的各种运动信号,这种由身体发出的电子信号,或多或少受到个体的控制和计算机的解释,从而呈现出一个范围被限定在后进化策略中的清晰剪辑图片,探索人体中未被人知的领域。这种被设计系统也可用于病人恢复动力的功能,它能够使用大脑脉冲来指挥人造肢体。

我们以虚构肢体为例:失去脚,人就会受到伤害,如果人造肢体被安装上时,伤害就会自动停止,因为行动的可能性恢复了身体的动力整合,这完全胜过了人体器官或机械性质。但最令人吃惊的例子是身体持续趋向将自身看作周围环境的一部分。它在独立运动系统中的完全整合,体现了一种游牧者所拥有的空间感受。实际上,如同自然一样,游牧者以自身整合了空间,他的帐篷是一个不曾阻碍其前进的房屋,与之相反,空间是他自身运动的一种延伸,一种修复术或载体。

除了由扩展人体能力和打开新领域的机械修复术所提供的无穷可能性外,另一种延伸可能性包含于以我们身体的电子性质来取代对未知领域的探索。这种成比例几何学标准的敏感的关联和延伸的修复术,不再停留于形式之间,而是被深入存在于结构规则间,实现了建筑信息代码和作为生命系统的身体间的连接或远距离结合。当身体现在能够被瓣膜阀、修复术、人造与自然组织协调时,机器已不再模拟生存系统的结构规律,而开始使生物物质与机械装置结合为一体。

在当今新的电子时代，身体与空间之间的相互联系产生根本观念的改变，这种由改变所提供的意义和机会不断深入被探讨，建立在被马萨诸塞技术研究所媒体实验室所开展的研究工作指导之下。通过暗示人与机器这两种不同类型事物之间的联系，以改革建筑设计过程为目标创建了建筑机械组织，从而推翻了"建筑的机器将不会帮助我们设计，代替它的是，我们将生活在它们里面"的观念。

在80年代建立了信息实验室之后，研究主要集中于身体、建筑和信息之间的相互关联。主要直觉潜在于关于人类与机器相互作用的中心性研究；更精确地说是从个人的计算机到个性化信息或者是信息化。这种改变是从群体到个体，即从非个人化信息，转变为具体化的信息和习惯。这种方法的目的在于提高个体性与机器的关系，或者通过使机器个性化去完善其语言识别能力，它促使媒体实验室发展了研究身体信息化与空间信息化两者间潜在的会合之处。

根据这种方式，身体变为一个在真实与虚拟世界间的二元领域。身体的失序无疑会令人类对世界和自身产生新的质疑，作为结果，就可能会将人体想象为其他可能的空间形式，使之成为一个能够通过自我组织与调整，对周围环境变化作出反应的模型图5-20。这种蕴涵着技术性的身体，通过电磁的连续性与空间相连，能够意识到其自身的变化并与环境交互作用，从而达到与建筑的协调一致性。因此，通过电子提供的可能性，当代建筑正倾向于演变为一个具有生物体本身敏感性，灵活性与相互作用性的动态的发展的"身体"。

电子学允许我们揭示了不同于机械世界的自然界的极端灵活性。当自然的概念联系着生命系统混乱失序，创造性和不可预见的本质时，我们常处于矛盾的边缘，因此使用定性的测量来理解其复杂现象显然是不合理的。以IT技术为特征的电子机器，在时代的演进中扮演着一个不可否认的角色。计算机通过自身能力去看待混乱与失序，并且努力探索以它们开放和动态性质为特征的新秩序。

建筑在20世纪后半期关键性的革新，正在于它与机器的紧密联系。鉴于20世纪早期对于建筑内部结构的探索，成为深入更新世界结构的象征，为建筑和围绕着它的各种力量间的活跃关系提供了一种新的指导。在当代这种更

图 5-20　R.库哈斯的波尔多住宅立面

新的关键被认为是通过建筑与电子成分间的整合,赋予建筑生命系统的敏感性与灵活性,以人体的隐喻象征逻辑来替代古典的数据度量和语言逻辑,从而摆脱了以笛卡尔和欧几里德等人为代表的传统僵化的狭隘思路,以生命系统灵动的本质去感知周围世界,创造出智能化的空间。

对未来的展望——智能化空间探索

智能化空间意在创造一个等同于人体信息流的虚拟环境,这也是一个对人类存在敏感的环境。实际上,在那里通过使用连接在计算机网络中的电子设备,如电视摄像机、微型耳机等,连接了人的手势与声音,并可以直接控制着展现在墙屏幕上的虚拟环境。作为结果,计算机本身具有明感的外表,可以连续将远离任何空间限定的信息提供给使用者。

由于智能化空间是通过电子元件的相互作用在人体的"自身网络"与一个敏感"环境网络"之间的联系而组成,因此它反映了由身体和空间关系的数字信息所导致的根本性变化。一个对于人类存在敏感的未来房屋,能够根据各种房屋和自动控制的门、窗等设施去追踪人的运动,构成采用技术方法实验的向导型公寓,同时能够给人们提供动力,如残疾人的分辨能力,或者老年人最大限度的家庭自理能力等等。此外,环境安全的传感器,吸烟和水探测仪与居住传感器通过自动光源、滑动的门和可操纵的电子仪器,可以追踪居住与设施运动,探测并报道使用者的固定位置及遇到的困难。

源于一个对发展空间意识的期望和与众不同的概念:将空间不再作为障碍,而是一种延伸、修复术或增加身体运动的交通工具,这一思想激发了夜之女神诺克斯 NOX 的建筑创作计划。其代表作品荷兰淡水展馆方案图 5–21、22

图 5–21 NOX 创作的荷兰淡水展馆 H_2O expo 夜景

图 5-22 NOX 的建筑——荷兰淡水展馆　1997

的中心思想正是在此基础上,在水下实验室中显露身体,体验水的液体性感受,但首先是环绕着移动物质的身体感受。设计运用以逻辑为基础的思想,将身体的自然形态归因为对有益于延伸它自身动力系统事物的整合。被作为世界一部分的,连续性或身体逻辑推翻了透视与欧几里德的逻辑,并由内而外地去转化它,在一个以身体为中心的循环或重力定位系统中发展延伸,使人们体验了新鲜水族馆的空间布局。

　　建筑通过加速身体运动,并联系感觉与驱动系统,包含或促使它进入一个相互作用的程序。该程序混合了电子设备的硬件和软件,将物质构筑并信息化,液化了物质、想象、灯光、声音和色彩。这样水族馆就变成了一个在真实与虚幻水波之间的系统,对人的出现具有刺激与敏感性,并适于他们的生物节奏。这样,身体作为穿越建筑的旅行,在一个潮湿的电子与水下环境中,在有生命与无生命的物质之间寻找到了一种新的会合点与连续性。

　　在 NOX 事务所的另一个研究项目"湖滨旅店 Beachness"的设计中,设计师定义旅店为开放和不确定性的领域。旅店被包裹在环绕着一个自身透明的垂直核心房间的半透明织物中。对设计师而言,跟踪运动一直是一个结构化方法。早期的项目设计采用松散的末端,以及其后被重新连接在于一个结构外形的运动的松散图形。这使我们想起了波洛克的一种基于身体的脚、手肘和手等复杂的舞蹈编排作品,如同复杂的华丽舞曲在画布之外却像在画布之上图 5-23。螺旋运动的球体的影响着结构,计算和形式。"腹部"为停车空间,变成一个高于海水游泳池的海鲜酒楼,几乎所有的公共功能都位于塔的腹部;而客房在顶部的一半位置。织物包围整个"身体",就像来客心理状态的可视化,或者被从海滩可以看到的薄膜所覆盖。这个设计运用的技术类似于波洛克的滴水的方法,透明的薄膜包裹着的"身体",允许扩散日光进入,但是到了夜晚

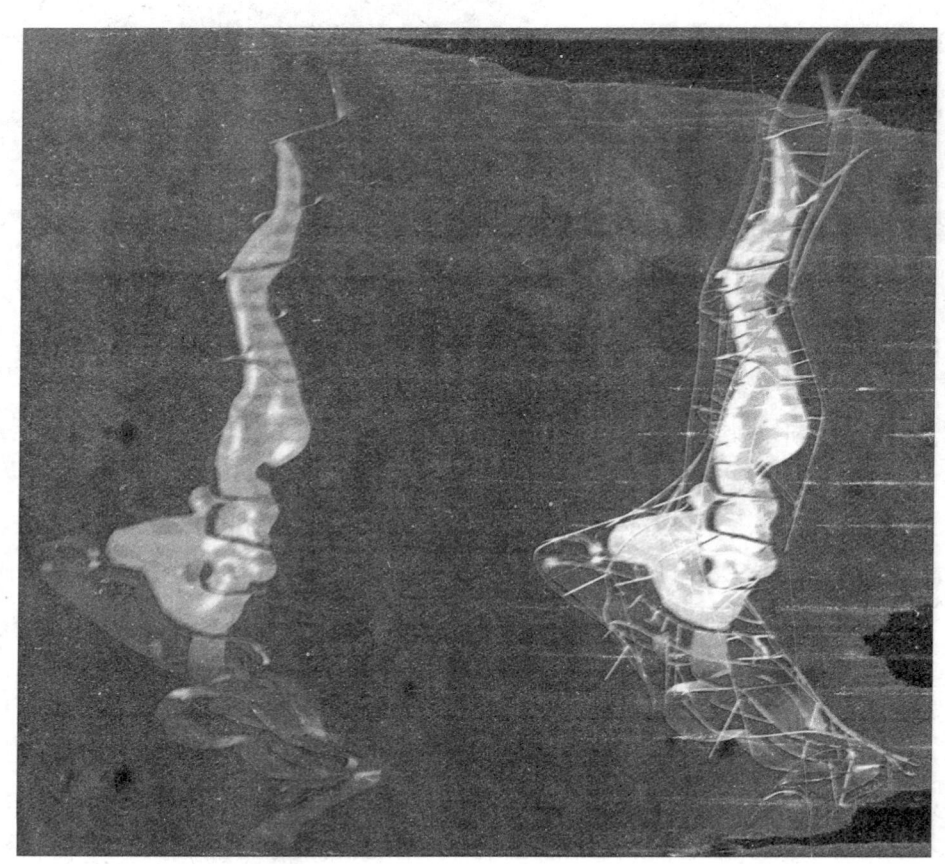

图 5-23 如同波洛克绘画作品的"Beachness"

图 5-24 "Beachness" 的室内建筑空间设计

就会变成一个巨大的投影屏幕来以一个连续的时区(向西)摄制日落,直到黎明再次来临图 5-24、5-25。

　　原始社会至今,人类居住空间中的人体象征性经历了一个从有序到失序,重构与再造的发展过程。这种"失序"代表着秩序的重组与变革,预示着新秩序的产生,即旧序变革新序生成;代表着新时代赋予秩序的新涵义与新使命——旧秩序包含淘汰与利用的解体重组。在重组过程中也必然包含着新的意识与新的内容及新的面貌。古典测量系统为建筑设计提供了一个具有精确标准基础的极端复杂的计算步骤,而现代人类的视野则是以一个与透视有限视域相反的,宽泛自由空间观念作为特征的,使用源于图像的感知系统。它使电子仪器可以通过未知因素为自身导航,形成一种满足物体间非限定性测量和灵活形式的新型对话,一种允许并鼓励可限定范围内误差的,多层次的,具有广泛边缘的模糊界限的存在形式。

　　当代混合了遗传基因与信息代码的生物和电子技术介入无疑为建筑设计开创了新的未来,更进一步体现着人类复杂活动的组织灵活性,为真实与虚

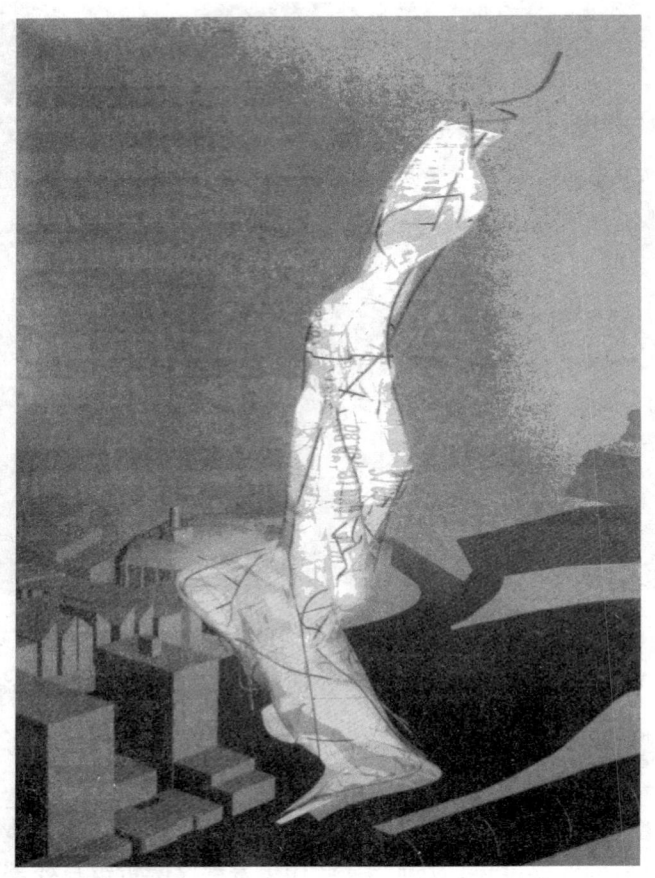

图 5-25 "Beachness"建筑外观

幻之间,人体器官与非器官之间的混合领域开启了一扇新的大门。由此,数量的测量被质量的测量所取代,计算的过程被人体隐喻的象征所取代。它有力地克服了早期的机械主义研究,允许并鼓励模糊界限的存在,在技术与生命之间建立起一种新的交流方式,以满足建筑设计中突破旧约限定和探索灵活多变的形式,并将目光投向身体与建筑景观的远程会合,去探索存在于空间中的相当灵活的运动,为未来建筑奠定了一种新的与更加复杂的度量基础。

　　人体象征性空间所寻求的是对世界,对艺术,对人类自身生命活动的一种更真实,更本质的理解和认识,这也是当代建筑美学思想的真实体现,它表明了对审美主体"人"的研究在当代建筑思潮中正受到高度重视并日益取得中心的地位,反映了人类认识的深化与进步。由于人体隐喻在后现代主义建筑中名声大振,而后现代对于整个中国建筑创作领域来讲影响是非常大的,因此在当代探索中国传统建筑如何与现代建筑结合的道路上,随着建筑人性化发展要求的日益迫切,人体象征性隐喻手法无疑将会越来越引起人们的普遍关注与深入研究。但是这并不意味着我们把中国古代建筑或国外作品中的人体形象与符号表面地简化与夸张以后,生硬地照抄照搬在现代建筑上,这种做法显然是盲目和非理性的。目前人体象征性手法在中国当代建筑中的反映及运用,还未形成一个类似于西方由古代到当代发展较完善的气候和体系,与国外相比在研究领域上几乎还仍处于空白状态,仅仅表现为零散的个体行为,甚至还出现了一些浮躁的对传统文化低俗理解的盲从现象。因此我国当代的建筑创作应立足于突破传统以客体为主要对象的禁锢,更加重视建立在人文主义基础上的对于主体和生命哲学的深化探讨,把焦点集中于人体自身,集中于无比生动的人的生存与生命活动,加强面向主体人文方面的全面研究,只有这样才能更深入与全面地去理解建筑中人体美学意蕴,真正强化建筑的民族特征与时代精神,对中国当代建筑文化形成正确的引导。

随着时代的进步与各方面的发展,人体隐喻主义的内容也必然会相应地随之变化,会更多关注于人类身体现实与未来的生活状态。我国的建筑师应该在借鉴国外同行观点与实践经验基础之上,充分发挥中国传统文化中感性与理性互补的哲学思维,以指导我们的建筑创作;同时,还应克服建筑设计中参差不齐良莠混杂的现象;少走弯路,明确创新意识与方向,从而为人们创造出全面满足其物质与精神需求的优秀建筑设计作品,并使存在于其间的人们能充分领悟到自身存在价值与意义。